毛线球 keitodama 34

美丽的蕾丝世界

日本宝库社　编著　　蒋幼幼　如鱼得水　译

河南科学技术出版社
· 郑州 ·

keitodama

目　录

芬兰

环保国度的再利用艺术

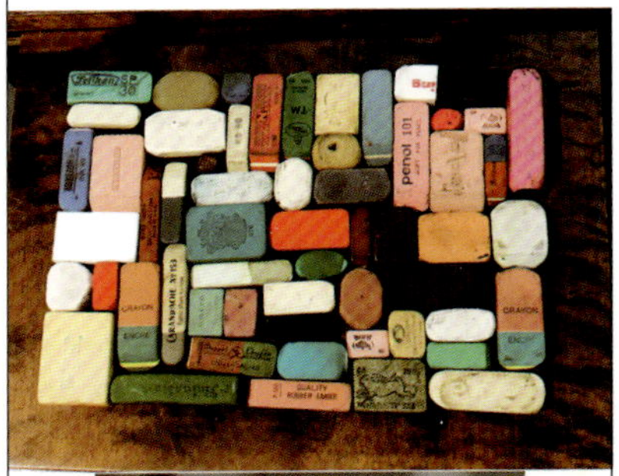

上/不同年代各种颜色和形状的橡皮排列在一起组成的作品 下/以黄色为基色，按照铅笔的长度排列在一起，很漂亮

2020年1月18日~3月1日，赫尔辛基市泰德哈利美术馆（艺术画廊）举办了芬兰视觉艺术作家阿奴·托米宁（Anu Tuominen）的“明天、今天都会成为昨天（Tomorrow，today will be yesterday）”展览。阿奴女士是以在自由市场发掘二手宝物而闻名的艺术家。

芬兰有着深厚的环保文化渊源，自1951年起，玻璃瓶再利用就可以得到返钱，20世纪90年代起易拉罐、塑料瓶也都开始回收。而且，芬兰全国各地都设有回收商店、二手店、自由市场等，回收再利用已成为芬兰人生活中的一部分。基于这种环保理念，阿奴女士经常在自由市场收集好物，或者使用自然之物，借助本次展会富有艺术性地呈现她所学习的色彩研究。会场最引人注意的是五颜六色的钩针编织的杯垫。琳琅满目的一大片杯垫，占据着一面墙，它们按照色彩渐变的规律排列。其他还有蜡笔、铅笔、橡皮等文具和其他有特色的小玩意儿整齐地排列在一起。一度被他人丢弃的东西，在她手下变成了艺术品，感染了很多人。

撰稿/海基宁真奈美

在跳蚤市场和二手商店收集的几百个钩针编织的圆形杯垫。据说，其中有一个是阿奴女士自己钩织的。将日常生活中所用的东西汇集在一起，就是一场精彩纷呈的展览。阿奴说：“自己不要的东西，对他人来说，或许是一件宝物。”

中国台湾

台湾的编织信息

上/在商铺林立的街道上，突然出现名为Knitting World的编织世界 下/这是众多批发店中的一家，从入口处就可以看到里面琳琅满目的毛线

中国台湾是个温暖的地方，冬季气温也高达15℃，那里和日本一样盛行编织。

从桃园国际机场线台北站步行5分钟左右，就到了迪化街。这里有许多有一定历史的古建筑，是台北最完整、也最具文化意义的老街。在南北干货、茶叶、中药材等一众批发店中，点缀着咖啡馆、新式商店，是一个新旧一体的街道。其中也有手艺店，店里摆满了商品，被毛线和工具货架占据，只留一条狭窄的通道，货架上方甚至快挨到天花板了。店里主要销售国外毛线，也经常可以看到日本国内在售的一些品牌，但大部分都是些没有听说过的品牌，可以享受发现新大陆的乐趣。从腈纶等100%化学纤维材质的毛线，到牦牛毛、羊绒、真丝等各种材质应有尽有，种类之丰富不亚于日本。有一家类似连锁店的新型综合手艺店“小熊妈妈DIY”，店面明亮，过道宽敞，适合注重购物环境的人。

另一个地方距离台北市中心有些远。在台北市立美术馆乘公交，然后步行5分钟左右，就可以来到一个叫作“编织世界”的商店。这是一家海外毛线专卖店。店面虽小，却错落有致，橱窗里展示着各种编织样品和毛线。店里有Katia、DMC、和麻纳卡、FGS等日本常见的毛线品牌，还有在日本很难买到的the Fibreco和LOOPY MANGO品牌的毛线。店里还举办编织聚会，大家一边愉快地聊天一边编织。

我问过好几个毛线店：“店里有没有台湾本地的毛线？”大家都说：“台湾天气不冷，主要有一些可以编织春夏毛衫，或者包包、盖毯之类的棉线。”如果去台湾旅行时，有人让你帮忙带些台湾毛线回去，就需要注意了。

撰稿/驹野谷 光

左/在12月的大型书店中，书、针、线都有 右/小熊妈妈DIY商店。过道较宽，光线也好，方便挑选线材

WORLD NEWS

伦敦、东京

人气毛线店LOOP的店长来东京了!

她在日本的乐趣之一是收集盖有将军朱印的公文。每次去神社、寺院，都会精神百倍

伦敦毛线店LOOP是全世界毛线爱好者的天堂，它的创始人苏珊·克鲁伯近日来到日本参加东京现代美术馆举办的“时尚伦敦 皆川明巡展”。LOOP毛线店里还出售我写的编织书和日本出版的其他编织书，还有西荻洼的草木染线材品牌Temaricious毛线和日本Clover工具等。从这点来看，苏珊貌似对日本很有好感。来到日本，苏珊四处观光，走小路，看看普通的房屋和植物，留意商店的招牌和标志等日本的生活风情。参拜神社、寺院的时候，她还收集盖有将军朱印的公文，并特意向我展示了自从2019年夏天来日本之后收集的朱印公文。苏珊出生于美国东海岸，从纽约艺术学校毕业后，先后做过图书编辑、设计师，后来和英国籍丈夫一起在伦敦生活了15年。她虽然很想从事喜爱的手编，但当时英国很少有销售高级毛线的商店。她想既然如此，那就自己开个店吧。于是，LOOP毛线店开业了。在那信息传播不如今天发达的时代，它的口碑却迅速在渴望优质毛线的编织爱好者中传播开来。

伦敦LOOP毛线店现在比较受人关注的是小作坊生产的工艺简单的细毛线，它注重原毛的产地和纺织、制丝的生产背景，对染色技法也有心得。喜欢这种毛线的客人很多，这是LOOP毛线店的特色。店里不仅有毛线，还有别致的纽扣、带子，以及独有的和著名工艺家合作的原创手工工具等。店员很和蔼，经常和客人一起讨论店里销售的日本编织书中的编织符号，一派和睦的景象。开店之初，较粗的花式纱线因“编织方法简单，作品有趣”而获得很高的人气。这15年间，毛线编织爱好者的水平在不断提高。Ins上面，LOOP主页上美丽的照片，大多是苏珊自己在北伦敦的家里拍摄的。来LOOP，就会衷心感谢编织能够成为自己人生的一部分。

撰稿/野口 光

在浅草桥的Keito毛线店，使用纺织工厂的棉屑生产的人气毛线Saredo吸引了苏珊的注意。合伙人安东尼还担任LOOP毛线店的图解设计

LOOP位于伦敦的一个叫作Camden Passage的古董商聚集的地方

1/LOOP毛线店。在三层建筑内，密密麻麻排满了毛线 2/LOOP的橱窗会随着季节变化而重新布置，时时洋溢着可爱的气息 3/我在和友好而富有耐心的店员交谈 4/一角的沙发使用了织补缝技法装饰

1

2

3

4

Beautiful Cro

chet Lace World

钩织一片美丽的世界

精美的钩编蕾丝

优美、纤细、富有魅力的蕾丝编织中，可以用钩针完成的钩编蕾丝，因不需要额外使用其他工具，可谓最简单、方便的蕾丝编织方法。蕾丝给人一种非常优雅的感觉，将这种镂空之美运用到日常生活中，一起打造精致的生活吧！

photograph Shigeki Nakashima styling Kuniko Okabe hair&make-up Hitoshi Sakaguchi model TEHHI

菠萝花小斗篷

钩织美丽的菠萝花花样，完成了这款可爱的小斗篷。只需等针直编即可，非常简单。正因为编织方法简单，才可以专注于享受一针针钩织出花样的乐趣。像披肩那样随意地披在肩上，还可以阻挡空调的冷气哟。

设计 / 风工房
编织方法 /87 页
使用线 / 奥林巴斯线

菠萝花套头衫

以小巧的菠萝花为基础，斜着装饰另一种菠萝花花样，这种设计很新颖。这款轻巧、有质感的套头衫，穿着场合很多。

设计/河合真弓 制作/松本良子
编织方法/89页
使用线/奥林巴斯线

爱尔兰蕾丝套头衫

将纤细、优美的花朵花样设计在圆育克处，到胸前结束。令人憧憬的爱尔兰蕾丝钩织，虽然有点难，努力一下还是可以挑战成功的！

设计 / 风工房
编织方法 /95 页
使用线 / 奥林巴斯线

立体玫瑰套头衫

将用爱尔兰钩针蕾丝完成的立体玫瑰设计在育克部位，钩织出了这款可爱的套头衫。使用清爽的浅绿色线编织，不会给人甜美过头的感觉。

设计 / 冈本真希子
编织方法 /103 页
使用线 / 奥林巴斯线

方眼花样套头衫

这件套头衫使用了方眼编织的斜向锯齿状花样。钩织时，心里想着箭羽、棋盘格、青海波等日式花样，就将其大胆地表现了出来。它结构简单，钩织2片长方形织片缝合即可，上身后自然形成法式袖的效果。

设计/岸 睦子　制作/志村真子
编织方法/106页
使用线/钻石线

钻石花样套头衫

用长针和锁针就可以组成各种花样，这就是方眼编织的魅力所在。这件用简单的钻石花样组合而成的中长款宽松套头衫很方便穿脱。蓬蓬的灯笼袖平添了几分可爱的感觉。

设计 / 兵头良之子
制作 / 矢部久美子
编织方法 /100 页
使用线 / 钻石线

菠萝花蕾丝垫

这是用华美的菠萝花花样钩织的经典杯垫。大号蕾丝垫可以铺在坐垫上用，也可以当作水壶保护套、竹篮盖布等，用途广泛。

设计 / 冈真理子
编织方法 /111 页
使用线 / 奥林巴斯线

蕾丝花样杯垫

小小的蕾丝花样钩织成的杯垫，凝聚可爱之美，很快就可以钩好，没有接触过蕾丝钩织的人可以尝试一下这一款。环形起针，一圈圈钩织，边缘用网眼针来调整杯垫大小。

设计／冈真理子
编织方法／110页
使用线／奥林巴斯线

精美蕾丝台布

将四边形花片连接在一起，组成大的方形蕾丝台布。使用连接花片的方法，只要有耐心，想编织多大都可以，这点很吸引人。将花片连接在一起，还可以形成新的花样，很有意思。

设计/河合真弓
制作/堀口美雪
编织方法/114页
使用线/达摩手编线

多种花样蕾丝织带

蕾丝织带的用途非常广泛。给手帕加上蕾丝边装饰，立刻变得精致起来，给人一种不一样的感觉。
可以先编好蕾丝织带，然后直接缝上去，或者直接在布的边缘编织，也可以用作边缘编织，用法多种多样。

设计 / 稻叶由美　编织方法 / 112 页　使用线 / 达摩手编线

[第15回] # 野口光的织补缝大改造

织补缝是一种修复衣物的技法，在不断发展、完善中。

野口 光：

创立"hikaru noguchi"品牌的编织设计师。她非常喜欢织补缝，还为此专门设计了独特的蘑菇形工具。新书《妙手生花：野口光的神奇衣物织补术》已由河南科学技术出版社出版。

【本期话题】

透着蓝色天空的窗帘也要织补缝

织补前

不知不觉中，窗帘上出现好多裂纹……

photograph Shigeki Nakashima styling Kuniko Okabe hair&make-up Hitoshi Sakaguchi model TEHHI

窗帘在房间里占据了好大一片地方，每天都会拉来拉去。但或许是不经常拆洗的缘故吧，它在生活中的存在感却很低。注意到的时候，不知是因为用久了，还是不小心划着了，上面竟然出现了划痕。重新端详窗帘时，我忽然意识到，这是自己一度超级喜欢的窗帘。当时选这个窗帘的时候……哎呀，好怀念。不能再让上面的划痕继续扩大了，试着用织补缝的技法修复它吧！这次，我选择使用柔软、光滑的段染欧根纱超宽丝带，它整体给人的感觉和涤纶材质的窗帘非常协调。就像用水彩笔在洁白的画纸上一气呵成一样，整体看起来很轻柔、流畅。如果是比较厚重的窗帘，可以用天鹅绒、大马士革锦缎材质的宽丝带修复；如果是简约风格的棉麻材质窗帘，可以使用麻质布带或丝带来修复。

感受丹麦的风情
ISAGER的世界

丹麦的夏季很短，中午太阳耀眼，早晚却很凉爽，毛衫显得很重要。
选择清爽的颜色，编织时会感到比较愉悦。

photograph Shigeki Nakashima styling Kuniko Okabe hair&make-up Hitoshi Sakaguchi model TEHHI

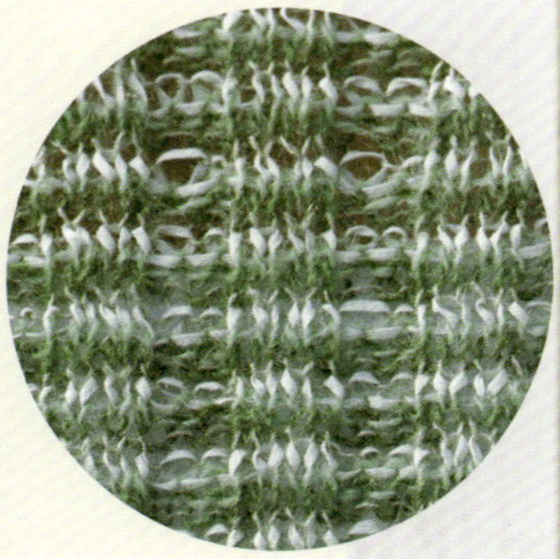

CUCUMBER
翠绿色条纹套头衫

细细的条纹看起来像堆了很多黄瓜条一样，这是一款清爽的套头衫。带着微微的镂空感，又很修身，罗纹针弹性适中，穿着很舒服。从领口向下编织，很方便调整尺码。

设计/玛丽安·伊萨格
编织方法/120页
使用线/ISAGER

SPINNI,JAPANSK BOMULD,SILK MOHAIR

不同质感的3种细线组合在一起编织，会有一种微妙的感觉。可以尝试其他颜色和型号的线材进行组合，也是一种乐趣。还可以用手头现有的线材哟。

学校的夏季课程还开设了水彩画研习班。

在丹麦，一到夏天，树叶绿得发亮，到处都是郁郁葱葱的景色。时有阵雨，给草木、果蔬以滋养，使它们又成为我们人类和动物的食物。

这个季节，伊萨格学校里的菜园和温室里长满了新鲜蔬菜。夏季留守在学校的Camillo's Kitchen主厨，用新鲜采摘的蔬菜为大家烹饪可口的饭菜。伊萨格研习班召集了来自全国各地的讲师，研讨各种编织技法，可口的饭菜也是众多乐趣之一。

白昼一天天变长，我们大部分时间都在室外享受夏日的阳光。因为距离海边很近，我们每天早上都会在约定的时间到海边集合，一起在北海玩。到了傍晚，和亲朋好友一起在海边欣赏落日，快乐地享用晚餐。大海成了我们生活中不可或缺的一部分。

本期介绍的毛衫是从夏季餐桌上的黄瓜三明治中得到的灵感。清爽的绿色，令人看见就会想起黄瓜条。从领口向下编织，身片和袖可以编织成喜欢的长度，可以随时调整。编织方法简单，初学者也可以轻松搞定。

本栏目已经连载三年，今天要和大家说再见了，真舍不得呀，期待我们再次相见。谢谢大家的陪伴！

（玛丽安・伊萨格）

ISAGER

男人编织 34

横山起也

奔跑的编织

（编织蘑菇作家）

横山起也：

生于1975年。大学、研究生主修文化史专业。蘑菇编织作家，“男人们的编织”团体成员、NPO法人LIFE KNIT代表。在各种企业、集会、学校开办编织研习班。提倡不需要编织图、可以自由编织的“随心编织”。举办聊天活动“编织夜话”和线上“编织蘑菇直播”等，不断尝试不曾体验过的新事物。

本期的编织男子是蘑菇编织作家横山起也。他为什么奔跑呢？看着上面的图片，或许不少人对此心存疑问。实际上，这是他自己的一种强烈希望，也是《男人编织》栏目中第一个奔跑的画面。我不禁想起了之前关于拍摄的各种提议。首先，在森林中奔跑怎么样？但是，森林中应该很少会有人拿着棒针编织吧……因此，这个提议被否决了。那么，就在跑道上奔跑吧，应该也不错？工作人员提出了各种天马行空的想法。最后，大家一致同意选择晴朗的日子，在草地上奔跑。从图中可以感受到横山先生奔跑的气势。

横山先生的祖母、母亲都经营着大型编织教室，所以他是地地道道的编织男子。在那个编织兴盛的时代，编织教室每天都会举办一些活动以推广编织技法。她们在以户外用品出名的Snow Peak举办研习班，或者在市区的高中举行编织活动等，跳出既有的圈子将编织推广到各个领域。他本人从事编织活动的一个巨大的契机是，在东日本大地震后，他的母亲在南相马市持续组织的自立支援活动。她培养编织老师，并在各个临时住宅中举行编织活动。

“对痛失亲友的人们来说，编织能有什么用呢？我自己也是半信半疑地开始了。但到活动最后一天的时候，有人说，‘开始时，我心想都这样了还搞什么编织。但我开始编织后，真的被抚慰了。清除放射污染的事情我什么都做不了，失去至亲的痛苦怎么做都无法避免。但编织时，就会暂时忘记这些事情。大家聚集在一起编织，聊天，就会忘记种种烦恼’。听到她的话，我很受震撼。我想大地震带来的伤痛一定是长期存在的，这时，以乐观向上的态度和问题共存，这种心态很重要。直觉告诉我，编织就是其中行之有效的方法之一。”

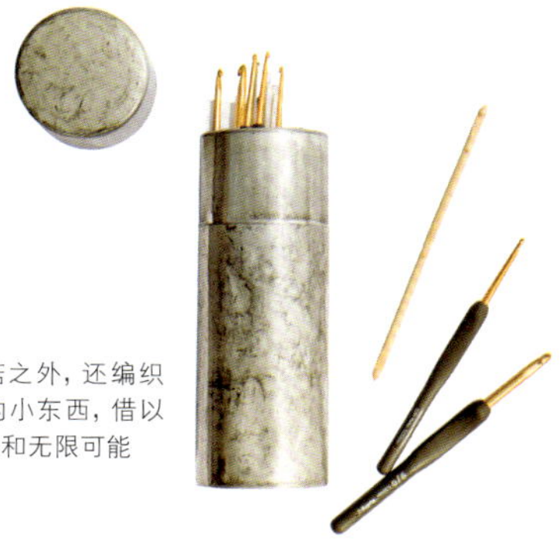

他除了编织蘑菇之外，还编织了很多有意思的小东西，借以传递编织的快乐和无限可能

1/挑战了跳跃的镜头。右手拿着的针就像传给将来加入编织队伍里的人的接力棒　2/用了很久的铝罐，里面收纳了编织工具和作品，好有个性　3/好多可以拿手里随时编织的小线团。用它编点什么呢　4/关于编织，想拍一些“动”的镜头。横山先生正在接受本期的采访　5/这个作品的含义是，编织就像“人生”　6/横山先生开朗又博识，让拍摄现场充满欢声笑语　7/横山先生编织时手法优美、流利

近年来，许多人大脑中装满各种需要解决的事情，甚是头大。或许，很有必要再次回归初心了。其中，接近本能的“编织”所具有的快乐和安宁，再次显得尤为重要。简单地说，横山先生的想法应该就是这样的。

“在 Snow Peak 的研习班中，用锁针或手指编织来编织喜欢的小东西的活动，大家都特别积极。很多毫无基础的人也发自内心的喜欢，只是编织界一直忽略了这一点。比如，大部分人都很喜欢讨论美食的话题，因为即使不动手做饭的人，也喜欢享受美食。不仅是“做”，关于美食，可以引发各种快乐的话题，因为美食中蕴含着文化。从这点来说，如果把编织限定于“织”，是不是太狭隘了呢？如果能让不动手编织的人体验编织文化，无论是对个人还是对整个行业来说，都有助于传播编织文化。最近开始的“编织夜话”，也是基于这样的想法举办的。”

可以代替名片的“蘑菇编织”，编织时不需要编织图，好可爱！许多人因为它开启了通往了编织的大门。努力传递编织的乐趣，横山先生今日也在全力奔跑。

位于欧洲西南部的葡萄牙共和国，其国土面积只有日本的 1/4 左右。濒临大西洋、南北狭长的地理特征令它各地区风俗文化差异显著。西北部的米尼奥地区森林茂密，也被誉为“葡萄牙的后花园”，这里绚丽的刺绣民族服饰闻名遐迩。南部的阿连特茹地区和阿尔加维地区从建筑物和文化上可以看出受摩尔时代的影响非常显著。

15 世纪到 17 世纪的大航海时代是葡萄牙历史上极为重要的时代，与非洲大陆、印度洋各国以及巴西的贸易和殖民活动为其带来了莫大的财富，物产和文化也得到了极大丰富。在曼努埃尔一世（1469—1521 年）统治时期，曼努埃尔风格作为葡萄牙特有的艺术和建筑风格盛行一时。海藻、珊瑚、缆绳等与海洋及航海相关的事物，以及随贸易引进的外国的动植物等，都作为装饰花样厚重而华丽地雕刻在了修道院的回廊、建筑物的门窗等处。在首都里斯本，还耸立着曼努埃尔风格的热罗尼莫斯修道院和贝伦塔等象征大航海时代的历史性建筑物。

风靡葡萄牙各地的蕾丝

葡萄牙的手工艺也非常流行，各地流传着不同种类的蕾丝。北部的费尔盖拉小镇流行一种方网眼蕾丝（filet lace）。先按渔网的结构编织网状织物，然后将其固定在方形木框上，再用针与线在针目之间穿梭制作花样。如果是做成床罩一样的大小，有时需要好几个人围着大木框一起制作。

从圣克拉拉修道院的后面望去，汇入大西洋的万福河和老城区的砖红色瓦片屋顶一览无余。河口附近的岸边曾经是16 世纪末修筑的漂亮的星形要塞，即圣诺昂要塞，现在已经变成了旅馆

世界手工艺纪行㉞（葡萄牙共和国）

海风吹拂的中世纪小城孔迪镇的
棒槌蕾丝（Bobbin Lace）

采访、撰文、摄影／矢野有贵见 协助编辑／春日一枝

棒槌蕾丝（葡萄牙语：rendas de bilros）也在很早以前就传入了葡萄牙。说到棒槌蕾丝的编织方法，首先在一种叫作“枕头”（也叫作“垫子”）的操作台上固定好纸型，然后在纸型的编织起点插上大头针，再将缠好线的若干棒槌挂在大头针上，准备就绪后就可以开始编织了。根据纸型的图案设计，一边在关键位置插入大头针固定，一边运用“平纹”和“斜纹”两种绕线方法进行编织。枕头大致分为两种，一种是圆筒形枕头（roll pillow），另一种是平坦的四方形或圆形枕头（flat pillow）。圆筒形枕头在使用时可以转动，用来编织细长的蕾丝会更加方便。缠线用的棒槌是一根细长的小棍子，手柄部分略微鼓起，不同国家的棒槌形状也各不相同。编织蕾丝时使用的线一般是棉线和麻线，不过也有用丝线的。线的标签上会注明 2/60 或 2/120 等数字。以 2/60 为例，60 表示线的支数，2 表示线的合捻股数。支数越大，线就越细。有些古典蕾丝作品中使用了非常纤细的麻线，由于容易断，编织时需要极为小心。不过，那种程度的细线现在已经不再生产了。

过去，葡萄牙的棒槌蕾丝曾在西北部沿岸的维亚纳堡、内陆地区的妮萨、里斯本近郊的塞图巴尔和南部沿岸的锡尔维什等地制作，但是现在它们都不足以形成产业规模了。在里斯本近郊的渔乡小镇佩尼谢，人们正致力于开展各种保护传统蕾丝的活动。因为是沿海小镇，所以这里制作的蕾丝都有一个共同特点，即很多作品的图案都与大海有关，比如鱼类和贝壳等。小镇上有一家蕾丝博物馆，虽然比较小，但藏品却很丰富，馆内还开办了一所蕾丝学校。

作为谋生手段制作的孔迪镇棒槌蕾丝

葡萄牙最盛行棒槌蕾丝的城市要数米尼奥地区的孔迪镇。它是位于葡萄牙第二大城市波尔图向北约 25km 的沿海城市，历史悠久，在大航海时代的 16 世纪，曾作为造船业中心而异常繁荣。在流经老城区边上的万福河河畔，有一座修建于 18 世纪的雄伟的圣克拉拉修道院。修道院的背后据说是葡萄牙第二大的输水桥，建于 1714 年，全长约 7km，从修道院所在的山丘一路蜿蜒至相邻城市，漂亮得就像一幅画。在老城区，用石头建造的老房子鳞次栉比，点心铺里还可以买到修道院传下来的点心。一到夏天，泡海水浴的顾客纷纷从附近赶来，热闹极了。虽说这里非常适合观光旅游，但是知名度好像并没有很高，只有零星几个游客。不过，也正因为如此，在这里反而能悠闲自在地享受逛街的乐趣。

在佩尼谢小镇一家蕾丝店的橱窗里，除了民间工艺品渔船模型外，还装饰着蕾丝垫

A

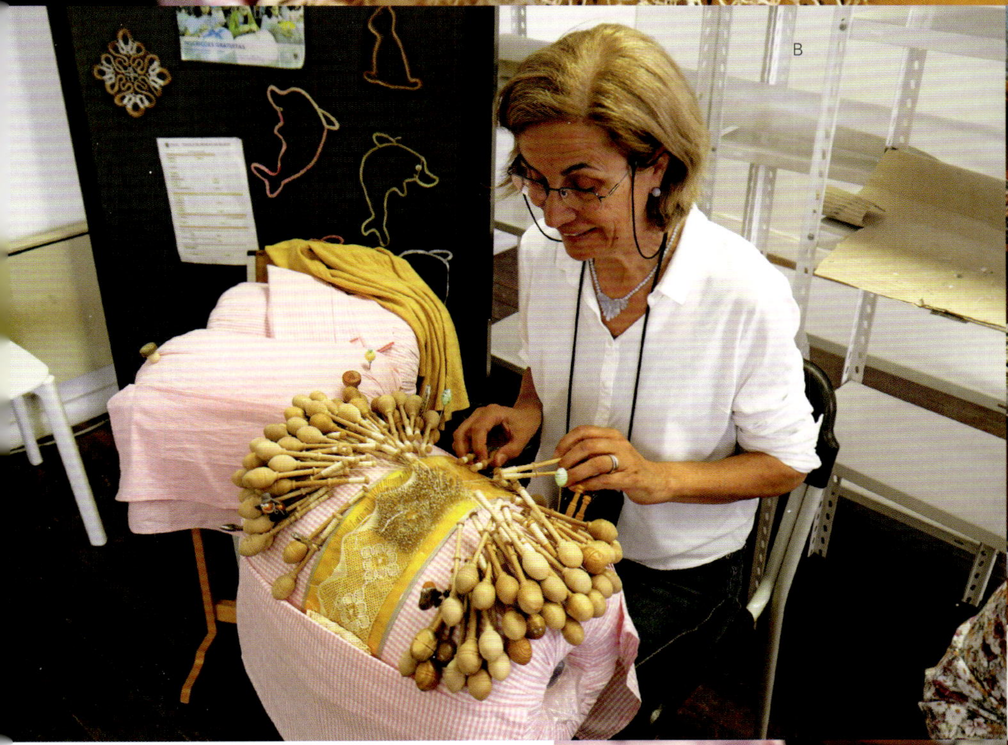

B

C

D

A、B / 在孔迪镇博物馆内的蕾丝学校，学生正在编织蕾丝。圆筒形枕头的纸型上插满了密密麻麻的大头针，几乎覆盖了底稿。据说熟练之后制作的作品中，和课程内容相比，更多的是编织订单　C / 将贝壳、小花、像纪念品一样的香槟酒软木塞等物插在大头针的头部使用，可以防止棒槌翻滚，起到临时固定的作用　D / 开在孔迪镇市场里的玛利亚·萨拉萨尔女士的蕾丝店“Rendas de Céu”。她在店里一边现场演示编织，一边销售首饰和装饰垫等小商品

棒槌蕾丝具体什么时候传入孔迪镇的不得而知，据说是通过船员和商人从北欧传入的，到了16世纪已经形成了有组织的生产制作。这个时期当地很多人外出去巴西工作，制作蕾丝便成了留在家里的女性用以养家糊口的重要工作。在葡萄牙，人们自古以来认为“女性有三份工作”，除了“家务”和“人妻”，在孔迪镇，人们会半开玩笑地告诉你还有一个就是“蕾丝”。另外，父母亲外出打工后，家里只剩下孩子，他们为了生活下去也必须制作蕾丝。所以，女性在四五岁时就会跟着母亲或者去修道院学习蕾丝制作，到了老年也还会继续制作蕾丝。

深受富裕阶层青睐的奢华蕾丝

孔迪镇的棒槌蕾丝使用的工具有塞满麦秆或棉花的圆筒形枕头和米尼奥地区的维亚纳堡工厂生产的棒槌（bilros）。至于编织线，在16世纪开始流行时使用的是麻线，后来开始使用棉线。现在使用的是匈牙利和德国等国家生产的棉线以及英国和葡萄牙生产的麻线。

在设计上体现了沿海乡间小镇的特点，或者是鱼类、贝壳、帆船等与大海有关，或者与花卉有关，像“conchinha（贝壳）”和“escamas（鱼鳞）”之类很多针法的名称都是小镇所特有的。手工艺人接到顾客的订单后，就会从流传下来的众多图案中选择花样编织蕾丝。

在若昂五世时代，因为蕾丝过于奢华，国家曾颁布了禁产令，令许多手工艺人失去经济来源陷入极大困境。不过，随着若昂五世逝世，若泽一世即位后，又恢复了蕾丝制作。在17~18世纪，蕾丝生产达到了鼎盛时期，从面向富裕阶层的高级床单和桌布等日常用品和装饰品，到特定用途的蕾丝垫和装饰领等宗教用品，这些全部都是葡萄牙国内的订单产品。此时还没有出口业务。

19~20世纪初期，小镇上出现了生产罐头和纺织品的工厂，很多女性开始外出工作。于是，1919年蕾丝专修学校成立后，白天母亲们在工厂工作时，女孩子们就在学校里学习蕾丝制作。

博物馆内装饰着获得吉尼斯世界纪录认证的蕾丝作品。2015年，从大人到小孩共有150位蕾丝手工艺人和制作者参与了创作，一共使用了8kg棉线，编织了437片设计各不相同、边长30cm的正方形花片，最后拼接成了一幅巨大的棒槌蕾丝作品

在蕾丝学校，幼小的孩子也夹杂在大人中间学习蕾丝制作。到了6岁左右，她们就能编织课程中的带状蕾丝了

这所蕾丝学校至今仍然开办着，一周有5天课程，现在是一位手工艺老师带着30名学生学习。学生入学后，使用4个或6个棒槌从简单的针法开始学起，然后再慢慢进入更为复杂的组合针法。要想独当一面，必须经过艰苦的练习。以5岁入学的孩子为例，学到18岁，技艺才能提高到足以获得较好收入的水平。在今天的孔迪镇，编织蕾丝的人数大约有200人，其中30人左右是职业手工艺人。

传统蕾丝的传承者

64岁的爱丽丝·维加女士也是这样一位职业手工艺人。她为了生活从5岁就开始学习蕾丝制作。像手帕、衣领、宗教用品和桌布等，虽然根据设计的复杂程度不同而用时不同，但按1天工作8小时左右来算，1年大约能编织10件作品。爱丽丝女士在手工艺人中间也是技艺超群的，至今经手制作了10套婚纱和头纱作品。她还说，“虽然当初是为了赚取收入开始学习棒槌蕾丝的，但是我真的很喜欢这份工作。”值得一提的是，我从好几位手工艺人那里了解到，她们很少为自己编织蕾丝，留在自己家里的蕾丝作品寥寥无几，只有几件节日时用的装饰品、自己的婚礼和孩子的洗礼仪式用品等。

49岁的玛利亚·萨拉萨尔女士在小镇市场上开了一家蕾丝店，她从3岁就开始学习蕾丝编织了，除了店铺的日常经营外，还在职业培训机构为失业的女性们教授蕾丝的编织方法。玛利亚女士的祖母是蕾丝学校的第一代教师，她的母亲也是一位教师。她在大学期间获得了新闻专业学位，曾作为记者在广播电台工作。2011年电台关闭后，失业后的玛利亚女士一筹莫展，于是下定决心开了一家蕾丝店，她是这样想的，“既然棒槌蕾丝是这个小镇流传了100多年的传统手工艺，那我就探索研究一下这门高贵的艺术吧。在设计中加入一些新意，在蕾丝上尝试一下创新性的突破。”她的这次挑战是成功的，店内除了传统的蕾丝产品，还有来自个人、设计师和企业的蕾丝订单，主要用于装饰家具和时装等。其中，据说饰品的需求量特别大。

在孔迪镇的蕾丝博物馆内，陈列着从20世纪初期至今小镇上制作的蕾丝藏品以及世界各国的编织工具等。它原是建于17世纪初期的贵族府邸，在馆内的蕾丝学校还能观看学生和手工艺人的现场演示。馆内还装饰着一件大幅作品，那是用一次活动中镇上的手工艺人和学生们制作的手帕大小的蕾丝作品拼接起来的，获得了吉尼斯世界纪录的认证，是一件值得引以为傲的作品。相信小镇上的人们今后还会一如既往地齐心守护棒槌蕾丝这门传统技艺。

孔迪镇博物馆内展示的一套婴儿蕾丝服饰，这是在葡萄牙人非常重视的洗礼仪式上使用的

E

F

G

H

I

J

E／作品取名为“塞维利亚风”，是一种特定场合戴在头上的纱巾　F／作品取名为“玫瑰与风信子”，和花瓶垫的大小相似　G／1958年玛利亚·艾丽斯女士编织的大号花瓶垫，取名为“4只海螺”。使用了800根棒槌、200支极细麻线编织而成。中间呈十字架形状的是海藻图案，外圈游着8条鱼，设计中展示了海边小镇特有的元素　H／博物馆内收藏的最古老的一件作品，是1933年由路易·巴斯女士设计、学校的学生阿尔比娜·蒙泰罗女士编织的窗帘。描绘了开满花盆的花朵和小鸟，洋溢着装饰艺术风格　I／1944年由玛利亚·克鲁斯女士编织的教会祭坛装饰垫，这是一件长达2m以上的大幅作品　J／玛利亚·蒙泰罗女士的作品。使用了900根棒槌编织而成，分别在中心和外圈设计了4片和8片扇形花样，作品极尽优雅，曾在澳门等展览会上展出　K／作品中设计了与大海相关的图案，上面错落有致地排列着海星、海藻、水母、虾夷扇贝等海洋生物的图案

K

矢野有贵见：

毕业于日本文化服装学院服装设计专业。曾从事和服设计和古董美术店相关工作，经营着一家葡萄牙民间工艺品店“Andorinha”。现在主要通过网店和展会等形式销售。著作有《最新版　怀旧旅行时光——葡萄牙之旅》、《复古可爱的葡萄牙纸艺》（IKAROS出版）、《全都想带回家的葡萄牙》（诚文堂新光社出版）。

【织物自由变化研究】

短针方眼和序号钩编

用短针钩织出方眼花样，这就是短针方眼编织。这是大久保蓉子研究出的编织方法。这种编织方法很简单，但有很多变化、延伸的地方，花样也独特，感觉很有意思。到底是什么样的编织方法呢？一起来看一下吧。

photograph Toshikatsu Watanabe styling Terumi Inoue Special Thanks AWABEES , UTUWA

监修／大久保蓉子、今泉史子、坂本裕代、关水惠子

A

造型别致的手提包

将简单的短针方眼编织的条纹花样组合在一起，钩织成别致的手提包。将4片等针直编的织片组合起来，不用事后缝合，而是一边钩织一边组合。钩织完这款手提包，就掌握了短针方眼编织的基本要领。

设计／今泉史子
制作／藤原直子、中之森路子、高桥美穗子
编织方法／116页
使用线／和麻纳卡

什么是短针方眼编织?

这是大久保蓉子研究出来的编织方法，只需交叉钩织短针和锁针即可。注意，交叉钩织短针和锁针，在锁针上钩织短针，这种名为“米编”的针法，不是短针方眼编织。短针方眼编织，是将以往“长针和锁针组成的方格”这种普通的“方眼编织”中的长针变为短针钩织，钩织1针短针和1针锁针组成的小方格。这样的1格（1K）2行会形成一个正方形。这是短针方眼编织的基础。而且，可以挑起针目的端头连接，这点也很重要。因此，不必缝合，就可以钩织出立体的织片。

上图每隔一行换一种颜色，共使用3种颜色钩织。交叉钩织短针和锁针，就完成短针方眼编织了。下图是素色线和段染线组成的条纹花样。虽然很简单，却给人一种不同寻常的感觉。这也是短针方眼编织的魅力所在。

改变颜色

B

C

D

和纸格子包

这款包用段染和单色的和纸线钩织格子图案。它不容易延展变形，充分利用了序号钩编的特征，轻便又结实，很实用。

设计/今泉史子
制作/田野准子、高濑恭子、Upako
编织方法/118页
使用线/芭贝

什么是序号钩编?

短针方眼编织是按照小织片展开的钩织方法，每个织片都有序号，按照序号钩编即可，因此叫作“序号钩编”。钩织时将各部件连接在一起，充分发挥短针方眼编织的特性。钩织一个个织片，2针2行为1组，钩织奇数行的短针方眼编织，然后钩织下一个织片。每个织片都要改变方向钩织，所以织片四个方向都有拉力，造型不容易塌陷。而且，方形织片组合在一起，可以钩织出立体包包，这点也很有意思。

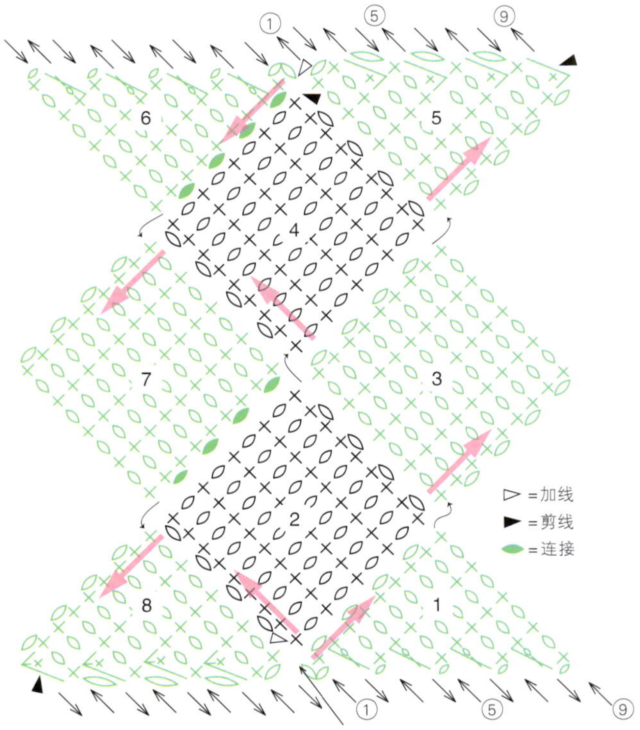

按序号钩织四边形织片，也就是“序号钩编”。织片的方向也要注意。钩织时和相邻织片连接。

方形织片排列在一起的序号钩编。不容易拉伸，不需要缝合，在编织过程中就会逐渐呈现出立体的形状。

改变颜色

A

B

短针方眼的钩织方法

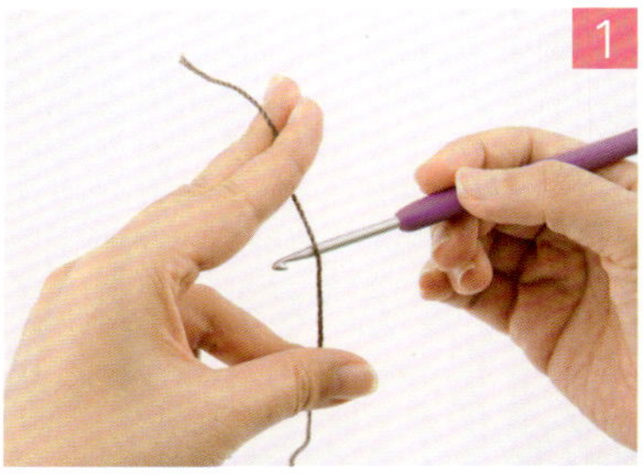

为了便于后面钩织，将第1针线圈拉大，将a色线线头朝上拿好。

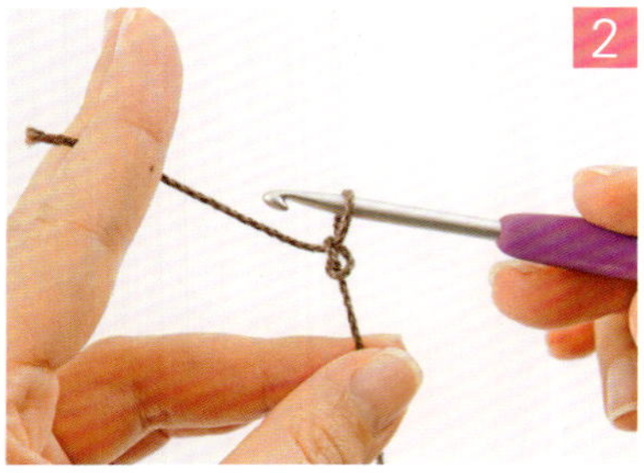

钩织1针锁针起针。

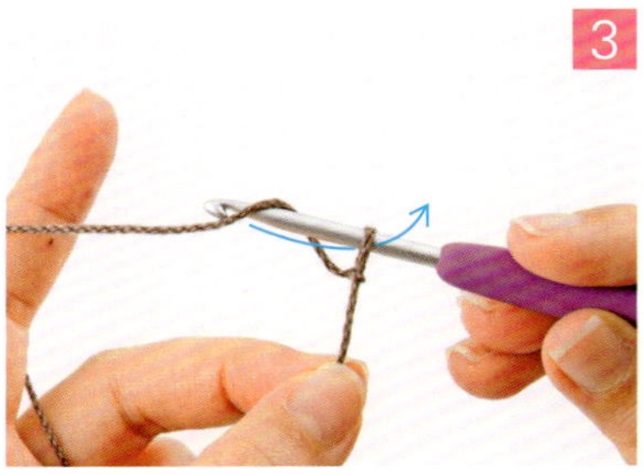

线头朝下拿好，继续钩织锁针起针。

起针83针，换用b色线钩织。

将线拉出，将a色线最后一针拉紧。

立织1针锁针，如图所示将钩针插入锁针的半针和里山，钩织短针。

按照编织符号图钩织到端头，换用c色线钩织，将b色线最后一针拉紧。

立织1针锁针，翻到反面。按照编织符号图钩织到第31行。

第2个织片用d色线从第1个织片上挑取指定数量的针目。继续按照箭头所示插入钩针。

钩织引拔针，做角。

翻到反面，不立织锁针，按箭头所示插入钩针。

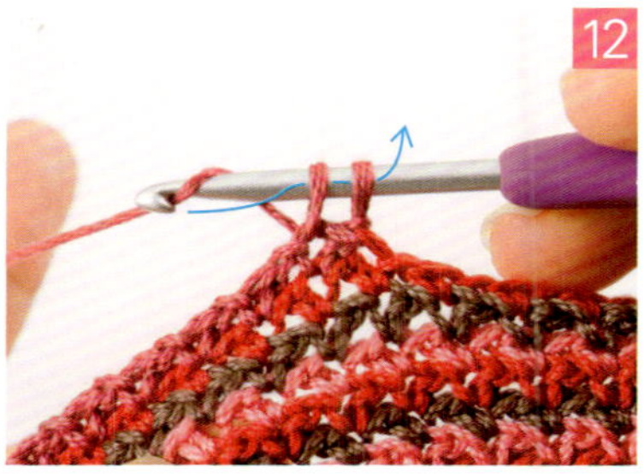

钩织短针。按照相同要领钩织到第52行，和第1个织片连接起来。剩下的32行按照编织符号图钩织。

第3个织片用a色线按照步骤1的方法起1针，从第2个织片的指定位置入针钩针。

挑针至端头，继续钩织32针锁针。

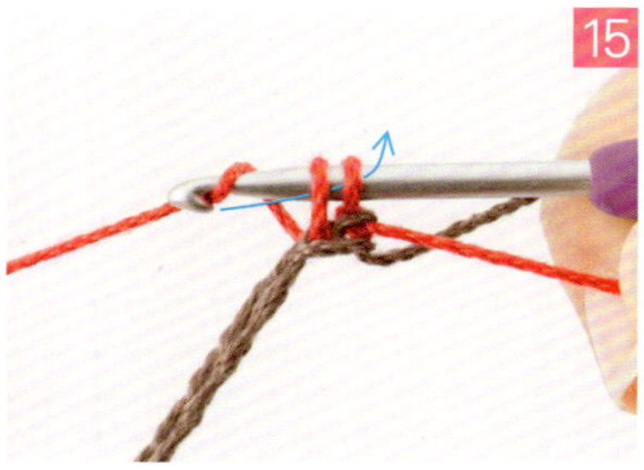

第2行以后，按照钩织第1个织片的方法换线钩织。

钩织完第2行以后，换用c色线，将钩针插入第2个织片上立织的锁针中。

钩织连接。按照相同要领钩在第2个织片上，钩织到第32行。

第4个织片按照第2、3个织片的钩织方法，一边和左右两边连接，一边钩织到第32行。

换用d色线，将钩针插入第1个织片锁针起针的半针和相邻针目的2根线中。

挂线并引拔，钩织连接。参照图示，钩织到最后。

序号钩编的钩织方法

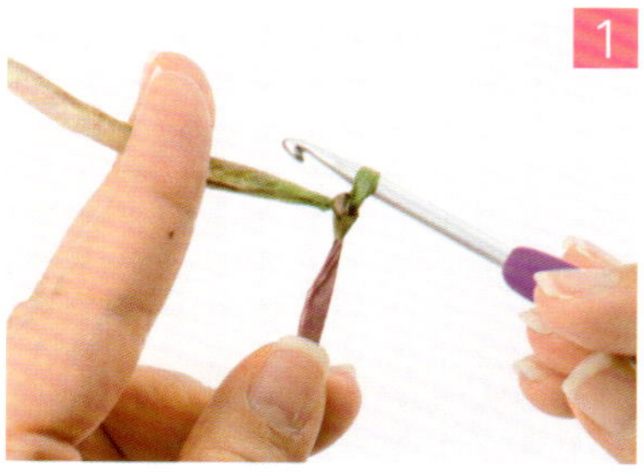

起针方法和p.32的步骤1、2相同，钩织1个织片。

编织终点处将线圈拉大，休针。

用黑色线按照p.32步骤1、2的方法做个线圈，将钩针插入第1行的短针中，挂线并拉出。

直接钩织短针。最开始起针的线圈成为第1针短针的头部。

同样将钩针插入奇数行端头的针目中，钩织第1行。

按照编织图钩织到第9行，将钩针插入步骤2的休针中。

按照和织片2相同的方法挑针，钩织织片3。按照相同的方法挑针钩织到织片17。

织片18按照和织片1相同的方法起针，钩织完第1行的短针后，将钩针插入织片16的针目中，钩织引拔针连接。

翻转织片，不立织锁针，如箭头所示插入钩针。

钩织第2行，一边和织片16钩织连接，一边钩织到第9行。

继续挑起织片16的奇数行立织的锁针（第5针是第1行短针的头部）。

端头和织片18一样一边引拔一边钩织。按照相同的要领钩织到织片47。

织片48两端一边引拔一边钩织，织片47侧边从第2针开始引拔。

连接起来了。按照相同要领钩织至织片55。

织片56按照箭头所示插入钩针，按照相同要领钩织至织片76的第8行。

织片76的第9行钩织1针短针，取下钩针，插入织片57的奇数行针目中。

将钩针插回取下的针目中，并将线圈拉出。

继续钩织1针锁针、1针短针，然后取下钩针，按照相同方法和织片57连接。

织片76的周围全部连接起来了。织片78按照相同方法钩织。

织片78完成后，向织片59钩织引拔针收针。另一侧也按照相同方法钩织。

颜色清爽、透气性佳的
舒适毛衫

清爽、光泽优美的棉，手感光滑的丝和带着『沙沙』声的亚麻，选择一些特别的材质，在炎热的夏季亲手编织一件清凉的毛衫吧！

photograph Hironori Handa styling Masayo Akutsu hair&make-up Hitoshi Sakaguchi model Lara B

连肩一字领套头衫

版型宽松，袖子也比较宽大，穿着很凉快。它使用的线材带着柔美的光泽，而且很轻柔，有着天然线材特有的舒适手感。吸汗性能优良，是颇受日本人喜爱的夏季线材。

设计/SAICHIKA
制作/野波绘美子
编织方法/123页
使用线/手织屋

前后两穿毛衫

因为是花时间好不容易才织出来的毛衫，所以希望它的设计能有多种搭配方法。这件毛衫有着飞白染色的身片，配上了素色领带。不仅领带的系法不拘一格，前后衣领的形状也不一样，可以穿出不同的感觉。出门前，无须太纠结前后身片哟。

设计/yohnKa
编织方法/134页
使用线/手织屋

渐变色宽松毛衫

简单的织片，取3根不同的单色线编织，暗藏着细微的渐变之感，可以无限享受色彩的乐趣。款式很像T恤，手编的穿上很舒服，非常亲肤。

设计／风工房
编织方法／125页
使用线／手织屋

不对称花样开衫

左右身片分别编织镂空花样和下针编织，边缘也设计得很妙。夏季毛衫，一般很注重透气、凉快的感觉。这件开衫可以放心地穿上，不仅显气质，而且深浅不一的蓝色很容易让人想起天空和大海，给人一种清凉的感觉。

设计/冈真理子
编织方法/126页
使用线/手织屋

罗纹边双色套头衫

这件毛衫使用了几种不同的花样，编织效果和机织物类似，这也是编织的乐趣之一。编织毛衫时，经常会为调整编织密度烦恼。但这款毛衫设计成全部编织相同的针数，特别方便。配色很漂亮，给人一种愉悦的感觉。

设计 / 野口智子
编织方法 /133 页
使用线 /DMC

前后两穿马甲

将蓝色和白色、灰色系段染线组合在一起，编织一件条纹花样的马甲，穿在身上会给人一种清爽的感觉。前、后身片的形状一样，可以根据当天的心情来选择将哪种颜色当作前面。上针和下针组成令人耳目一新的条纹花样，很引人注目。

设计/SAICHIKA
制作/德永穗积
编织方法/122页
使用线/DMC

镂空花样七分袖开衫

用1根线编织1行，再用2根线合股编织1行，如此交替重复，一排排的长针花样就呈现出飘逸镂空的效果，设计别出心裁。像折纸一样对角走向的线条令人印象深刻。在夏季冷热不定的空调房里，这款开衫想必会非常实用。

设计 / 柴田 淳
编织方法 / 136页
使用线 / PIERROT YARNS

拉针花样圆领开衫

钩针的拉针花样形成的阴影效果有一种立体的美感，独具魅力。只要用1根钩针，就可以汇集1个个小针目，组合起来编织出各种花样，充满了乐趣。看着富于变化的花样，仿佛再也无法抗拒编织的魔力。

设计 / 笠间 绫
编织方法 / 142页
使用线 / PIERROT YARNS

连接花片套头衫

连接花片的衣物往往比较容易编织，初学者不妨尝试一下。清晰明了的格子线条也是花样的一部分。1片接着1片，用心编织吧。啊！如果像暑假作业一样再拖下去，转眼夏天就要结束啦！

设计 / 冈本启子 制作 / 宫本宽子
编织方法 / 138页
使用线 / 钻石线

菱形花片长吊带

由大大的花片拼接而成的吊带背心在夏日阳光下格外耀眼。虽然花片像祖母方格一般简单，但是长针和短针的结合以及混搭的配色非常巧妙，增强了作品的时尚性和装饰性。胸口几个小花片的设计也在视觉上起到了平衡效果。

设计 / 森 静代
编织方法 / 127页
使用线 / 钻石线

用梭针编织，简单易学！

针梭蕾丝入门第一步

挑战了很多次，怎么也做不好……一圈一圈地绕线太麻烦了。
有梭子恐惧症的朋友大可放心，现在用梭针就可以编织啦！

photograph Hironori Handa styling Masayo Akutsu hair&make-up Hitoshi Sakaguchi model Lara B

针梭蕾丝小饰物

44页图 / 首先从基础花片开始学习。使用梭针，耳的编织也变得轻松易上手！编入串珠的方法也非常简单。

针梭蕾丝花片围巾

右图 / 将2种基础花片呈锯齿状连接成一条优雅的围巾。尽情享受梭编蕾丝的魅力吧！

设计 / 今泉熙美
编织方法 / 147、148页
使用线 / 奥林巴斯线

沐浴阳光，安享夏日

炎热的夏天，索性试着享受耀眼的阳光吧！
夏天也要享受编织的乐趣，轻松消除暑气！

photograph Shigeki Nakashima styling Kuniko Okabe hair&make-up Hitoshi Sakaguchi model TEHHI

宽檐遮阳帽

这是一款用Eco Andaria线编织的宽檐帽，遮阳防晒的效果很好，让人爱不释手。戴上它宛如置身于避暑胜地，这样的夏日专属单品编织再多也不会嫌多。

设计 / 兵头良之子 制作 / Yukie
编织方法 / 157页
使用线 / 和麻纳卡

手编仙人掌小盆栽

对仙人掌的喜爱悄然升温。可是明明那么喜欢，我却养不活它们。不过，要是这些小宝贝，就可以一直在一起了。

设计 / 兵头良之子　制作 / 山田加奈子
编织方法 / 157 页
使用线 / 和麻纳卡

这几个仙人掌盆栽竟然是连同花盆和泥土一起编织的，如果放入真的花盆中或许也非常可爱。越是小物件，颜色和材料稍有变化，最后呈现的效果就会越不同。尽量编织得小巧紧致一点，这个过程令人心情愉快，不由得陶醉其中。另外，还顺便编织了小菠萝，既充满夏日气息又十分可爱。可以用作包包或钥匙的挂件，也可以点缀在帽子上。

乐享毛线 Enjoy Keito 12

这个夏天为大家介绍的是能快速编织、很快就能穿着的作品。同时请留意用特大号针编织时的小技巧。

photograph Hironori Handa styling Masayo Akutsu hair&make-up Hitoshi Sakaguchi model Lara B

LANA GATTO CABLE' 5

马科棉100%　颜色数／35（Keito在售）规格／每团50g（±5g）线长／约175m　线的粗细／细　适用针号／蕾丝钩针0号

这是Keito店内的经典款意大利线品牌LANA GATTO。成色漂亮，颜色丰富，可以激发创作欲望。

镂空花样披肩

既可以披在肩上遮挡夏日骄阳，也可以在空调房内一圈圈围在脖子上防止受凉。因为不容易皱，也可以卷成一团放在包包里。

设计／一色 奏
编织方法／145页
使用线／FEZA ALP NATURAL、LANA GATTO CABLE' 5

Keito

邮编：111-0053
地址：日本东京都台东区浅草桥3-5-4 1F
电话：03-5809-2018
传真：03-5809-2632
电子邮箱：info@keito-shop.com
营业时间：10:00~18:00
休息日：星期一（星期一为节假日时，则次日休息）

FEZA ALP NATURAL

棉40%、人造丝30%、亚麻20%、真丝10%（※不同批次有所差异）颜色数／10（Keito在售）规格／每桄110g 线长／约210m 线的粗细／中粗 适用针号／6、7号棒针

由同色系、不同材质的各种线混纺而成。到货时间不同，所含成分也不尽相同，这是一款可遇不可求的线材。

一字领套头衫

花样熟练后，编织起来也快多了，今夏立马就能穿的实用单品完成！春秋季节可与T恤衫搭配，夏季可与吊带衫或背心搭配穿着。

设计／石塚真理
编织方法／146页
使用线／FEZA ALP NATURAL

一说起编织，往往让人联想到秋冬的感觉。不过，Keito的夏季线材也非常丰富，令人全年都可以享受到编织的乐趣。本期为大家介绍的就是使用这些夏季线材和特大号针编织的作品，即使现在开始编织也能很快完成。

一般情况下，每种线都有适用的针号，特大号针是在编织极粗、超级粗的线时使用。如果一定要使用细线，则可以编织出镂空的效果。同样是"编织"，因为工具变大了，动作也会随之发生变化，编织起来也许更有一种新鲜感（钩针编织时建议使用小刀的握法！）。另外，要注意编织时手的力度。如果使用的线比适用线材更细，刚开始不熟练时很容易手紧，这时肩膀不要用力，请放松一点。

最近，即使往返编织的作品也经常会使用环针。不过，用环针编织卷针时，由于针绳部分的线拉紧后不容易编织，请大家用棒针挑战一下这款作品吧！

调色板

Color Palette

恋上菠萝花样的夏季

蕾丝般纤美的菠萝花样小物，编织起来心情愉悦，穿戴起来优雅迷人。
使用清爽的轻柔线材，打造夏日的亮丽风景吧！

photograph Shigeki Nakashima styling Kuniko Okabe hair&make-up AKI model Caroline

A

灰蓝色

这款开袖披肩是从中间往上下两侧编织，领口和下摆都设计了菠萝花样，摇曳生姿。较大的衣物使用色彩度较低的灰蓝色线编织，可以穿出清新凉爽的感觉。

设计／大田真子（5款作品）
制作／冈千代子、真野章代
编织方法／150页
使用线／奥林巴斯线

粉红色

编织3条纵向排列的花样，使用起来宽度和厚度都非常合适。编织起点和编织终点的花样不会过于甜美，佩戴起来显得端庄大方。这款披肩选用了很衬肤色的粉红色线，尽享成熟浪漫的蕾丝魅力。

藏青色

参加朋友聚会也好，日常佩戴也好，披上这款华丽的披肩让人心情也焕然一新。长度上横向编织15列花样，宽度上编织较少的行数。藏青色中闪烁着亮眼的金属光泽，花样的扇形边缘也非常优美。

B

C

D

E

浅棕色

对从来没有编织过菠萝花样的初学者，我强烈推荐这款披肩。只要编织1列花样，就足以展现作品的精美别致。另一点让人开心的是最后不用钩织边缘，要知道边缘编织往往是简单的披肩中最容易犯错的"噩梦"。

灰白色

与粉红色的作品属于同款不同色，选择的灰白色线可以感受到更加细腻的金属丝光泽。这是一款实用百搭的披肩，既可以临时救急，也可以搭配不同风格的衣服，真是夏季穿搭的"忠实伴侣"。

Yarn Catalogue

「春夏毛线新品推荐」12

各大厂商精心打造的春夏毛线让您在炎热的季节也能穿得舒适一些。
本期将为大家推荐更多春季刊未介绍完的线材。

photograph Toshikatsu Watanabe styling Terumi Inoue Special Thanks AWABEES , UTUWA

Cotton Linen KS 手织屋

由80%棉和20%亚麻松捻加工而成的竹节花式线有着独特的蓬松质感。多色混染的彩色碎点也显得趣味十足。仿麻线的手感干爽舒适，丰富的颜色和质感可以使作品更富于变化。

参数

棉80%、亚麻20%　颜色数／7　规格／每桄约100g　线长／约540m　线的粗细／中细　适用针号／1~3号棒针

设计师的声音

轻柔爽滑的质感恰到好处，而且很容易编织。五彩的颜色充满变化，让人百看不厌，编织起来更有乐趣。针目编织得稀疏一点，作品就会很轻，这一点也非常吸引人。（michiyo）

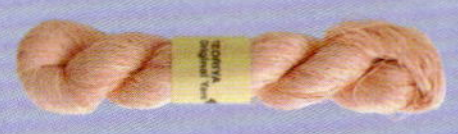

French Linen 手织屋

这款手感非常柔软的100%法国亚麻线是3股捻合的26支细线。杂色花线的色调也是其一大特色。建议取几根线合股编织。

参数

亚麻100%　颜色数／12　规格／每桄约100g　线长／约823m　线的粗细／极细　适用针号／1~3号棒针、1/0~3/0号钩针
※另有小轴装（约160m ／约20g）。

设计师的声音

这是一款软硬适中、容易编织的顶级亚麻线。颜色丰富，明亮的色彩非常适合夏天。合股编织可以使织物更显紧致、精美。（yohnKa）

Beauty Silk Cotton UV
PIERROT YARNS ♪

用爽滑柔软的棉线和富有光泽的丝线混纺而成，兼具干爽、柔和、顺滑三大优点。舒适的手感加上防紫外线加工处理，特别推荐用于编织在紫外线较强的季节穿着的衣物。

参数

棉90%、蚕丝10%　颜色数／12　规格／每团30g　线长／约165m　线的粗细／细至中细　适用针号／2~3号棒针、2/0~3/0号钩针

设计师的声音

这是一款偏细的柔软线材，编织起来很顺手。编织好的针目也很柔软，不会过于紧实，令织物具有良好的透气性。（笠间 绫）

Chanvre
PIERROT YARNS ♪

100% 使用了以顶级品质著称的法国亚麻，天然的质感和雅致的光泽彰显了品质。柔和的色调可以增添知性优雅的气质，而且使用的时间越久越柔软，别有一番韵味，这也是其魅力所在。因为给人轻柔的印象，除了衣物和披肩，也非常适合用来编织饰品和日用小物。

参数

麻（法国亚麻）100%　颜色数／13　规格／每团40g　线长／约220m　线的粗细／细　适用针号／1~2号棒针、2~0号蕾丝针

设计师的声音

这款线比较有韧性，非常容易编织。用2根线合股编织，作品也会很轻柔。只用1根线也可以编织出结实的作品。（柴田 淳）

SA·LA·LA
奥林巴斯

这是一款偏细的半花式线，特点是舒爽的触感和轻柔的质感。散布的双色金属丝线结和相近颜色的段染效果使作品在优雅中透着一分休闲。

参数

棉49%、人造丝28%、涤纶23%（含金属丝17%）颜色数／7 规格／每团30g 线长／约118m 线的粗细／粗 适用针号／3~4号棒针、4/0~5/0号钩针

设计师的声音

金属丝线结的美丽光泽和轻柔的质感是这款线的特点。成品即使盛夏时节穿着也会感觉清凉爽滑，无论优雅风还是休闲风均可搭配。（大田真子）

Micare
奥林巴斯

这款线材兼具亚麻的清凉干爽和人造丝的顺滑。由多种颜色和材质的线混纺而成，呈现出了精美的渐变效果。雅致炫彩的金属光泽更是演绎出了高级感。

参数

麻（亚麻）55%、人造丝22%、棉16%、涤纶7%（含金属丝3%）颜色数／7 规格／每团30g 线长／约102m 线的粗细／中细 适用针号／3~4号棒针、4/0~5/0号钩针

设计师的声音

段染线精美的渐变效果自然和谐，闪烁着金属丝的雅致光泽。我觉得用这款线编织的作品会非常漂亮有型。（大田真子）

DIASKETCH
钻石线

棉线经过加工后更具有弹性和韧性，再对其进行间距随机的多色混染。由于缠绕在表面的细线也是长距离段染，所以呈现出更为复杂的色彩变化。富有个性的色调令人印象深刻，这是一款清凉感十足的花式线。

参数

棉52%、腈纶48%　颜色数／8　规格／每团30g　线长／约126m　线的粗细／粗　适用针号／5~6号棒针、4/0~5/0号钩针

设计师的声音

这款线有一定的弹性，很好编织。渐变的线纹非常雅致，很容易搭配。（冈本启子）

DIACIELO
钻石线

经过丝光工艺处理的棉质带子纱线拥有典雅的光泽。偏细的带子线可以编织出独特细腻的花样，给人十分清凉的感觉。轻柔的质感加上爽滑的手感，在炎热的季节也能编织出穿着舒适的作品。

参数

棉100%　颜色数／10　规格／每团30g　线长／约141m　线的粗细／粗　适用针号／4~6号棒针、4/0~5/0号钩针

设计师的声音

各种有点发灰的颜色带着夏日的色调，非常好看。用纯色线编织也不错，与其他线材一起使用也很好搭配。（森 静代）

参观工厂时收到的针织书签

打卡日本国产针织圣地!

五泉针织节

撰文/毛线球编辑部

五泉针织工业联合会以当地手工艺人为主导举办了手作集市

2020年2月8日~10日，雪花纷飞，我们迎来了第5届五泉针织节（GOSEN KNIT FES 2020）。新潟县五泉市是日本屈指可数的针织品产地。在日本时装界也经常听到这样一句话，“提到针织，就想到五泉”，新潟县的针织产量占日本针织总量的60%，而其中一半都是在五泉市生产的。随着快时尚的兴起和其他国家生产的影响，五泉市的情况也不容乐观。不过到了2015年，市内各家企业开始齐心协力，致力于将五泉针织打造成品牌。

五泉针织节在展示针织产业实力的同时，也对区域经济的复兴发挥了很大作用。针织节上活动丰富，精彩纷呈，不仅可以参观15个以上的工厂，而且在五泉针织工业联合会举办的集市上还有手工制作的饰品和小物件，以及“针织游泳池”（译者注：在儿童充气泳池里放入很多编织的抱枕等供小朋友玩耍）。在大本营（综合介绍场馆）“5 SEASONS kitchen”，除了销售针织品，还提供了餐车和咖啡区。工厂和活动区分散在市内不同地方，参观者可以按线路免费乘坐从大本营或五泉站出发的环线公交车，拿着分发的地图赶往喜欢的目的地。人气较高的工厂会将参观者分成若干组，分批参观。

在梅田针织株式会社，参观者除了可以了解五泉市的针织历史，还可以聆听会长兼本次活动执行委员长梅田恒荣先生毫无保留地亲自介绍从企划到生产、发货的整个过程，真是让针织爱好者获益匪浅。我们还看到了岛精机制作所的针织电脑、横编机、珍贵的圆编机等。在高桥针织株式会社，专业的缝盘操作、裁剪机、经过独立研发的防水技术处理的编织物……全都让人兴趣十足。另外，在塚野刺绣株式会社开展的活动中，参观者可以体验将自己画的画制作成刺绣作品，有些工厂也可以让参观者体验缝盘操作。除此之外，还有围脖的现场编织演示，让孩子们也乐在其中的“与毛线亲密接触的讲习会”等各种活动。

各家企业为了在这个形势严峻的时代求生存、谋发展，努力保持着各自的特色。每一个环节的专业性都很强，这些企业日复一日坚持着生产“Made in Japan（日本制造）”的针织产品。我们可以深切感受到整个城市都与针织息息相关，市内的商业街也营造了热闹的活动气氛。下一届针织节预期在2020年11月举办。到时，何不来日本的针织圣地五泉市看一看呢？

1/在五泉针织工业联合会，首先迎接我们的是各种毛线。里面的集市也是一片盛况 2/在综合介绍场馆“5 SEASONS kitchen”，还为大家提供了咖啡区和诱人的甜点 3/在塚野刺绣株式会社，可以体验将手绘画稿现场刺绣并制作成创意手提包 4/当地高中生也参加了此次活动

手里拿着分发的地图乘坐免费的环线公交车游览，选择各自喜欢的工厂参观。在梅田针织株式会社，会长兼本次活动执行委员长梅田恒荣先生亲自为参观者进行了讲解

手钩杯垫

拼布壁饰

编织围巾

抱抱熊

昆虫刺绣小件

祖母方格毯

我家的狗狗最棒！

和狗狗在一起

photograph Bunsaku Nakagawa

32

我家司司长得好看又上镜哟

击个掌吧!

富纪子女士最先是以租赁宠物的方式把司司带回家的，现在它已经长到7千克了。因为丈夫不喜欢狗狗，为了博得他的好感，她特意从丈夫的名字中选了一个字当作狗狗的名字。目前来看，这个方法很有用，司司现在已经成了宝贝儿子一般的存在。

富纪子曾经在宠物救助机构工作，经常带着司司一起上班。她上班的地方有许多年长的狗狗，司司从那些狗狗身上学到了不少知识，养成了温柔、稳重的性格。它很少朝人"汪汪汪"地叫，大概一年也就叫一次。司司不喜欢干冰的烟雾和炒菜的声音。现在，它的耳朵听不见声音了，富纪子有时会打手势和它交流。有时仅通过眼神交流，司司也能明白。

司司虽然看起来体格健壮，但它的身体实际上并没有那么好。到现在为止，它的两个膝盖都动过手术，患有关节炎、心脏病。所幸遇见了靠谱的兽医，现在它的症状好多了，每天生活得也算顺心。

富纪子的博客已经开设了八年"司司日记"专栏，详细的记叙内容，也有助于兽医了解司司。"哪怕多一秒也好，我想一直和司司在一起，想看司司笑！"她的博客可以让人感受到强烈的爱意。希望富纪子继续和爱犬快乐地度过每一天。

设计/岸 睦子
编织方法/164页
使用线/芭贝

档案

狗狗　司司，蝶耳狗 14岁

性格　不怯生、悠然自得

主人　富纪子

[第7回] michiyo 四种尺码的毛衫编织

michiyo女士为我们带来的夏日新作，独特的形状给人一种很不可思议的感觉。但是，穿在身上，却有一种绝妙的效果。无论是编织过程，还是穿着体验，都非常棒。

photograph Shigeki Nakashima styling Kuniko Okabe hair&make-up AKI model Caroline

不对称的夏日套头衫

看上去是很不可思议的形状，穿上会怎样呢？这次，我们设计了四种尺码。左右不对称的设计，是我自己非常喜欢的。

成品和编织图给人的感觉不一样，虽然不对称，但穿在身上惊人的合身，而且形成优美的自然褶。因为是夏天，用细线编织的宽松毛衫带着镂空感，很透气。轻柔、宽松的自然褶，蓬起来的地方有着一种别样的感觉。用夏季线材做下针编织时，即使没有编织得很整齐，也很好看，这大概就是竹节纱线（Slub Yarn）的魅力吧。

前身片领窝处的伏针，是为避免领口下垂所下的功夫。为避免挑取衣领针目时挂住线，松松地做伏针收针即可。

根据搭配，可以呈现出休闲风，还可以优雅地穿着，非常百变。请大家一定要试一下哟。

不对称设计套头衫

平铺着看是很不可思议的形状，但穿在身上却一点违和感都没有，看起来非常合身，形成优美的自然褶。毛衫的针法很简单，将不对称的有趣设计和线材的质感发挥到了极致。改变尺码时，要注意需要改变的具体位置。

制作 / 饭岛裕子　编织方法/153页

使用线 / 奥林巴斯线

肩线

这里将直接成为袖长，如果编织得长一些，袖子也会变长。左袖要根据这个尺寸来设计长度。

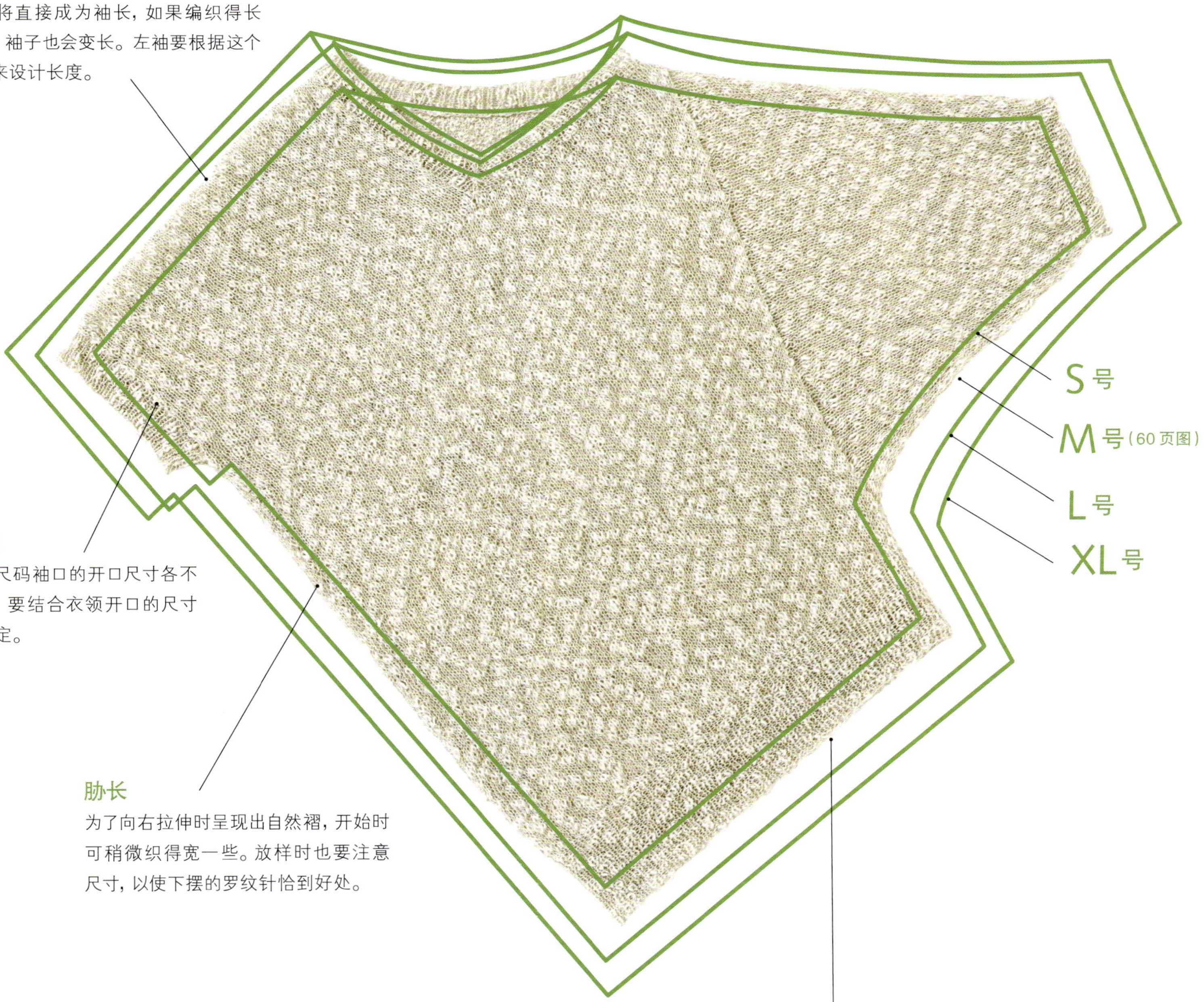

袖口

不同尺码袖口的开口尺寸各不相同，要结合衣领开口的尺寸来决定。

胁长

为了向右拉伸时呈现出自然褶，开始时可稍微织得宽一些。放样时也要注意尺寸，以使下摆的罗纹针恰到好处。

衣长

衣长通过调整下摆到领口的行数来调节。

michiyo

做过服装、编织的策划工作，1998年开始作为编织作家活跃在编织界。作品风格稳重、简洁，设计独特，颇具人气。著书多部。

细节满满，让人心动不已

夏日最佳手编包

如果拥有一款喜欢的包包，又可以随身携带重要的物品，
即便没什么特别的事，即便夏日炎炎，每天也会过得很开心。

photograph Shigeki Nakashima styling Kuniko Okabe hair&make-up AKI model Caroline

渐变色购物包

和纸般的质感加上晕染的渐变效果令人印象深刻。这款购物包由3根线合股编织而成。流动的线条疏朗大气，给人清爽的感觉。此外，还兼具轻柔和结实的特点。

设计 / 桥本真由子
编织方法 / 162页
使用线 / 芭贝

配色花样手拎包

使用与62页相同的线材配色编织，手拎包的民族风花样给人截然不同的印象。圆底的设计很方便放入物品，拎着购物也一定非常实用。在提手中间用深色线引拔形成的线条鲜明时尚。

设计 / 桥本真由子

编织方法 / 167页

使用线 / 芭贝

宽底手拎包

在耀眼的阳光下，这款手拎包的颜色显得格外鲜艳。那些平常不会使用的颜色，不妨在这个季节挑战试试吧。交错编织的拉针花样特别漂亮，就像编织竹筐的网眼纹。底部是四边形的设计。

设计 / Tomo Sugiyama
编织方法 / 161页
使用线 / 芭贝

方眼蕾丝手拎包

深浅交织的绿色让人仿佛置身于森林中，想要做深呼吸。镂空的方眼蕾丝花样给人清新凉爽的感觉。这款包的整体设计充满了夏日气息。刚好可以放入A4纸大小的文件，日常使用非常方便。底部是用短针钩织的长方形。

设计 / 青木惠理子
编织方法 / 155页
使用线 / 芭贝

Macrame绳编
手拎包

大大的镂空花样好像绳结编织的效果，其实是用短针和锁针钩织的。圆形提手的包包往往给人休闲随性的印象，可与夹有金属丝的雅致线材搭配时，作品瞬间焕发出典雅的魅力。

设计 / Hobbyra Hobbyre
编织方法 / 178页
使用线 / Hobbyra Hobbyre

窄檐夏凉帽

如果不想再编织手拎包了，那就试试帽子吧。编织帽子的过程与编织圆底手拎包非常相似。找到自己喜欢的花样，试着改编成帽子说不定也很有意思。可再配上一条细绳作为装饰。

设计 / Hobbyra Hobbyre
编织方法 / 175页
使用线 / Hobbyra Hobbyre

褶边装饰手拎包

包口俏丽可爱的褶边是钩织2行的3卷长针完成的。提手部分不用编织，直接使用皮提手，既结实又耐用。将手拎包稍微改进一下，就能化身为提升气质的秘密武器。

设计 / Hobbyra Hobbyre
编织方法 / 177页
使用线 / Hobbyra Hobbyre

双口袋手拎包

在简洁的购物包上加上彩色段染的贴片式口袋，漂亮极了。市面销售的皮革提手也省去了打孔的麻烦，类似十字绣的缝合针迹十分可爱、别致。

设计 / Hobbyra Hobbyre
编织方法 / 171页
使用线 / Hobbyra Hobbyre

段染花样手拎包

这款稍大的手拎包是用类似拉菲草的线材编织的，尽情享受段染线的魅力吧。只需一圈圈地环形编织，颜色就会不断发生变化，编织再多次都会觉得很有趣。不同色系的线呈现出各具特色的段染效果，让人百看不厌。

设计 / Hobbyra Hobbyre
编织方法 / 172页
使用线 / Hobbyra Hobbyre

冈本启子的 Knit+1 第24回

既然要编织，还是用好一点的线材吧。
本期使用特别稀有的丝线编织了两款清凉感十足的套头衫。

photograph Shigeki Nakashima styling Kuniko Okabe hair&make-up AKI model Caroline

Golden Silk（黄金茧丝）散发着神秘的金黄色光泽，是用"小字大蚕蛾（拉丁名：cricula trifenes trata）"的茧生产的丝线。小字大蚕蛾主要分布在印度尼西亚到马来西亚部分地区，因为所食叶子中含有叶黄素，所以丝纤维呈金黄色。另外，蚕的茧丝都被一种起着黏结作用的丝胶蛋白包裹着，而这种丝胶蛋白具有特别强的黏性，脱胶处理更为困难，即使当地王室直接管理的生产也由不到30人的熟练工人手工制作完成。由于产量非常低，再加上制丝的难度很大，导致产量极少，被视为世界珍稀原料。本期作品就尝试使用了这种黄金茧丝线。

这种丝线具有野蚕丝的特性，有很多颣节及不规则的节状形态。虽然我觉得更适合钩针编织，但还是用棒针编织了一件作品。动手编织后，我就被它的轻柔和柔韧性惊到了。请大家一定要试试，用这种难得一见的贵重黄金茧丝线编织一件喜欢的作品吧。

冈本启子（Keiko Okamoto）
Atelier K's K的主管。作为编织设计师及指导者，奔走于日本各地。在阪急梅田总店的10楼开设了店铺"K's K"。担任公益财团法人日本手艺普及协会理事。著作《冈本启子钩针编织作品集》、《冈本启子棒针编织作品集》（日本宝库社出版，中文简体版已由河南科学技术出版社出版）正在热销中，深受读者好评。

线名：K's K Golden Silk

钩针花样套头衫

70页 / 简单花样的组合富于变化。款式宽松，给人透气凉爽的感觉。
制作 / 宫崎满子 编织方法 / 169页 使用线 / K's K Golden Silk

棒针花样套头衫

左图 / 特意用这款顺滑的丝线编织的棒针作品。加入很多挂针编织的镂空花样后更显精致优美。边缘部分统一用钩针进行了装饰。
制作 / 中川好子 编织方法 / 180页 使用线 / K's K Golden Silk

Couture Arrange

志田瞳优美花样毛衫编织新编❻

法式袖褶边宽摆套头衫

photograph Hironori Handa styling Masayo Akutsu hair&make-up Hitoshi Sakaguchi model Lara B

选自日文版的《志田瞳四季花样毛衫编织》

原作是一款用段染线编织的前开襟背心。

2020年夏天，我同样挑选了一款花样比较模糊的作品改编。这次，我尝试将《志田瞳四季花样毛衫编织》中的一款段染前开襟背心改成了套头衫。

保留了原来的交叉花样，法式袖刚好包住肩头，下摆处加入了微喇叭状的褶边设计，改编后的套头衫增添了一分优雅。颜色上选择了原白色，在夏日阳光下也显得非常柔美。线材上选择了棉线外面缠绕着真丝的线，散发着淡雅的光泽。

实际上，这是“Couture Arrange”连载以来的第一件原白色作品。原白色和白色在我的花样设计中是不可或缺的颜色，但是我尽量避免在本专栏的作品中使用。原白色本身低调不张扬，通过花样彰显个性，对我来说是一种让人感觉很安心的颜色。也正因为如此，虽说不能过于依赖一种颜色，但夏天我还是会情不自禁对白色和原白色更加偏爱一些。

在这里，我们可以进行自由改编。如果大家都能试着改变花样排列和外形款式，选择自己喜欢的颜色进行编织，我将感到非常高兴。

detail（细节说明）

本期作品的基础花样是用交叉针将下针和蕾丝花样纵向连成一列，再在列与列之间加入上针，排列成类似棋盘格的花样。身片的上半部分将棋盘格花样中的下针全部换成蕾丝花样，整体花样显得通透、清凉。

下摆的褶边同样用蕾丝花样和下针编织成条纹状，通过调整针号和分散减针编织出微喇的形状。为了避免下摆太厚重，在边缘编织细窄的起伏针后做伏针收针。

袖口和领口的边缘编织由相同的蕾丝花样和扭针的罗纹针构成。不过，因为最后要做扭针的单罗纹针收针，所以将中间的2针上针改成了1针上针。

选自《志田瞳四季花样毛衫编织》
（河南科学技术出版社出版）
制作／梨本明美
编织方法／182页
使用线／钻石线

编织机讲座

可以快速编织，
乐趣十足

花卡篇

本专栏连续介绍了如何使用轻便的编织机“Amimumemo”进行快速轻松地编织。本期稍稍改变一下计划，为大家带来了更加专业一点的编织机。

本期介绍的是“花卡编织机SK280”。与以前介绍的编织机“Amimumemo”最大的区别在于编织花样用的配套“花卡”。使用中细毛线可以轻松编织。针距是4.5mm，最多可以编织200针。全长约111cm，重11.8kg。因为机器比较厚重，编织起来就很稳定。适用线材范围非常广，从极细毛线到粗毛线，可以用各种各样的毛线编织。随机配备20张花卡，可以自动实现提花编织、滑针编织、加线编织、拉线编织、浮雕编织、局部提花编织、空花编织等多种花样。

花卡

用来编织花样的柔软卡纸，按照具体的花样已经在上面打好了小孔。将花卡插在编织机上，就可以简单地编织出各种花样。我们也可以在空白花卡上打孔制作出自己的原创花样。

※由于花卡的材质并不耐热，注意远离熨斗和暖炉等。也不要放在阳光直射的地方，以免变形。

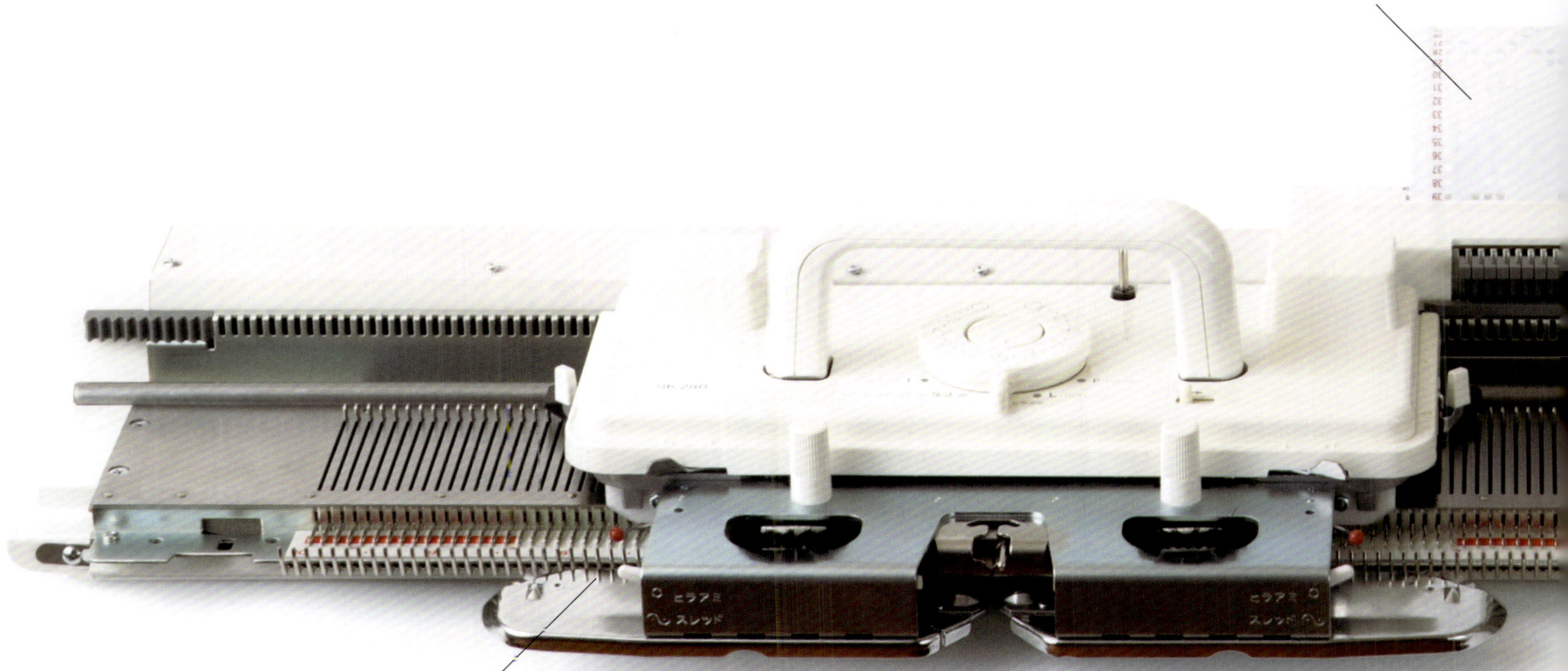

机头

通过左右推动机头，可以使编织机上的机针随之移动进行编织。机头上还有调节针目大小的密度盘以及切换编织方法的凸轮杆等装置。

各种样片

这些都是用这款编织机编织的花样。使用机器自带的花卡，或者自己设计原创的花样制作成花卡，就可以自动实现提花编织、滑针编织、拉线编织、加线编织、局部提花编织、空花编织等各种花样。织物正面和反面的纹理是有区别的，也有的花样两面都可以使用。（这里展示的几个花样都是原创花样）

线杆和张线架

用于挂线，保持一定的松紧度。

行数器

自带记录编织行数的计数器，可转动上方的旋钮调整数字。

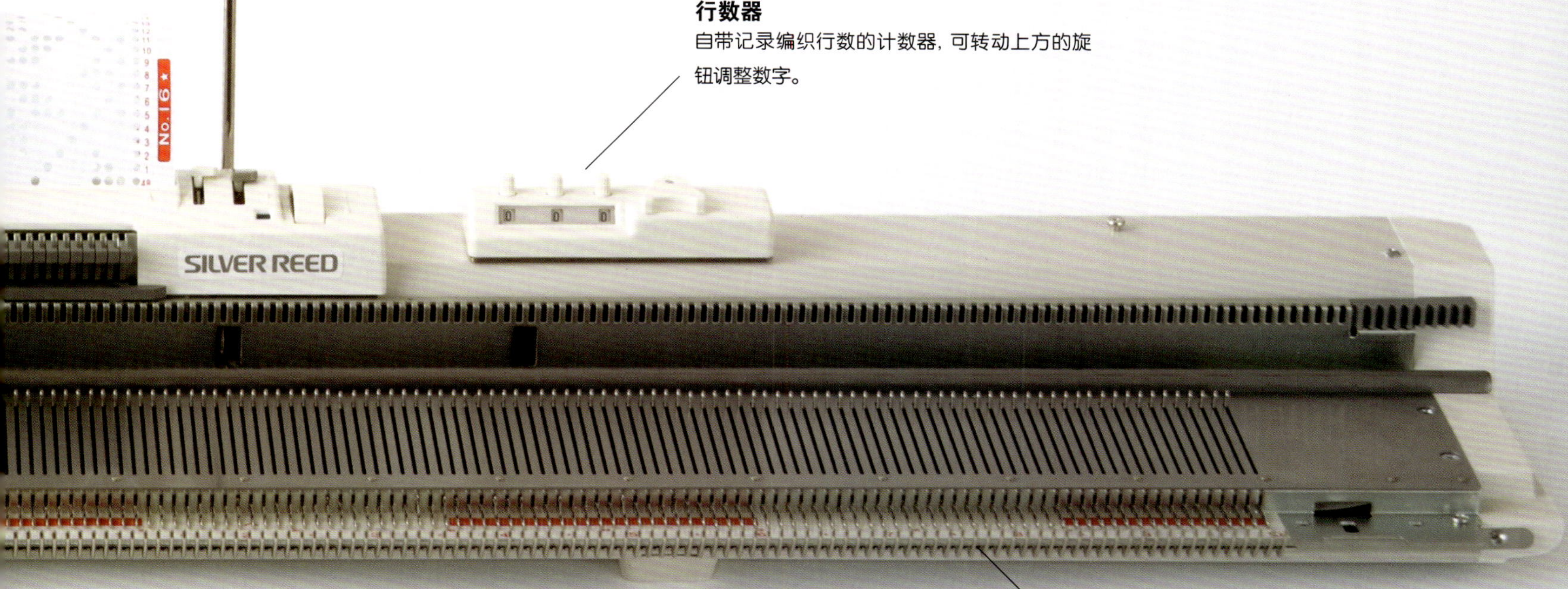

机针

这款型号的编织机共有200根机针可以挂线编织。推动机头时，机针随之移动，挂线编织针目。

photograph Hironori Handa styling Masayo Akutsu
hair&make-up Hitoshi Sakaguchi model Lara B

一字领七分袖套头衫

如果使用花卡编织机，就连手编中比较烦琐的拉针也只需左右推动机头就可以轻轻松松地完成。在拉针花样中结合使用“退针”的技法，很容易就编织出了清凉的镂空花样。

设计 / 银笛编织研究会　奥村利惠子
编织方法 / 174页
使用线 / Ski 毛线

编织机的组装方法

摄影／森谷则秋

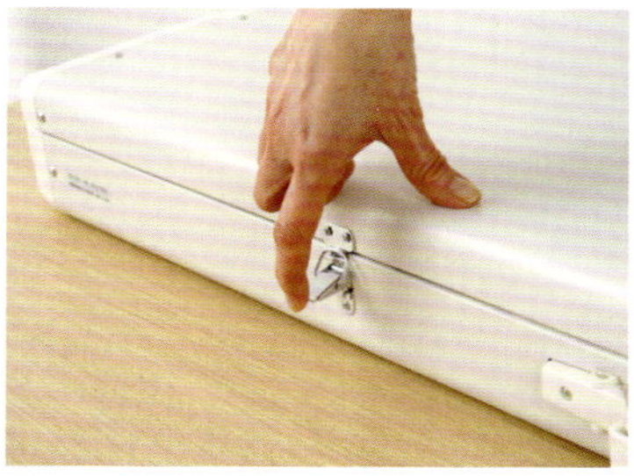

1
打开编织机外壳的金属扣，将上盖朝自己方向抬起后取下。

2
将编织机放在桌子边缘，用桌钳固定好。

3
将插入板的连接杆螺母拧松，取下机头固定片。

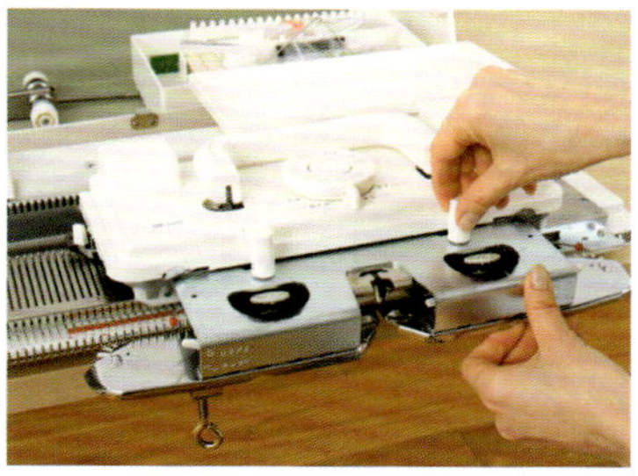

4
将两侧的连接杆螺母拧松，将插入板插到底，再拧紧螺母。

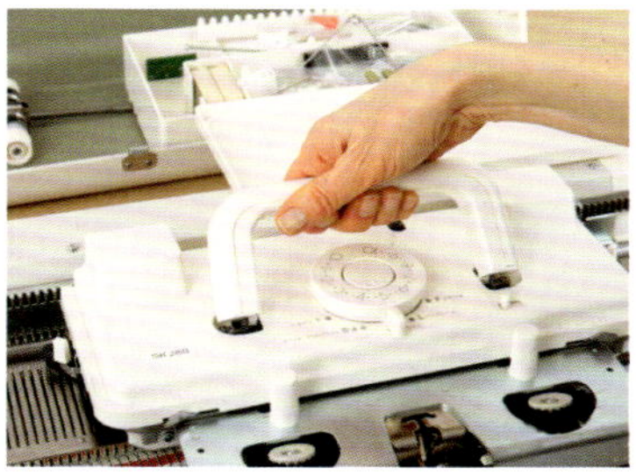

5
将机头手柄朝自己方向抬起来。

6
先在线杆上套入导线架，然后将线杆插入提手左右两端的任何一个插孔中。

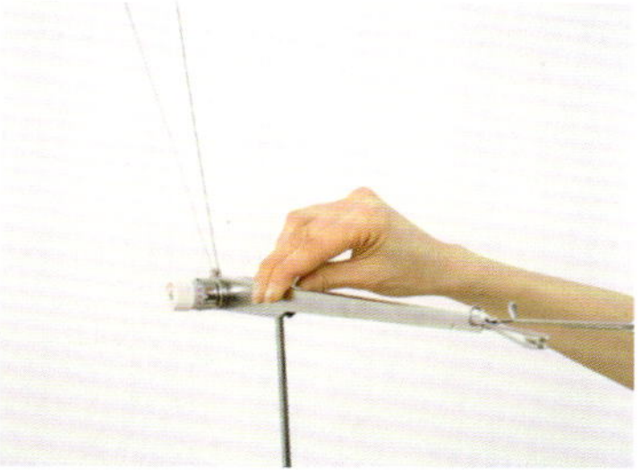

7
将张线架套在线杆上，转动张线弹簧直到发出“咔嗒”一声，表示固定到位。

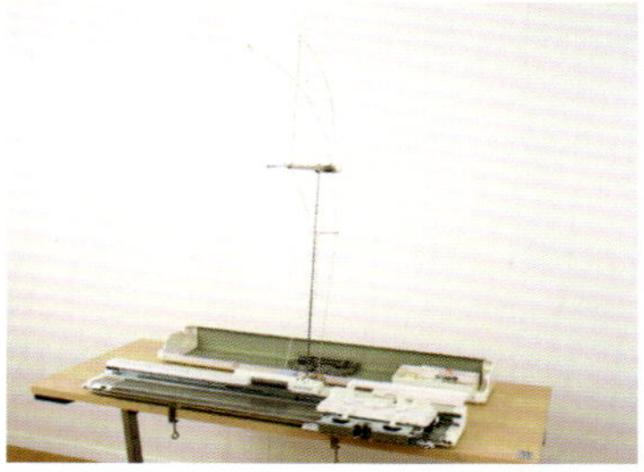

8
将毛线重新绕成松软状，穿在张线架上。

9
将花卡支撑杆插在花样控制板后侧中心的小孔中。

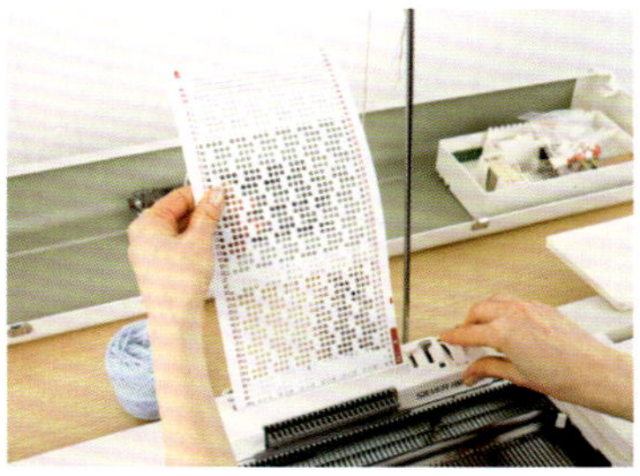

10
将花卡插入花样控制板的槽口，再朝自己方向转动花卡导入转盘。

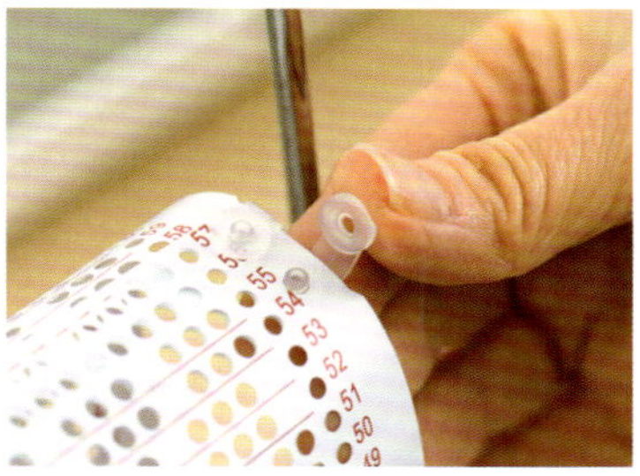

11
重叠花卡的两端，使前面的一端位于上方。在花卡四个角上的连接孔位置用花卡连接扣固定好。

12
转动导入转盘，将花卡上的刻度1旋转至控制板上的△记号上方。

花卡编织机 SK280

可以用中细毛线编织出精美作品的花卡编织机。
只需插入喜欢的花卡，就可以快速编织出提花、滑针、加线、拉线、浮雕、局部提花、空花等各种花样。
从极细毛线到粗毛线均可使用。精钢材质，经久耐用。

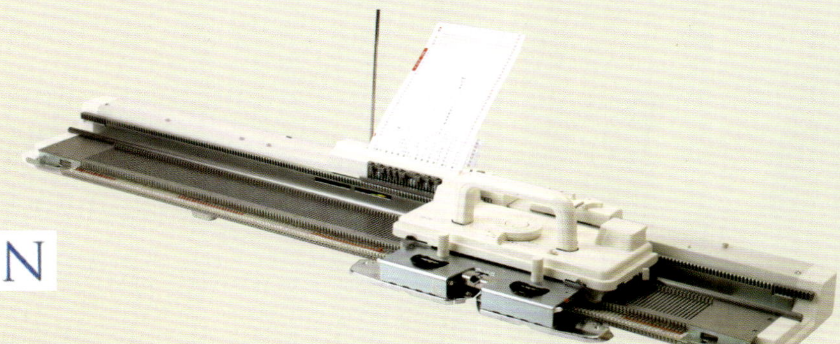

DLLES IN

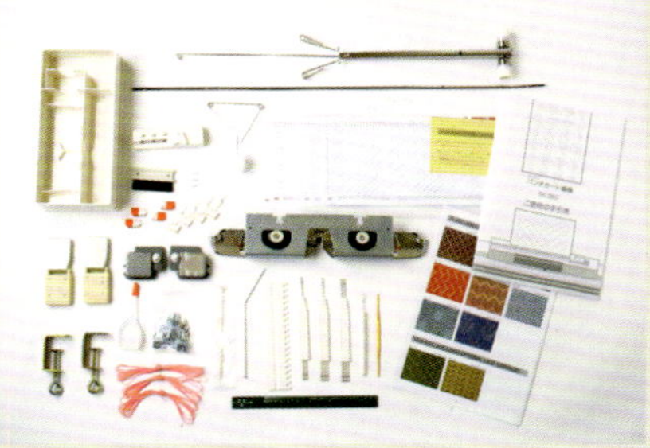

●尺寸：长111cm×宽20.5cm×厚9.3cm ●重：11.8kg ●机器组件：主体、桌钳、推针板、移圈针、修改针、爪锤、起针线、花卡连接扣、分线爪、中心凸轮、魔术凸轮、备用机针、缝针、钩针、清洁刷、润滑油、密度尺、花卡支撑杆、行数器、导线架、随机附赠花卡、附赠花样集、使用说明书 ●针床板材料：钢材 ●针距：4.5mm ●针数：200针

WM·DIY

爱玩美手工（郑州如一文化发展有限公司），是中原出版传媒集团下属河南科学技术出版社聚力打造的现代创意手工品牌。依托河南科学技术出版社1000余种手工图书和丰富多彩的手工培训课程提供知识服务与输出。

爱玩美手工已形成了线上线下深度图书出版融合发展的立体化产业模式，为中国手工爱好者和从业者提供全媒体手工出版、教育培训、手工素材和工具设备选购、手工文创、直播录播、国际博览会、艺术大赛、社团团建、休闲体验等一站式综合服务。

爱玩美手工

一站式手工服务和文创平台

手工行业平台服务商
（知识输出、电商、教育培训、视频平台等）

手工教育培训输出商
（团建、社团、沙龙等）

手工原材料综合服务商
（面料、工具、设备、辅料等）

爱玩美手工拥有一站式“中国国际手工文化创意博览中心”、4万平方米“国际手工文化创意产业园”，致力于打造手工教育培训知识输出商、手工行业平台服务商和手工原材料综合服务商。

编织师的极致编织

【第34回】方便至极的编织机附件“修改针和爪锤”。

3

手编当然很有意思，
不过，用家用编织机编织也充满了乐趣。

在编织机上装好线，
向右向左、向左向右……
推动机头就能轻松实现平针编织。
这时就轮到改造织物的小工具上场了！

［修改针］
头部有着与钩针一样的钩子和针舌，
可以紧紧钩住编织线。
将上针改成下针编织罗纹针
或者修补漏针时，
就用修改针进行挑线翻转。
虽然无比方便，
但是熟练之前会感觉有点难，
一旦用惯之后又会爱上它。

［爪锤］
用锯齿状的钩子紧紧抓住织物，
往地面方向拉直。
增加重量后，用编织机操作起来就更方便了。

向右向左往返推动机头时，
感觉好像腹肌和编织技艺都得到了锻炼。

文、图／203gow 参考作品

编织师203gow：
持续编织非同寻常的“奇怪的编织物”。成立让编织充满街头的游击编织集团“编织奇袭团”，还涉足百货商店的橱窗、时尚杂志背景、美术馆、画廊展示、舞台美术以及讲习会等活动。

现在还不知道？

夏季线材的接线方法

夏季线材通常手感清爽、光滑，非常适合编织夏季毛衫。
但是，经常编织到一半时，线不够用了……
或者明明小心翼翼地处理好了线头，但穿了一段时间之后，线头还会露出来。
今天，我们介绍的是将毛线连接成一根的方法。

摄影／森谷则秋　监修／今泉史子

其1

缝成一根

将针插入线头，用平针缝几针。
这种方法特别适合强捻线和带子纱等不方便劈线的线材。
因为是直接缝上线，所以使用针鼻儿较小、针尖较锋利的针比较合适。

带子纱

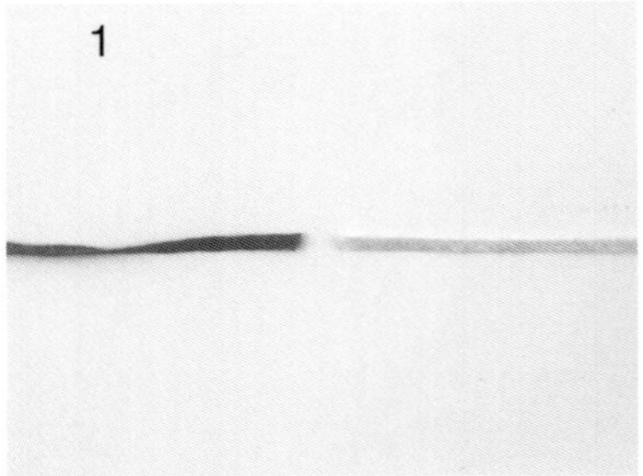

想将 2 根带子纱的端头连接起来。

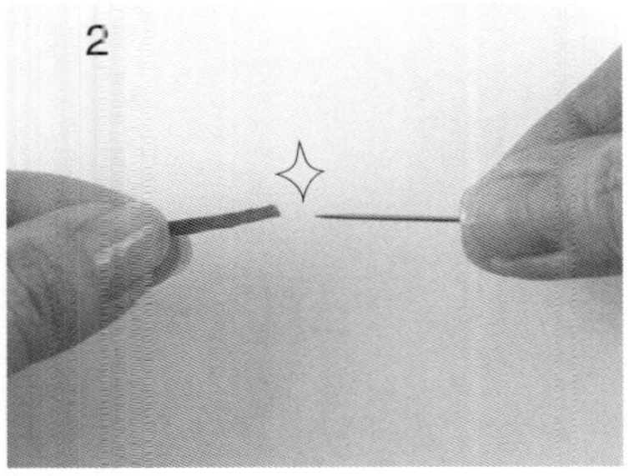

将一根带子纱穿入针尖锋利的针鼻儿中，针尖插入另一根带子纱的端头。

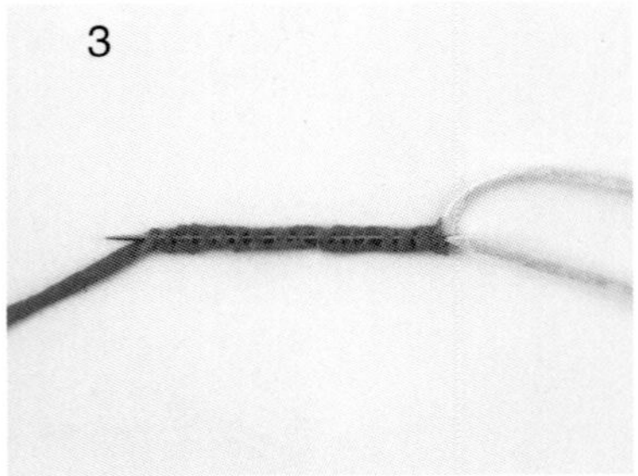

用平针缝 10cm 左右。

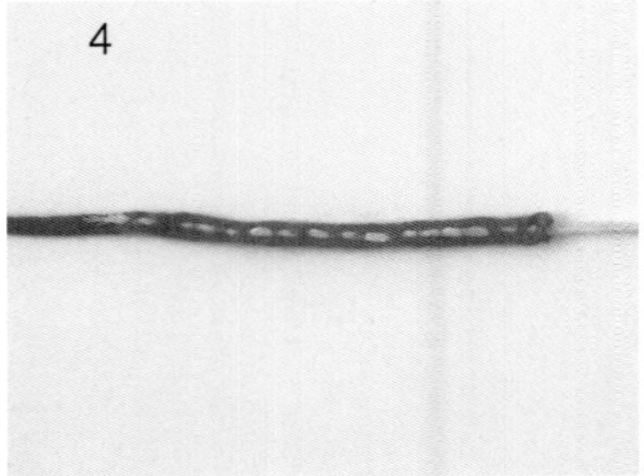

缝好后，将线头剪断，用蒸汽熨斗熨烫平整。

强捻线

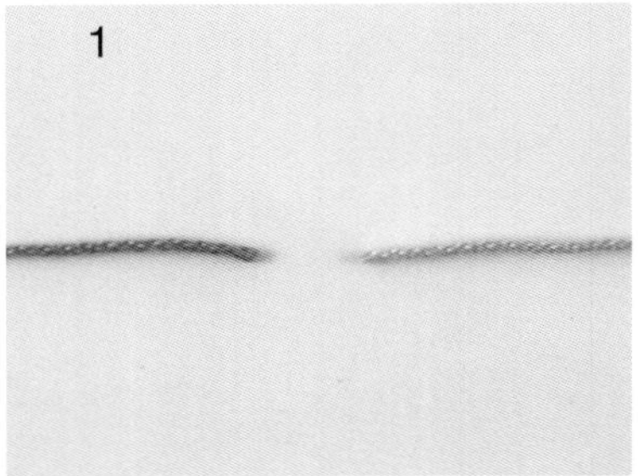

按照和带子纱相同的方法将 2 根线缝在一起。

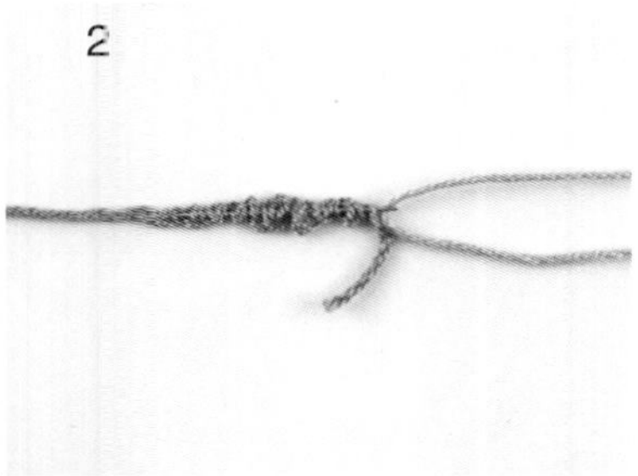

入针后的样子。针扎入线里，线会变松，捻线方向也不再平整。

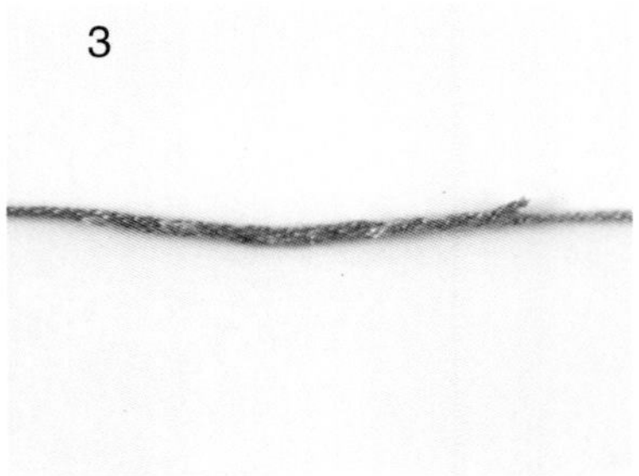

缝好后，把线头剪断，完成。

实际编织一下……

带子纱（正面）

带子纱（反面）

捻线（正面）

捻线（反面）

其2

将线劈开后搓成一根

编织用的线大多是由几股细线搓成的。
把它搓开分成2股，和另一根一起搓成一根。
虽然夏季线材没有那么伏贴，但编织后看不出来接线的痕迹。

4PLY（4 股单线捻成的线）

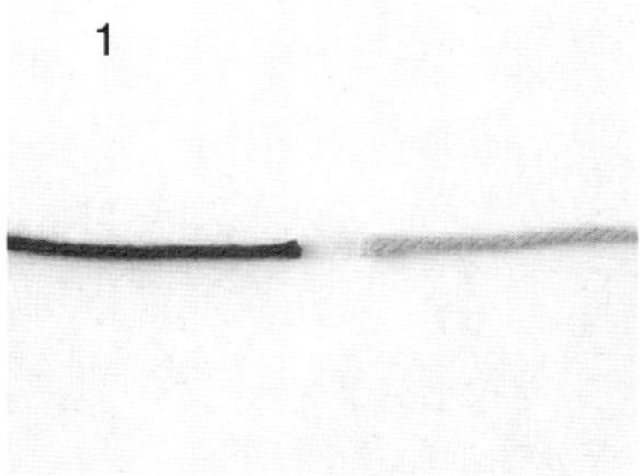

要将 2 根 4PLY 连接在一起。

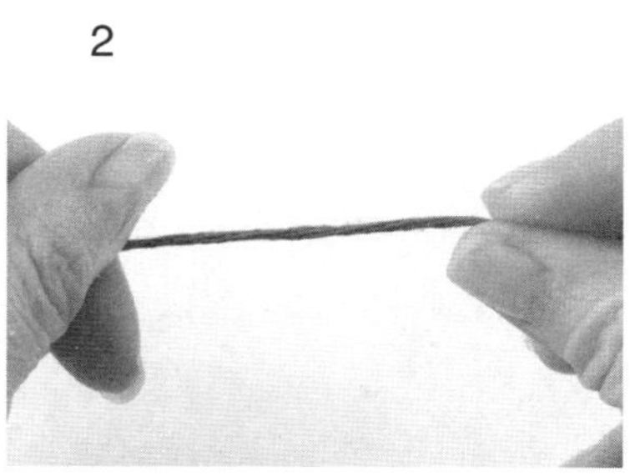

将线沿着和捻劲相反的方向捻开。

将线解劈成 2 股，分别捻开 15cm 左右。

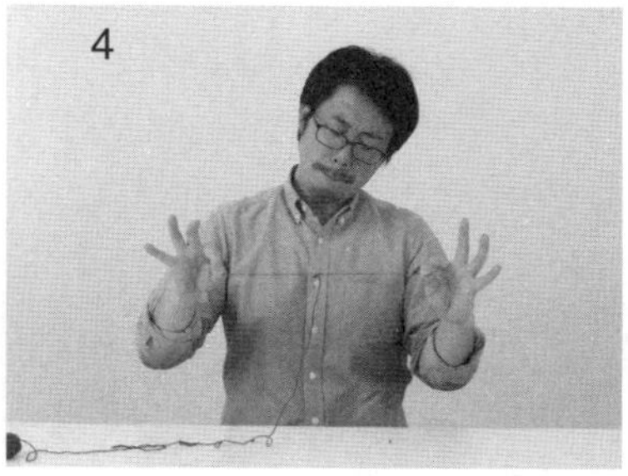

如用蛮力胡乱拉扯的话，会很容易断线、缠绕，所以解开时要耐心一点。

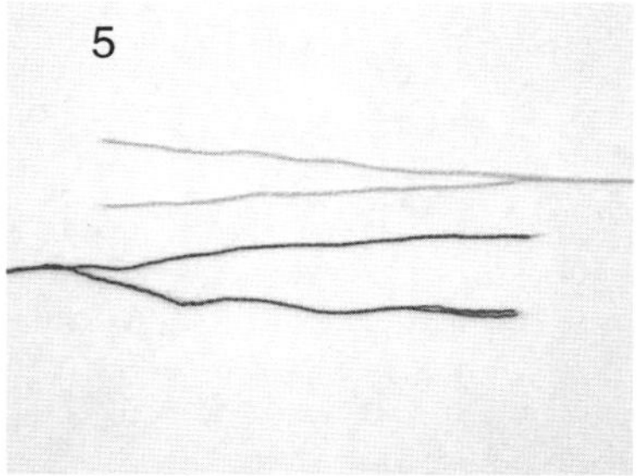

从 2 个线头中各取 1 股线，互相交叉着折过来。

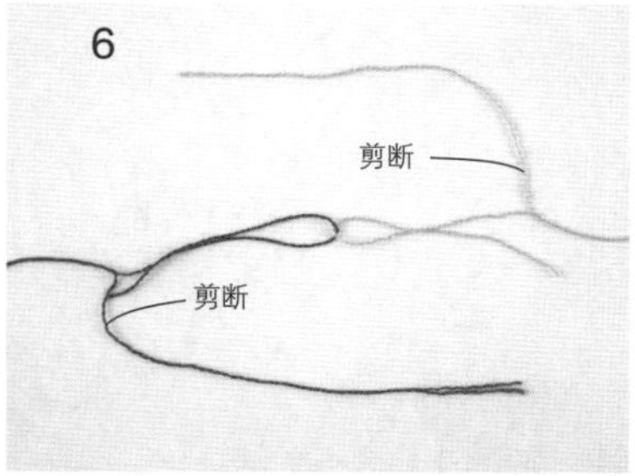

把剩下的 2 股线剪断，互相交叉的线一边用蒸汽熨斗熨烫，一边搓成 1 根。

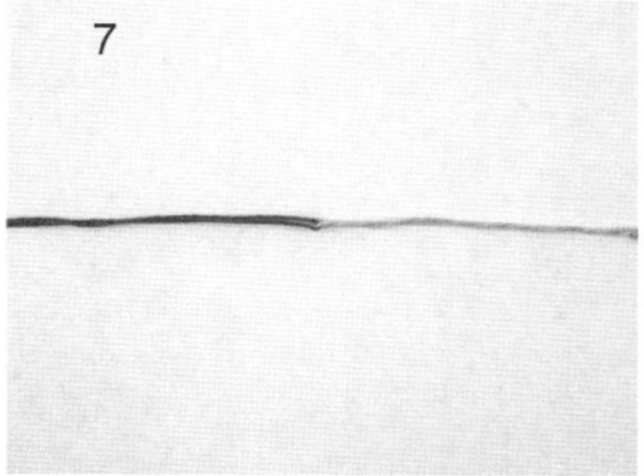

2 根线连接在了一起。夏季线材没有那么伏贴，编织的时候不要拉太紧。

3PLY（3 股单线捻成的线）

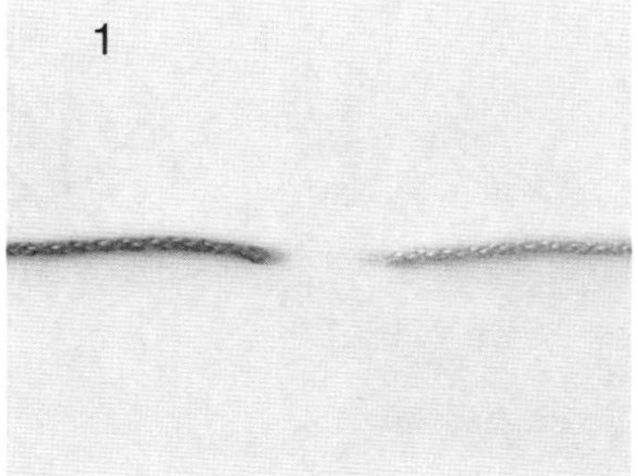

要将 2 根 3PLY 连接在一起。

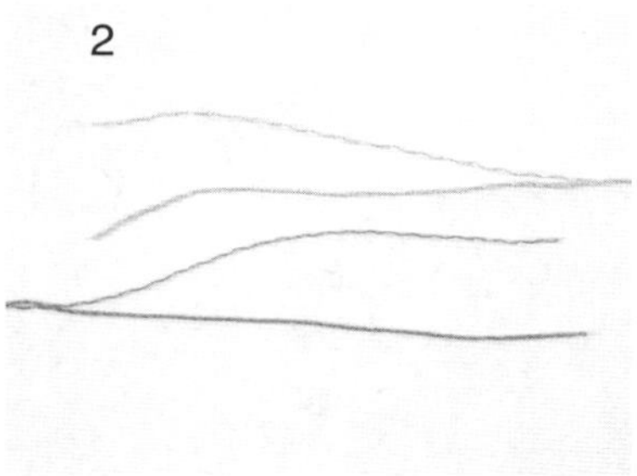

按照 4PLY 的方法解开毛线，按照 2 股、1 股解开。

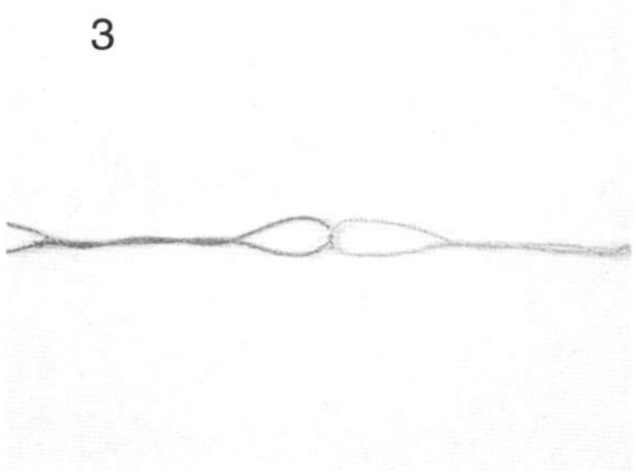

分别将 2 股毛线交叉着折过来，按照步骤 6 的方法重新搓在一起。

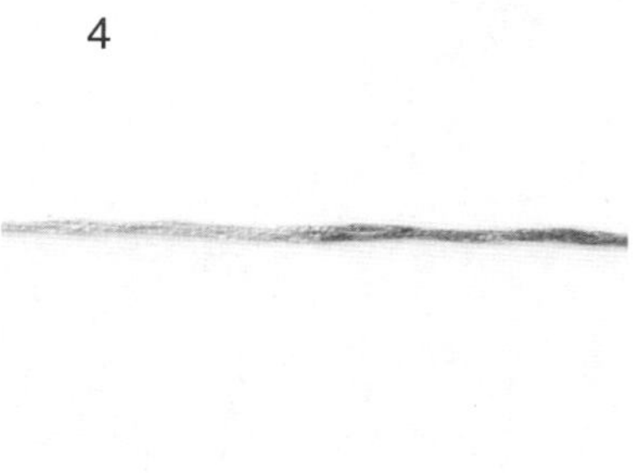

2 根线连接在了一起。连接处有 4 股线，会稍微粗一点。

实际编织一下……

4PLY（正面）

4PLY（反面）

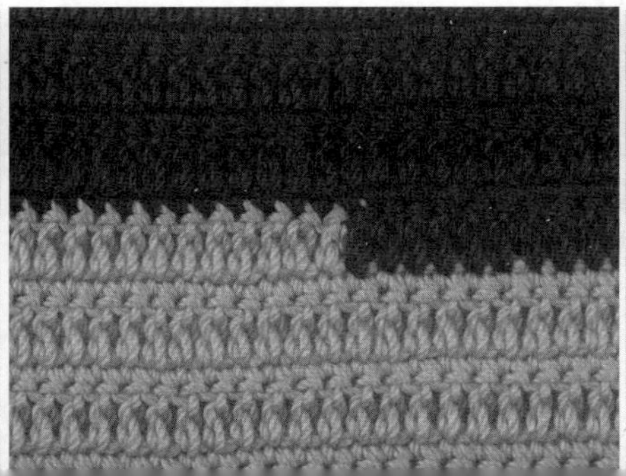

3PLY（正面）

3PLY（反面）

Needle Tatting Lesson

针梭蕾丝教程

一边编织45页的花片，一边学习针梭蕾丝的基础技法吧。

摄影／森谷则秋 指导／今泉熙美

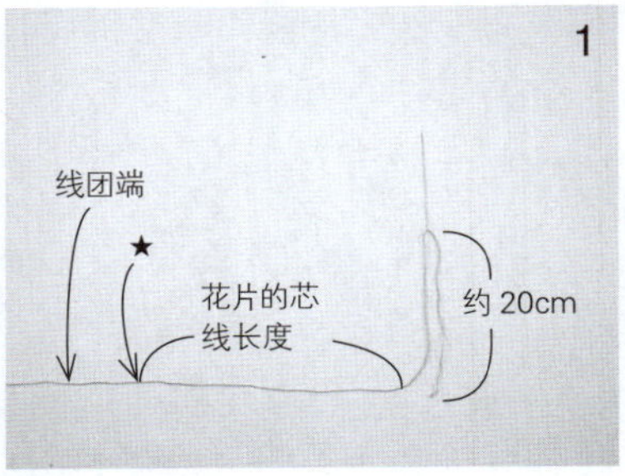

在梭针上穿入大约20cm长的线，量取花片所需芯线的长度。

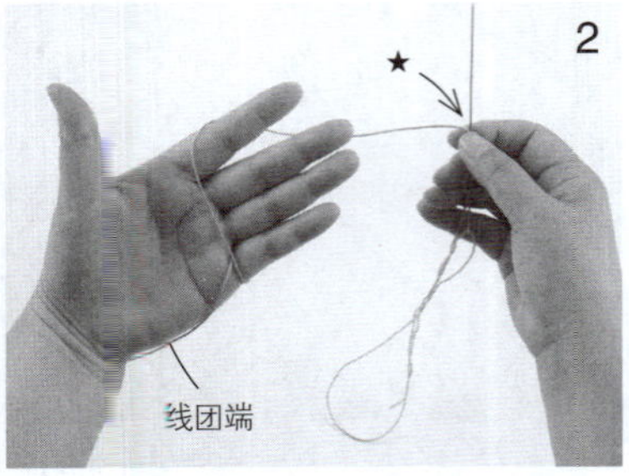

用右手捏住梭针和线的★处，将线在左手的小指上绕1圈，再挂到4根手指上。

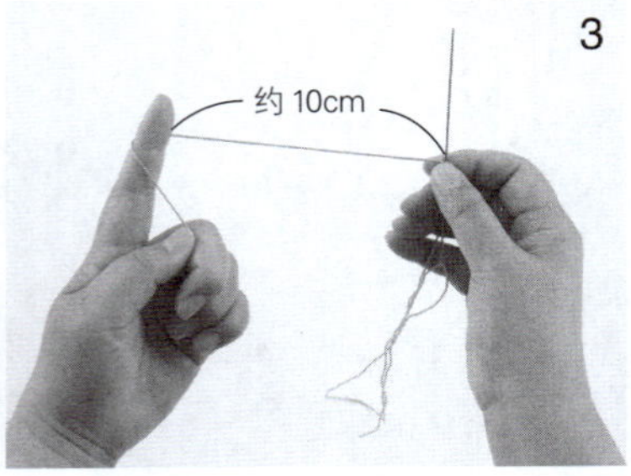

弯曲左手手指握住线，再用拇指和中指捏住线。

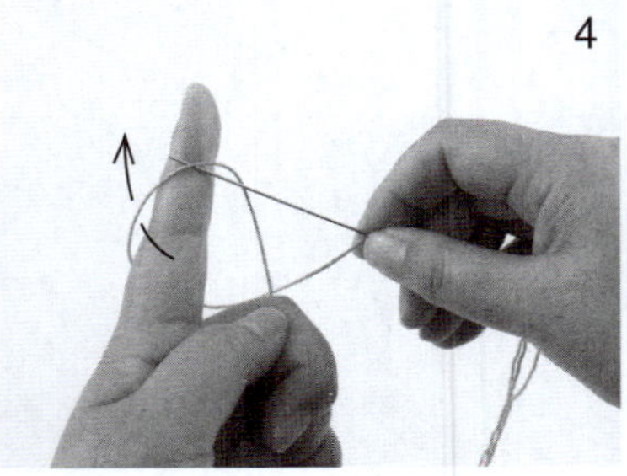

在食指上的挂线中插入梭针。

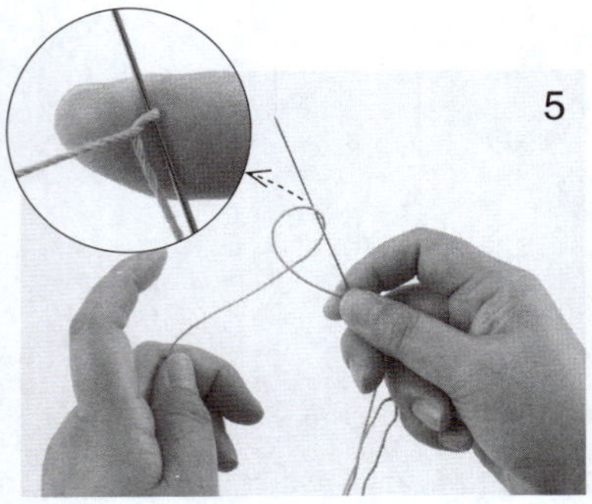

抽出食指，拉紧线圈。下针完成。

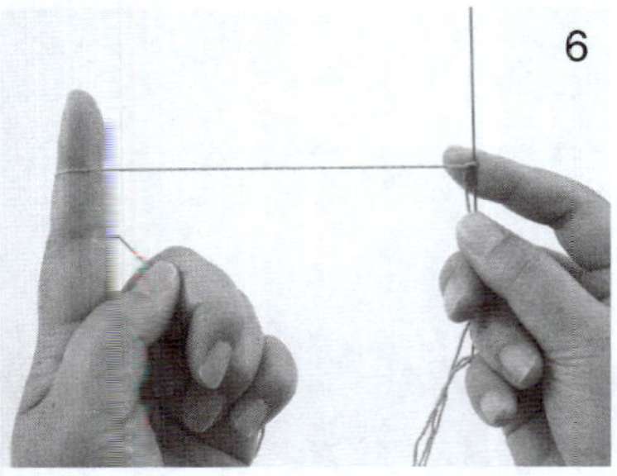

从前往后转动左手的食指挂线。

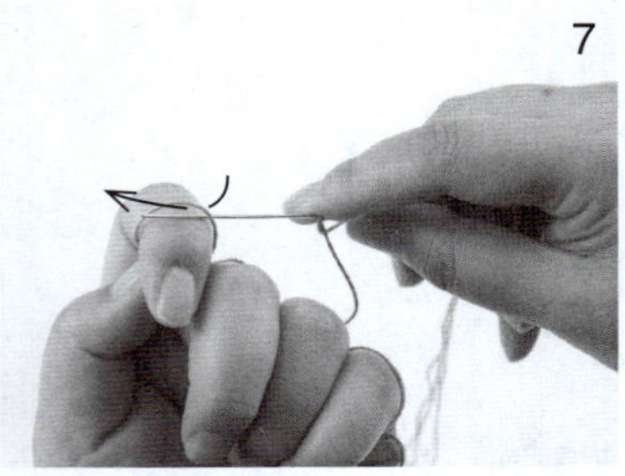

弯曲食指，从线的后侧插入梭针。

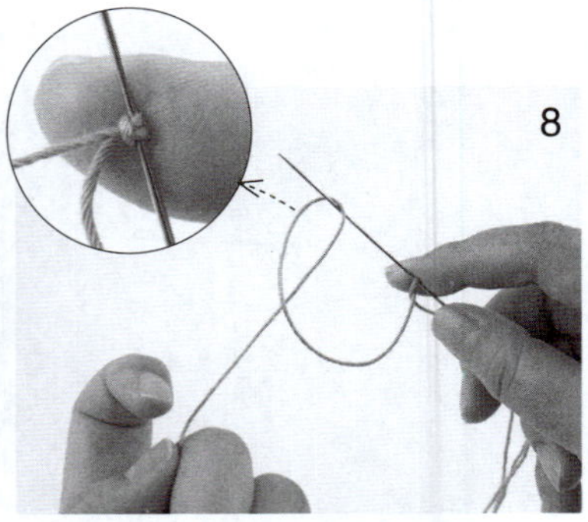

按与下针相同的要领拉紧线圈，编织上针。1个下针加1个上针计为1针（即1个结）。

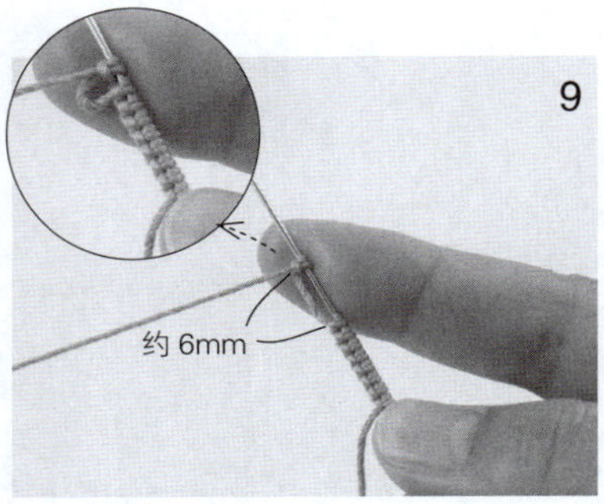

编织7针。在耳的位置，空出一段距离编织下一针，然后将针目并拢。

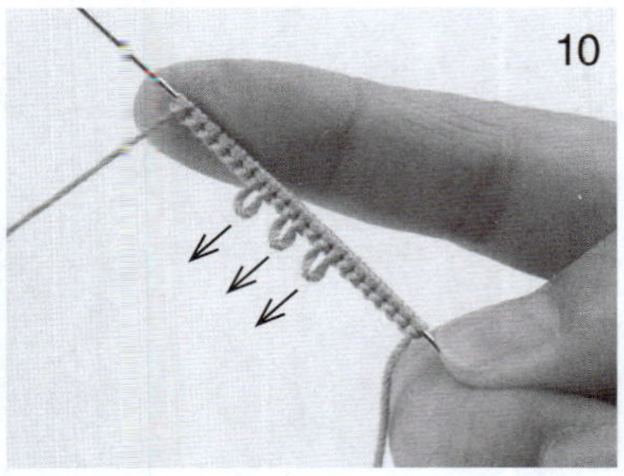

按符号图完成环的所有针目后，调整一下针目的方向，再将耳朝箭头方向用力拉紧调整针目。

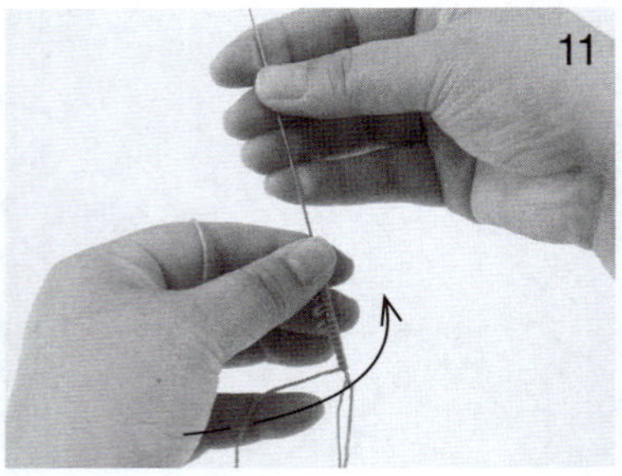

将左手的小指伸入线环中，一边捏住针目以免变松，一边朝针鼻儿方向移动针目，抽出梭针。

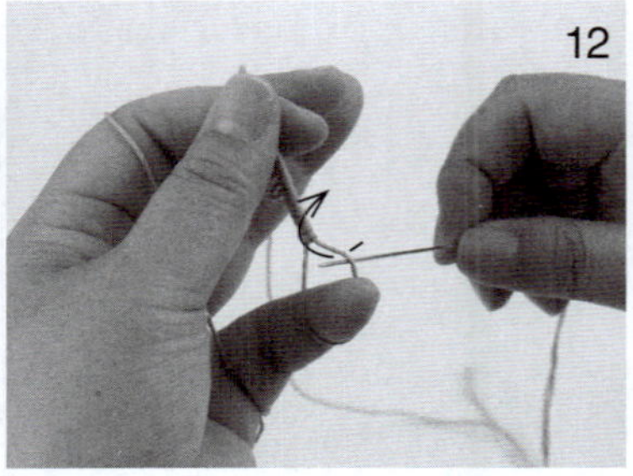

当线环变小时，从后侧插入梭针。

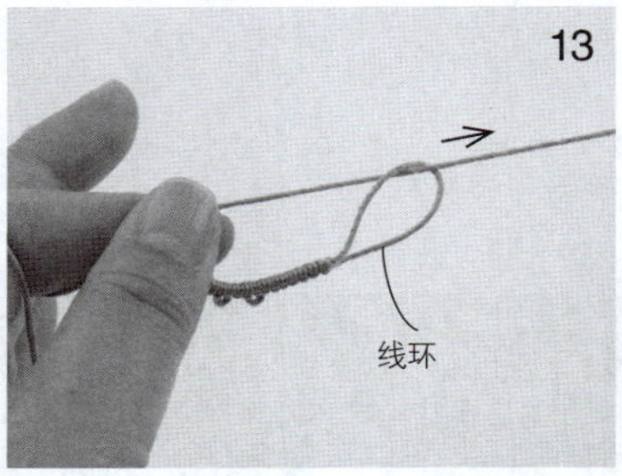

横向拉动线，将剩下的线环收紧。

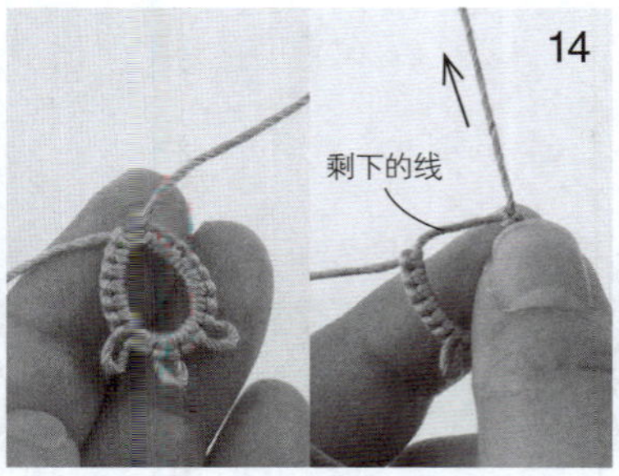

捏住原来线环所在端，纵向拉动线，将剩下的线也拉紧。

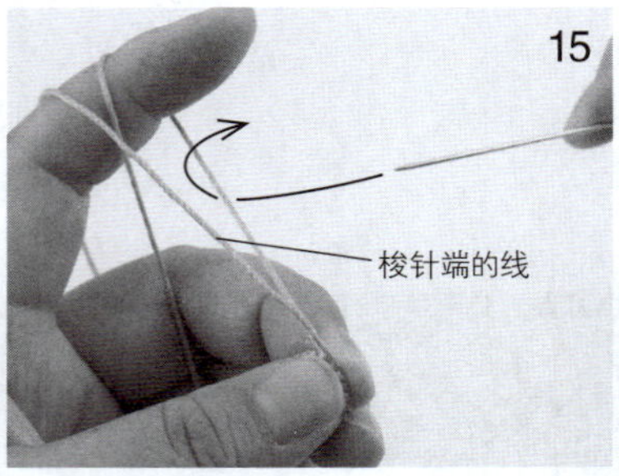

将梭针端的线挂在左手的食指上，如箭头所示穿过梭针。

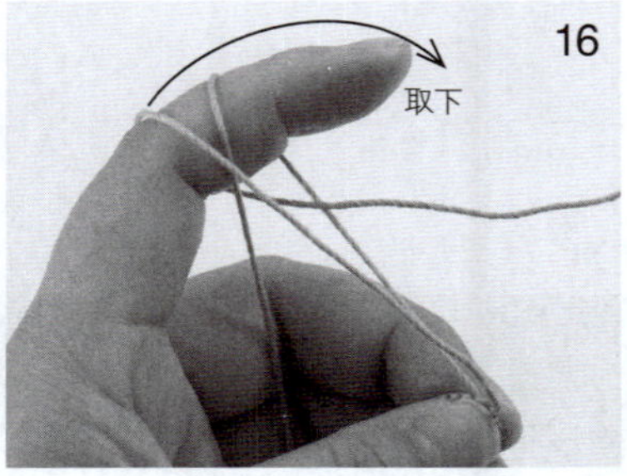

取下刚才挂在食指上的梭针端的线。

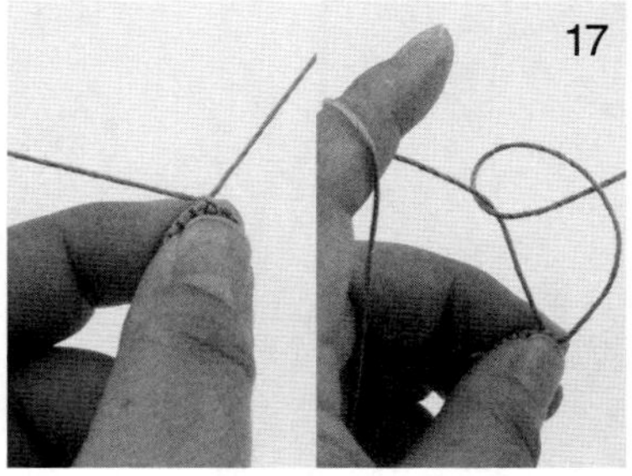

将线拉紧(正结)。再重复一次步骤15~17。

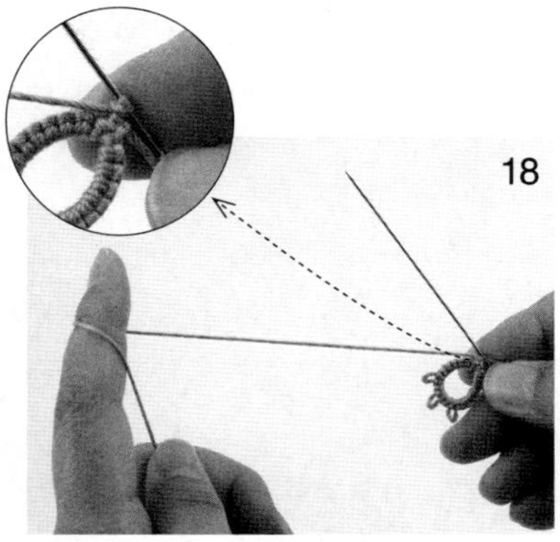

开始编织下一个环时，将梭针放在环的线结上拿好，紧贴着环编织下个环的第1针。

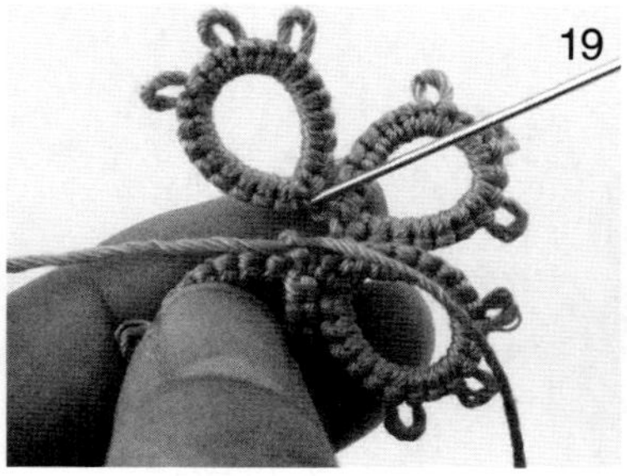

编织至第4个环时，在第1个环的线结中插入梭针，从反面穿出。

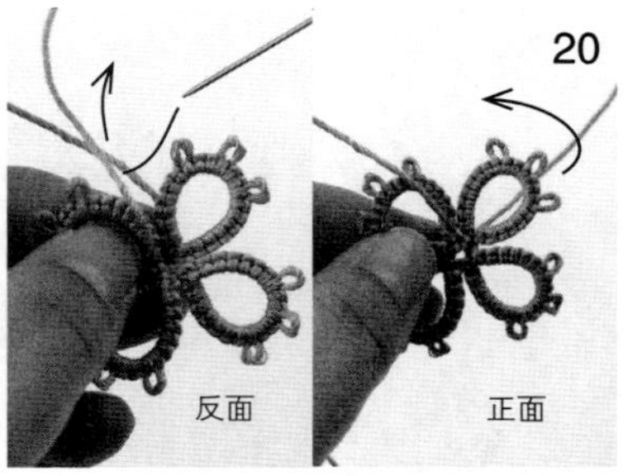

如箭头所示将花片翻至反面，在2根线交叉形成的空隙里插入梭针拉紧(反结)。

顺时针旋转45°，将梭针端的线放在手指端的线上面。

插入梭针打1次正结。

第1圈完成。

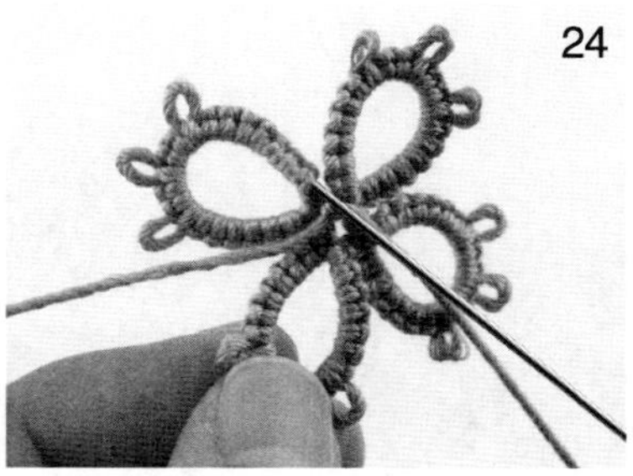

做线头处理时，留1.5cm以上的线头穿针。

轻轻拉紧线后剪断。线团端的线也留出大约25cm长后剪断，参照其他图片做好线头处理。

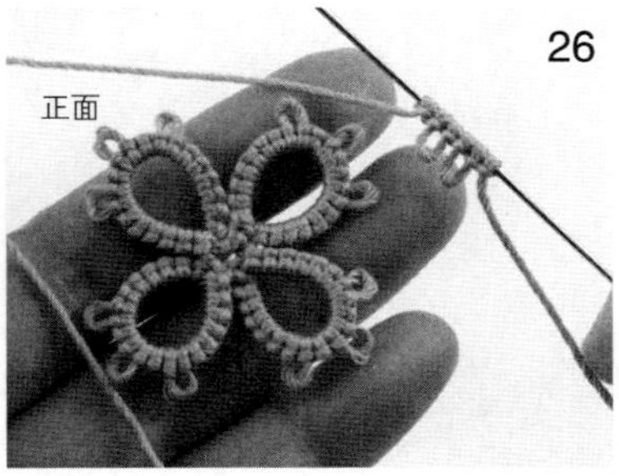

第2圈编织至接耳位置时，拿好第1圈的花片。

用左手拿好花片和梭针，使待连接的耳贴近梭针。在耳中插入蕾丝钩针。

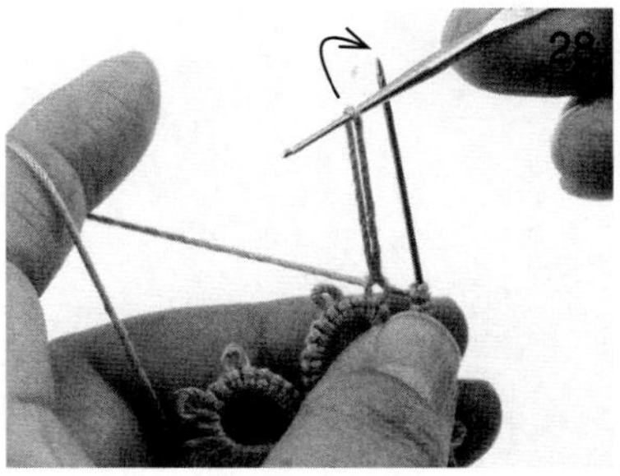

将线挑出，挂在梭针上。

接耳完成。按符号图继续编织环。

环编织结束后，按与步骤20相同的要领将花片翻面，打1次反结。

接着按符号图编织桥，调整针目后抽出梭针。

与编织环时一样，将小指伸入线环中拉动。

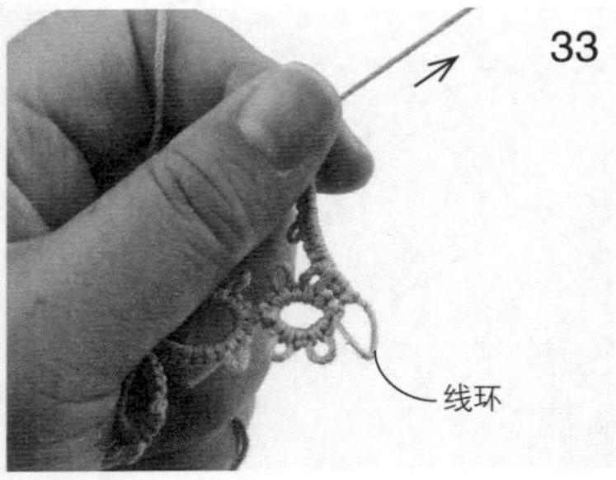

将线拉紧直到桥的线环消失。

与环一样，打 1 次反结。

按符号图继续编织，最后一个桥编织结束后不要打结，从后侧插入梭针，将线穿至前面。

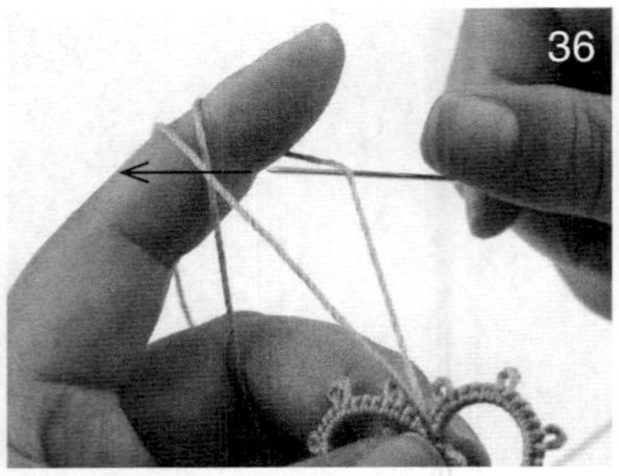

将线挂在左手的食指上，打 1 次正结。

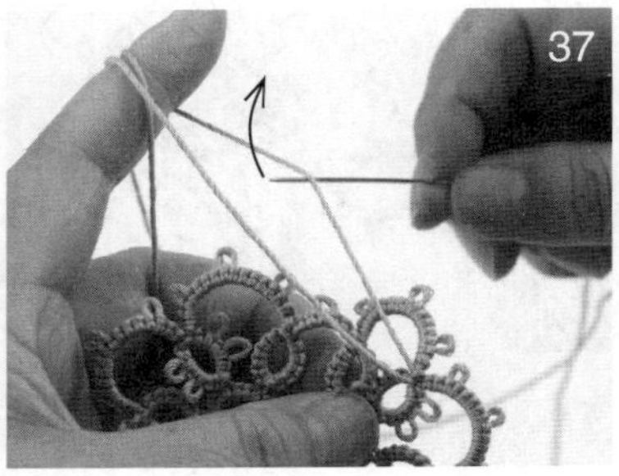

顺时针旋转 45°，再打 1 次正结。

做好线头处理，花片就完成了。

花片全部编织结束后，在边缘编织的起点位置从后往前插入梭针。

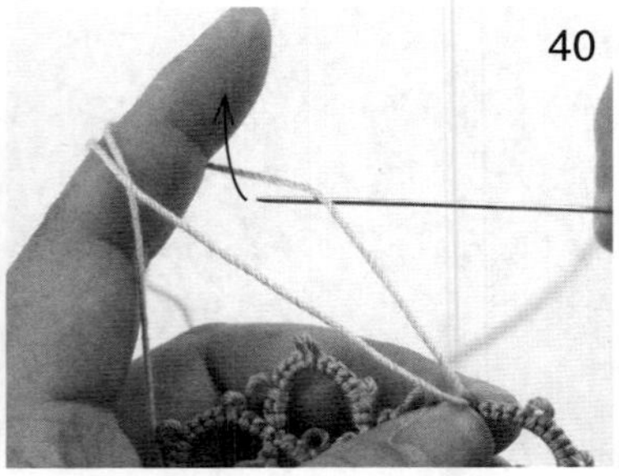

打 1 次正结，接上新线。

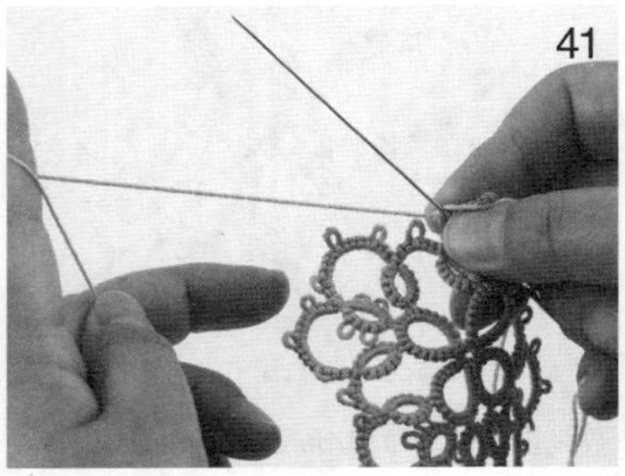

将梭针放在线结上，按符号图编织。

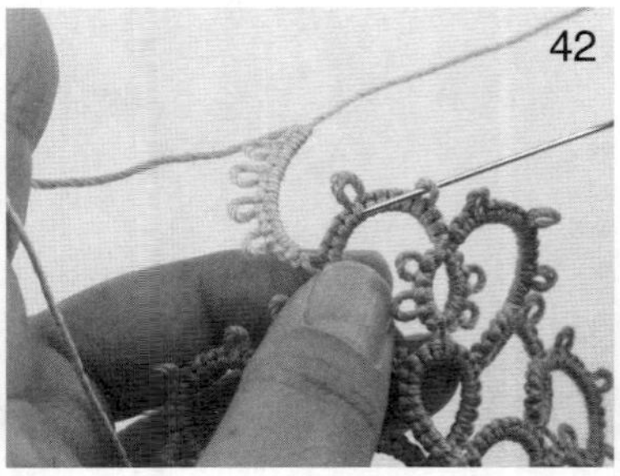

1 个桥编织结束后，在待连接位置的耳中从后侧插入梭针。

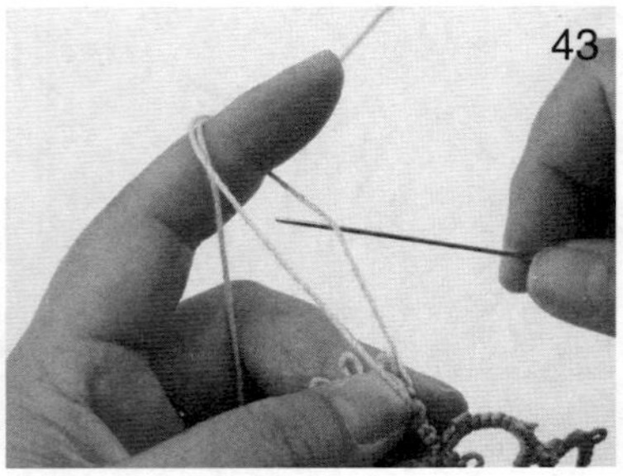

打 1 次正结。

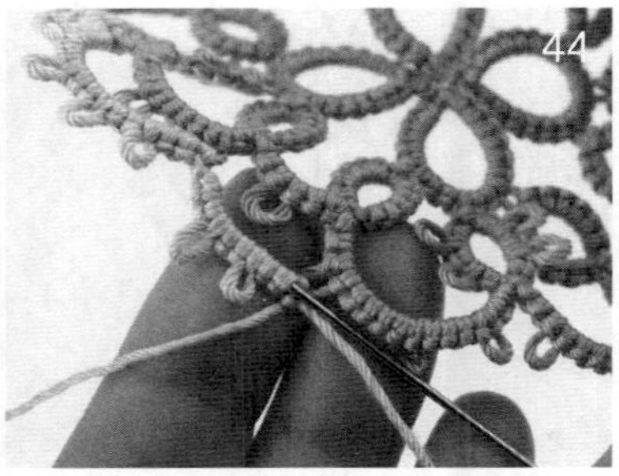

在做边缘编织的中途发现线不够用时，在步骤 43 的位置将梭针上的线做好线头处理。

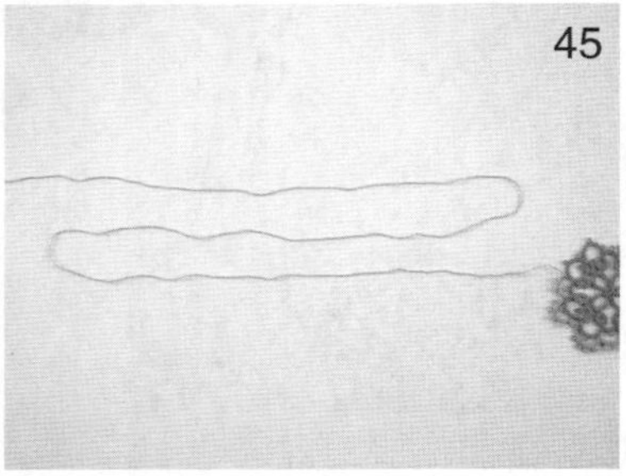

从线团上拉出 1m 左右的线后剪断，相当于新的芯线长度和富余线量。

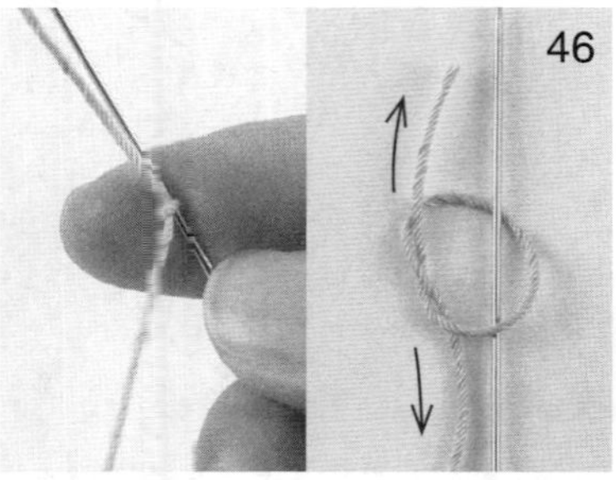

将新线系在梭针上拿好（作为第 1 个下针）。

一边将线头包在针目里面，一边编织下一个桥。

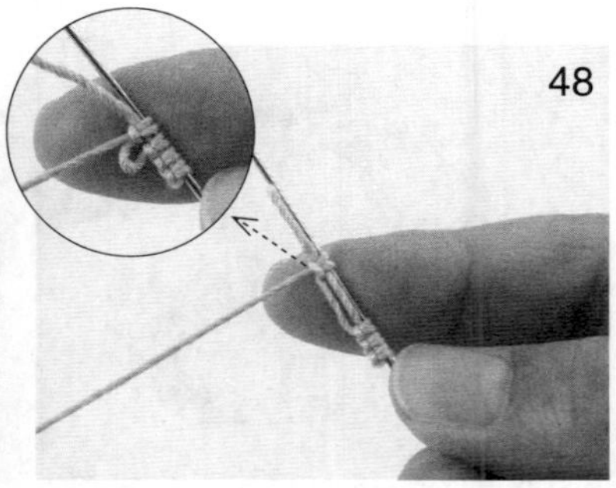

在耳的位置，按住线头并拢针目。

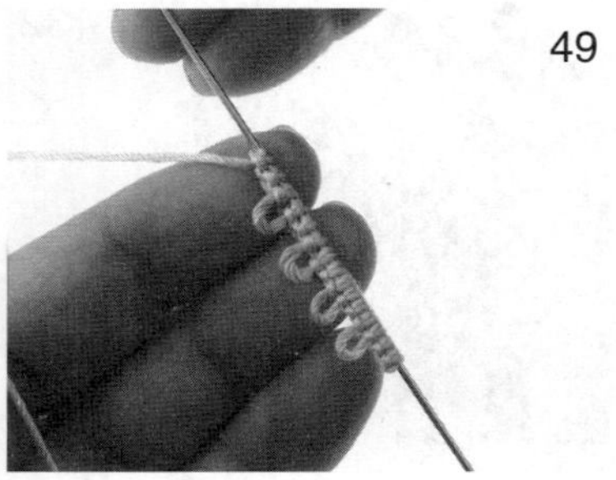

将步骤 45 中的线穿入针鼻儿，抽出梭针。

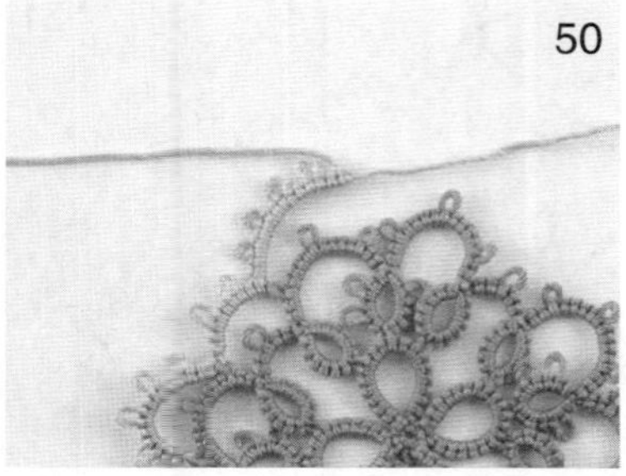

用新线编织的桥完成。将剩下的线头轻轻拉紧后剪断。

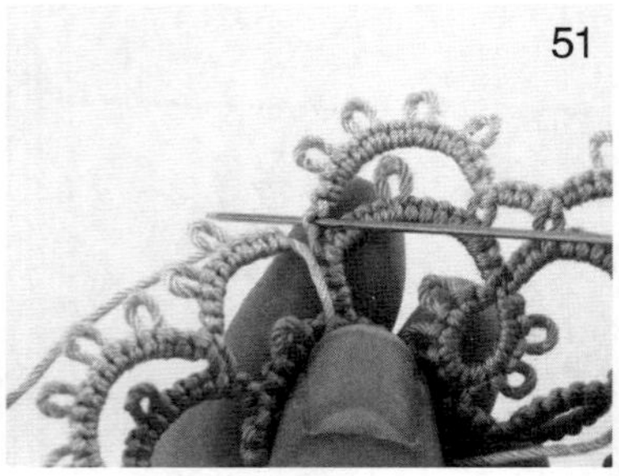

编织结束时，在最初的线结里插入梭针，从后侧拉出线。

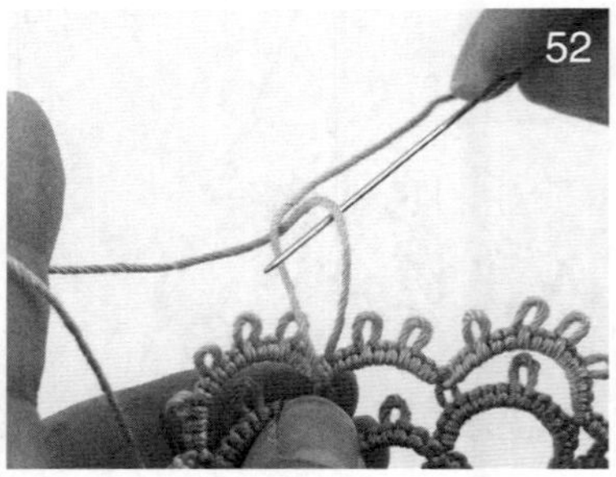

按与花片的步骤 19~22 相同的要领，打 1 次反结和 1 次正结后做好线头处理。

编织符号真厉害

第12回 交叉针不是棒针编织独有的！【钩针编织】

你是否正在编织？我是对编织符号非常着迷的小编。已经是夏季了……春夏时节，本书会介绍许多钩针编织的作品，这里就让我接着上一期，继续谈谈钩针编织吧。虽然这个时节可能还带着春天的余韵，但希望大家能够听着充满夏季风情的音乐，把自己带到夏日的氛围里，然后开始编织夏季毛衫，这样我将不胜荣幸。

正如标题所说的那样，钩针也有交叉针！一种是“1针交叉”，通常挑起挑针针目前面一针（中长针以上），接着将钩针插入1针前面，包住钩织。根据实际情况，在针目之间有时要钩织1针锁针。另一种是“变化的1针交叉”。挑针方法和前面所说的交叉针相同，但钩织时不要包住。它们在编织符号图上的区别是针目交叉处是否断开。这样表述可能不太容易理解。从针法上来说，“变化的1针交叉”会鼓出来。如果不小心织错了，只会看起来有点凹陷，也不太要紧，钩织时不用太在意。

“变化的1针交叉”分右上、左上两种情况，需要注意。不用像棒针的交叉针那样换着入针，通过挑针方法来实现交叉，钩织起来很简单。另外，还有“1针和3针交叉”这种变化，还挺惊喜的。纵向钩织的话，很像棒针的交叉针，请大家一定要尝试一下哟。

二者的共同点是，后钩织的交叉针不太方便钩织。如果没有习惯的话，会觉得不好钩织，会产生焦躁的情绪。我们的处理方法是，挑针时将先钩织的那针稍微倒一点。不过有一点，钩针的交叉针不像棒针那样有多种多样的组合变化。动手钩织一下你就明白了。大家可以尽量去挑战一下看看。虽然在交叉针中棒针是主流，但不能因此抛弃钩针的交叉针。下功夫的话，或许可以用钩针来实现阿兰花样的效果呢。

了不起的符号 1 包住的交叉针和变化的交叉针

1针长针交叉

变化的1针长针交叉（右上）

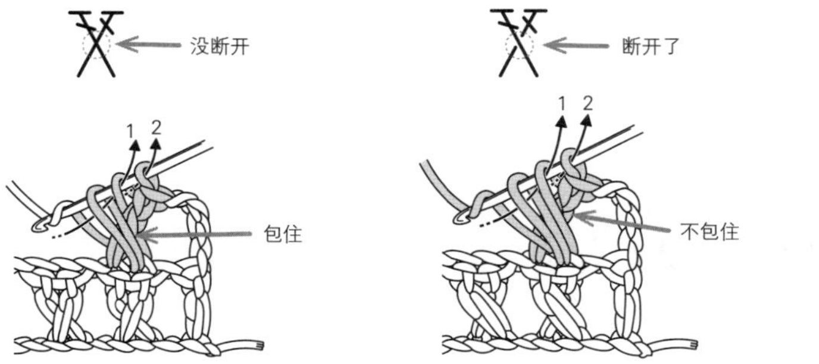

了不起的符号 2 右上、左上变化的交叉针

变化的1针长针交叉（右上）

变化的1针长针交叉（左上）

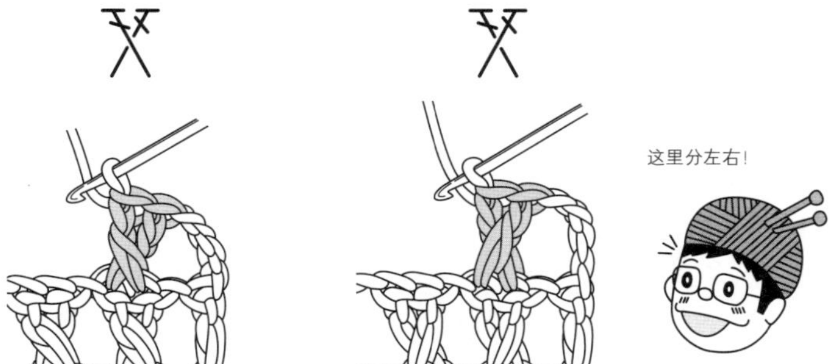

了不起的符号 3 对挑针方法有要求但很有趣的交叉针

1针长针和2针长针的交叉针

变化的1针长针和3针长针的交叉针（左上）

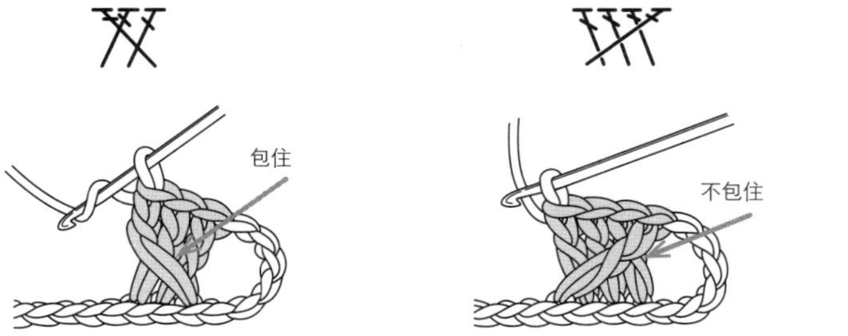

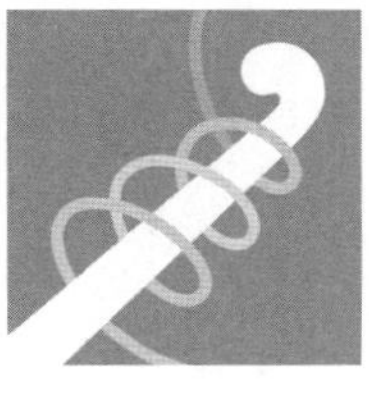

小编的碎碎念

编织书上的编织符号通常会很小，乍看之下是不会注意到“交叉针”是否有变化的。但如果是1针交叉的话，差别不会太大，所以也不用特别在意。顺便说一下，从绘制编织符号图的难易度来说，“变化的交叉针”明显要更难一些……

作品的编织方法

★的个数代表作品的难易程度和对编织者的水平要求　★…初学者可放心选择　★★…拥有一定自信者都可以尝试

★★★…有毅力的中上级水平者可以完成　★★★★…对技术有自信者都可大胆挑战

※ 线为实物粗细

※ 图中未注明单位的数字均以厘米（cm）为单位

材料
奥林巴斯线 Emmy Grande 浅水蓝色(361) 310g/7团

工具
0号蕾丝针

成品尺寸
衣长40cm

编织密度
编织花样1个花样6.5cm，10cm内17行

编织要点
●钩织锁针起针，做编织花样。对齐相同标记，钩织引拔针和锁针接合。衣领边缘参照图示钩织1行边缘编织。

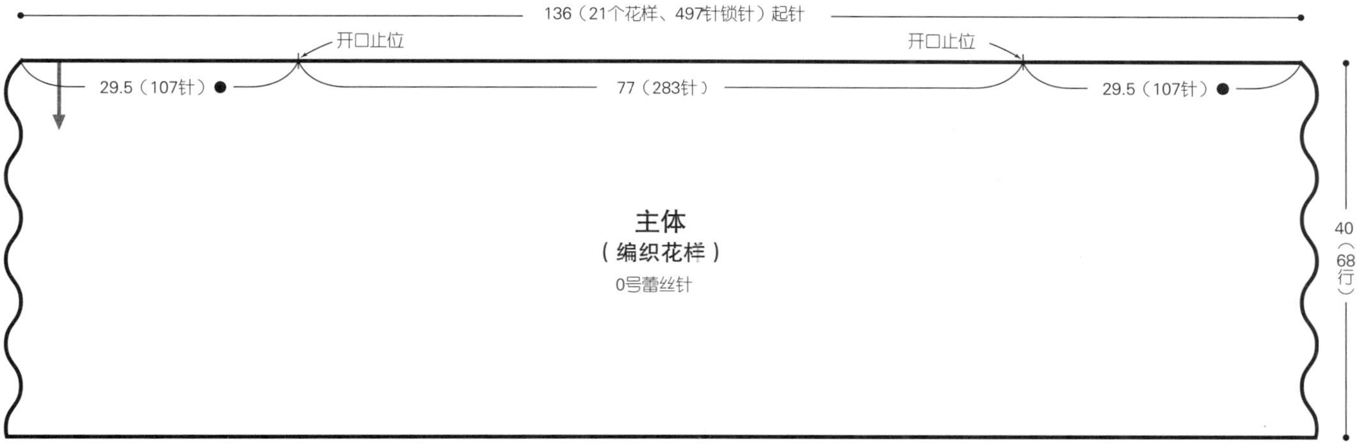

※对齐●标记钩织锁针接合

衣领边缘的钩织方法

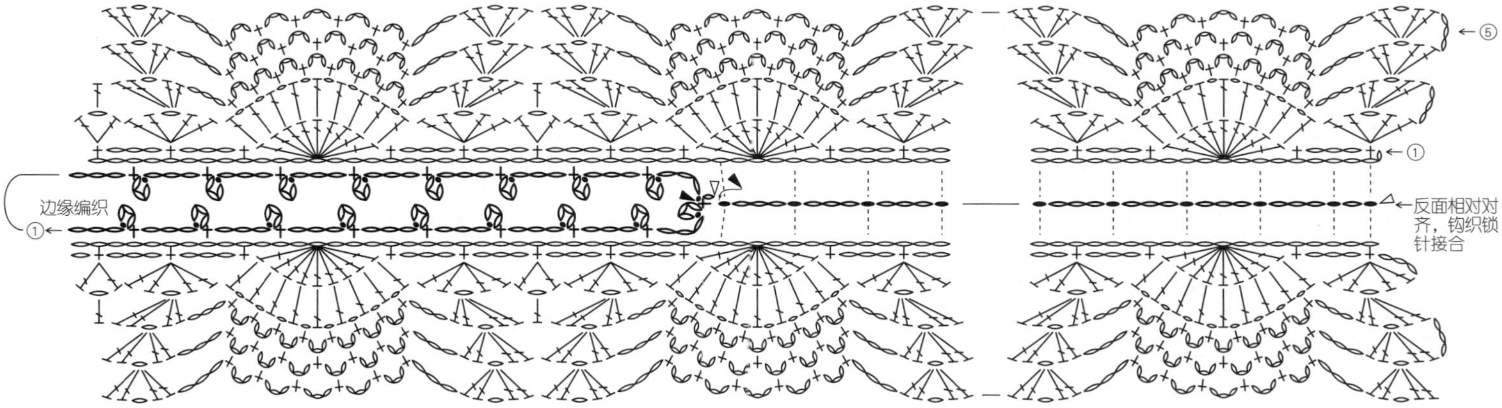

衣领边缘（边缘编织）0号蕾丝针

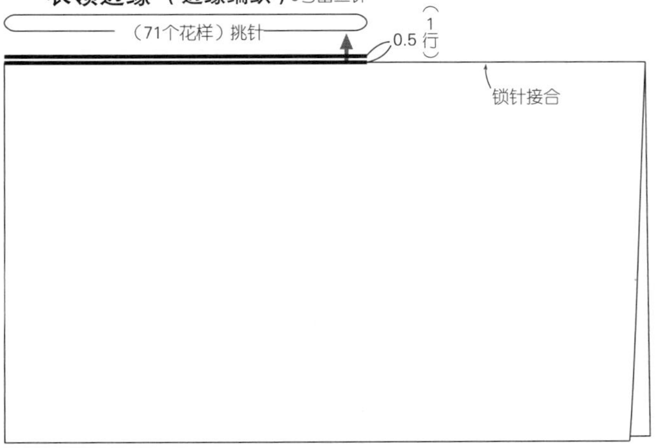

边缘编织

▷ = 加线
► = 剪线

编织花样

中长针的正拉针

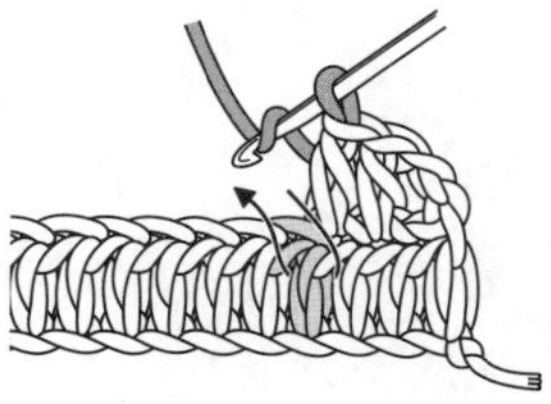

1 针上挂线，从前面将钩针插入前一行的中长针的底部，全部挑起来。

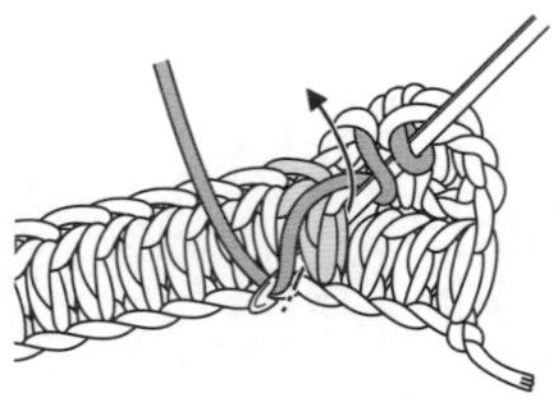

2 针上挂线，并拉出较长的线。

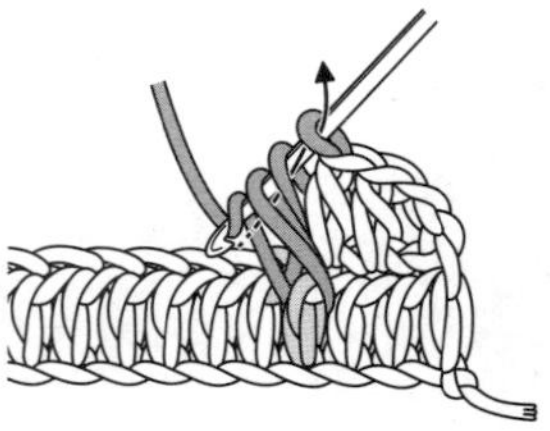

3 再次挂线，从钩针上的3个线圈中一次性引拔出。

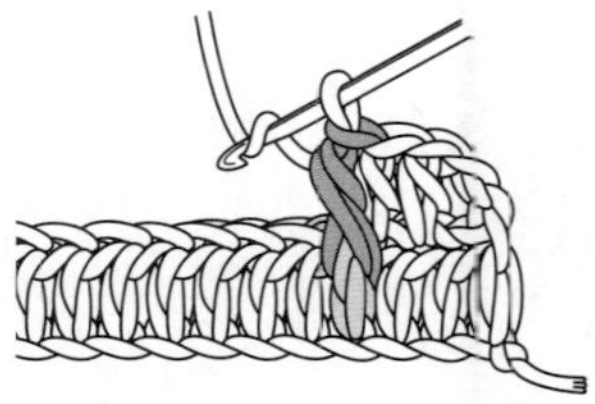

4 中长针的正拉针完成。

材料

奥林巴斯线 Emmy Grande 藏青色(357) 335g/7团

工具

0号蕾丝针

成品尺寸

胸围108cm，衣长53.5cm，连肩袖长36.5cm

编织密度

编织花样A 1个花样3cm，10cm内15.5行；编织花样B、C 1个花样6.5cm，10cm内12.5行

编织要点

●身片、袖子…身片钩织锁针起针，做编织花样A。参照图示加减针。袖子，下摆和饰边A、B的起针方法和身片相同，做编织花样B、C。后身片的袖子和饰边最终行分别和前身片的袖子和饰边连接起来，参照图示钩织。

●组合…肩、袖下钩织引拔针和锁针接合。胁部钩织引拔针和锁针接合。下摆侧缝做卷针缝缝合。衣领挑取指定数量的针目，环形做边缘编织。下摆、袖子钩织引拔针和锁针接合于身片。饰边用半回针缝的方法和身片连接。

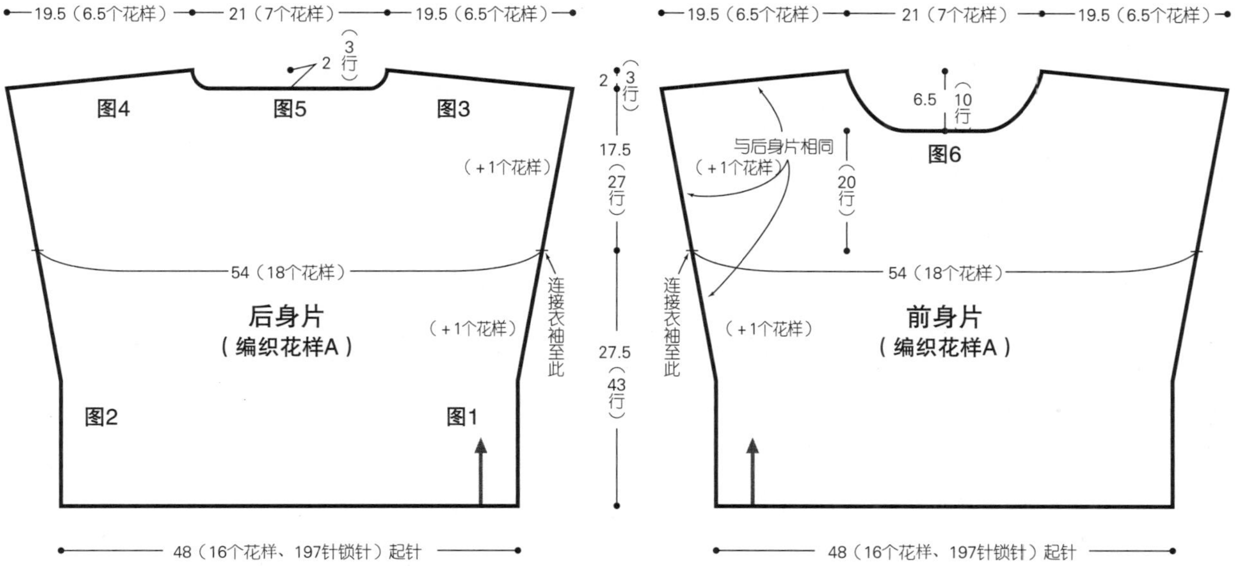

※ 0号蕾丝针

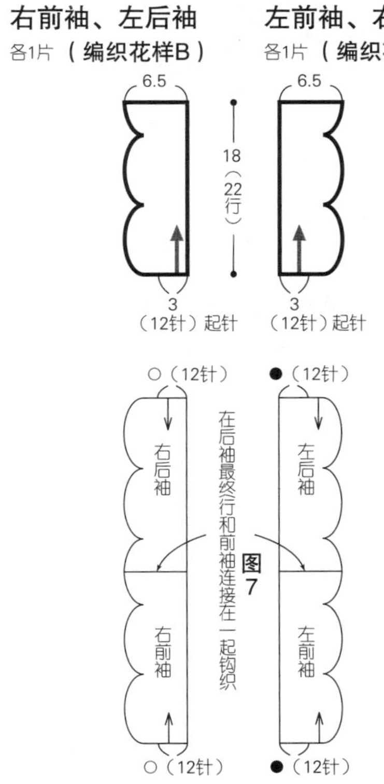

※ 对齐●、○标记做锁针接合

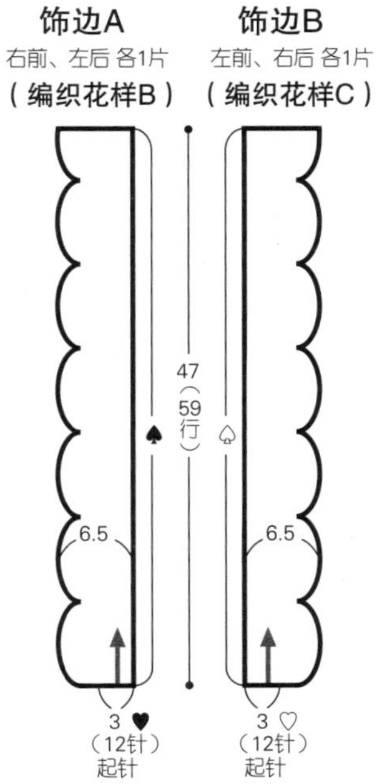

※ 在后身片最终行和和前身片连接在一起钩织（图8）

※ ♥、♠、♡、♤标记处事后缝合于身片

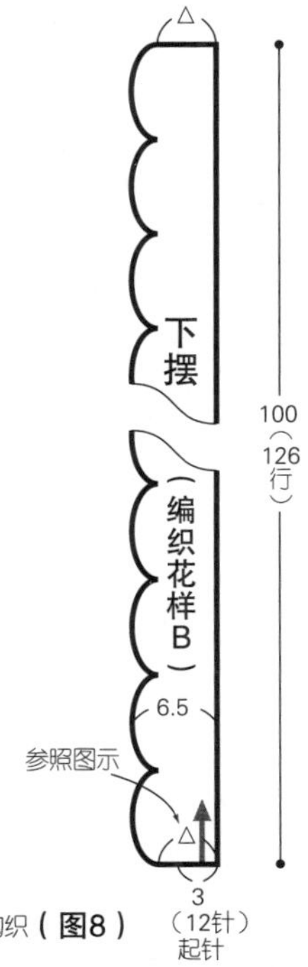

※ 对齐△标记做卷针缝缝合

下摆的组合方法

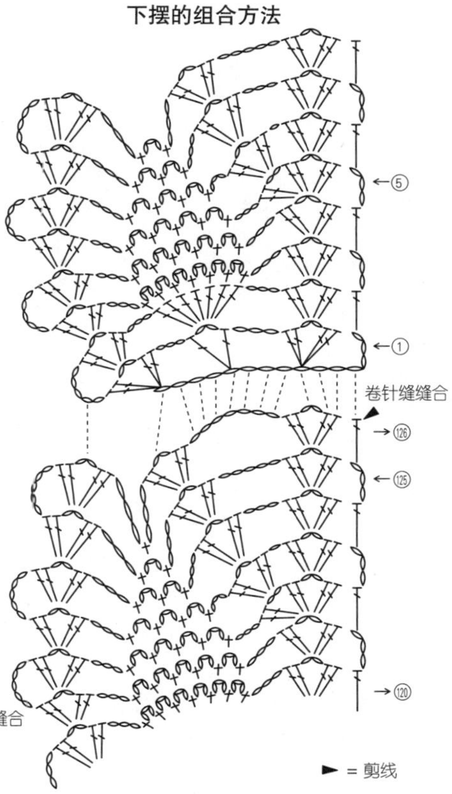

► = 剪线

编织花样A

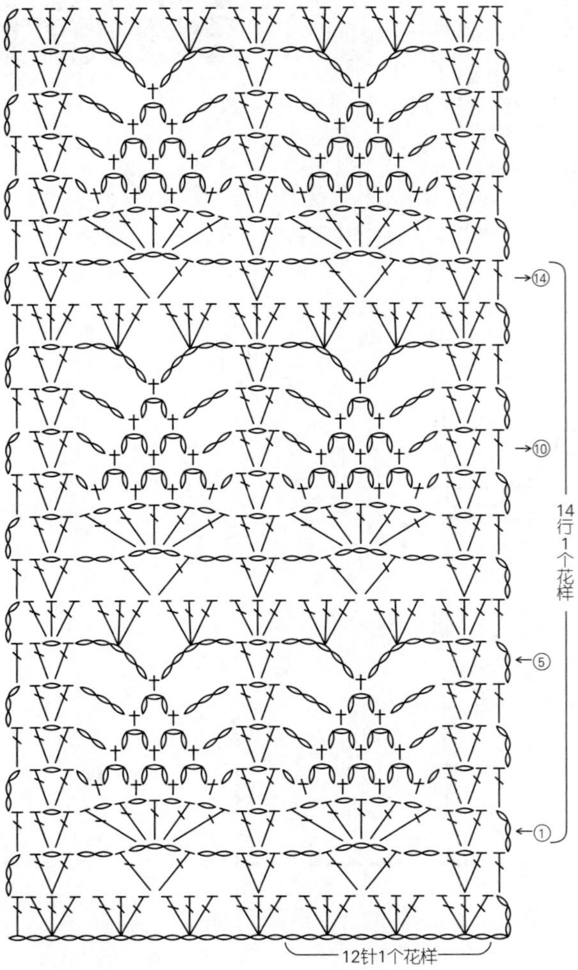

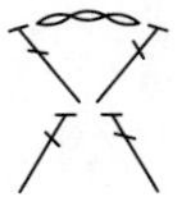
= 在前一行的长针和长针之间钩织

编织花样B

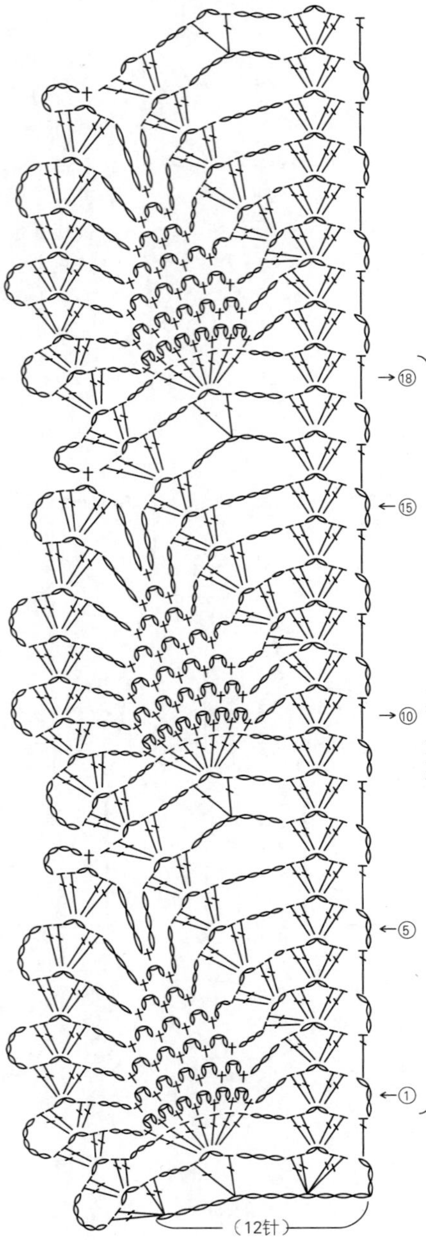

编织花样C

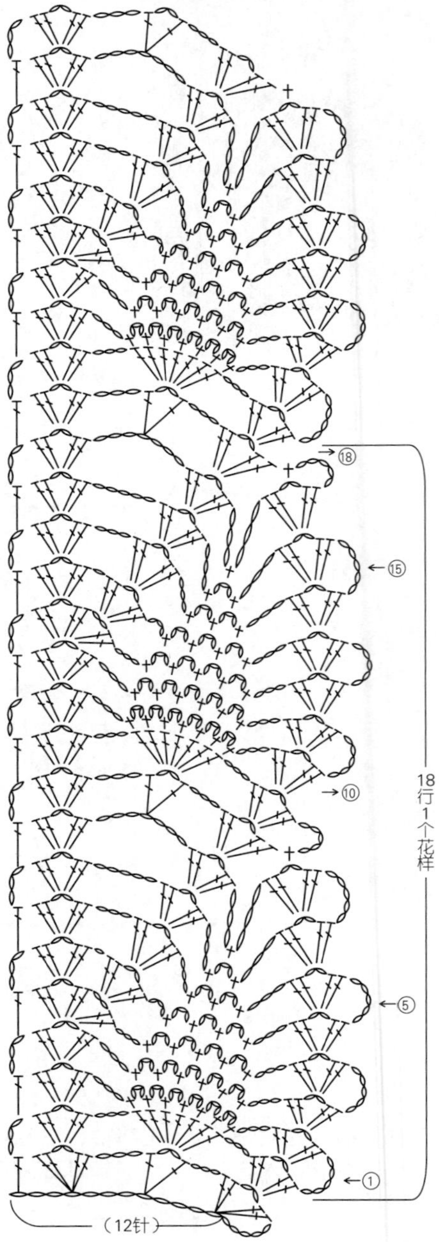

组合方法

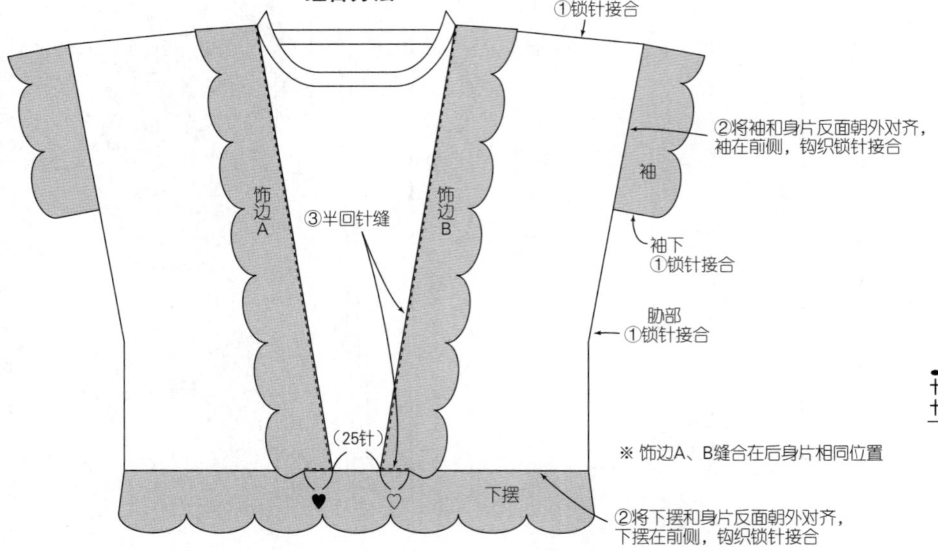

※ 饰边A、B缝合在后身片相同位置

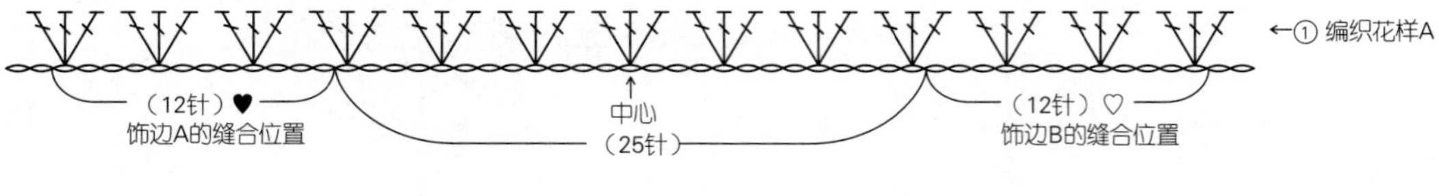

衣领（边缘编织）

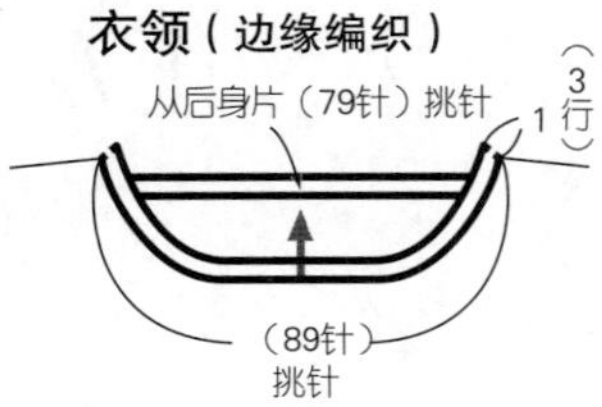

边缘编织

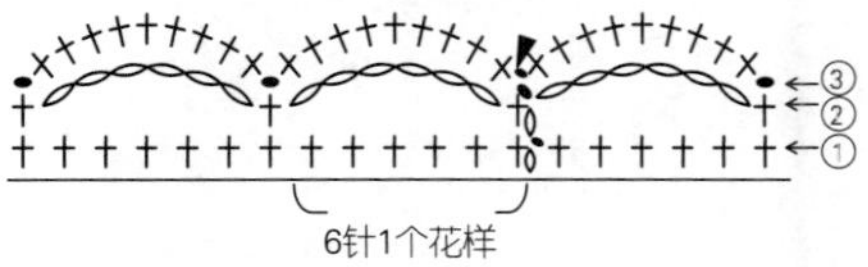

► = 剪线

向第92页的
★处钩织

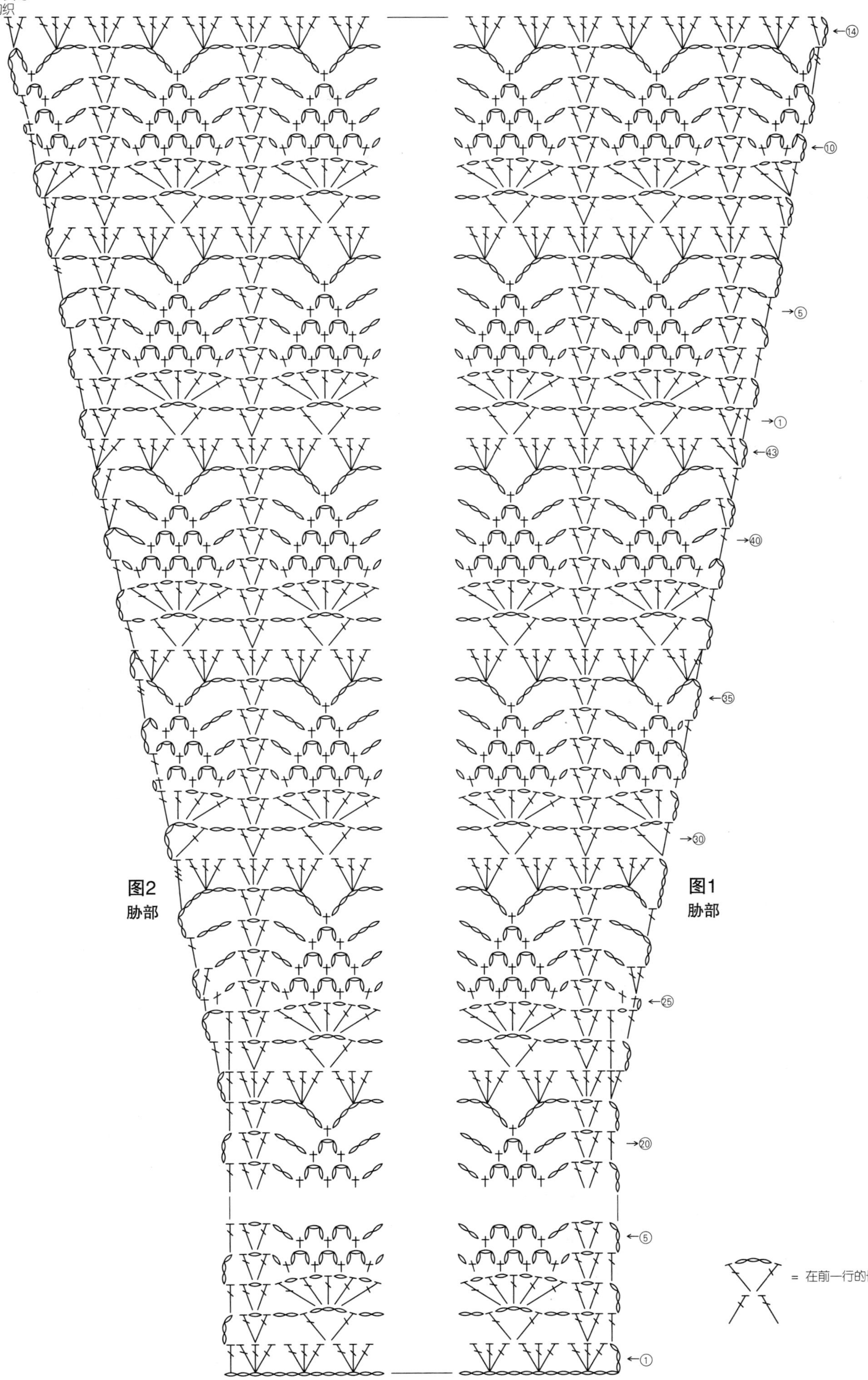

= 在前一行的长针和长针之间钩织

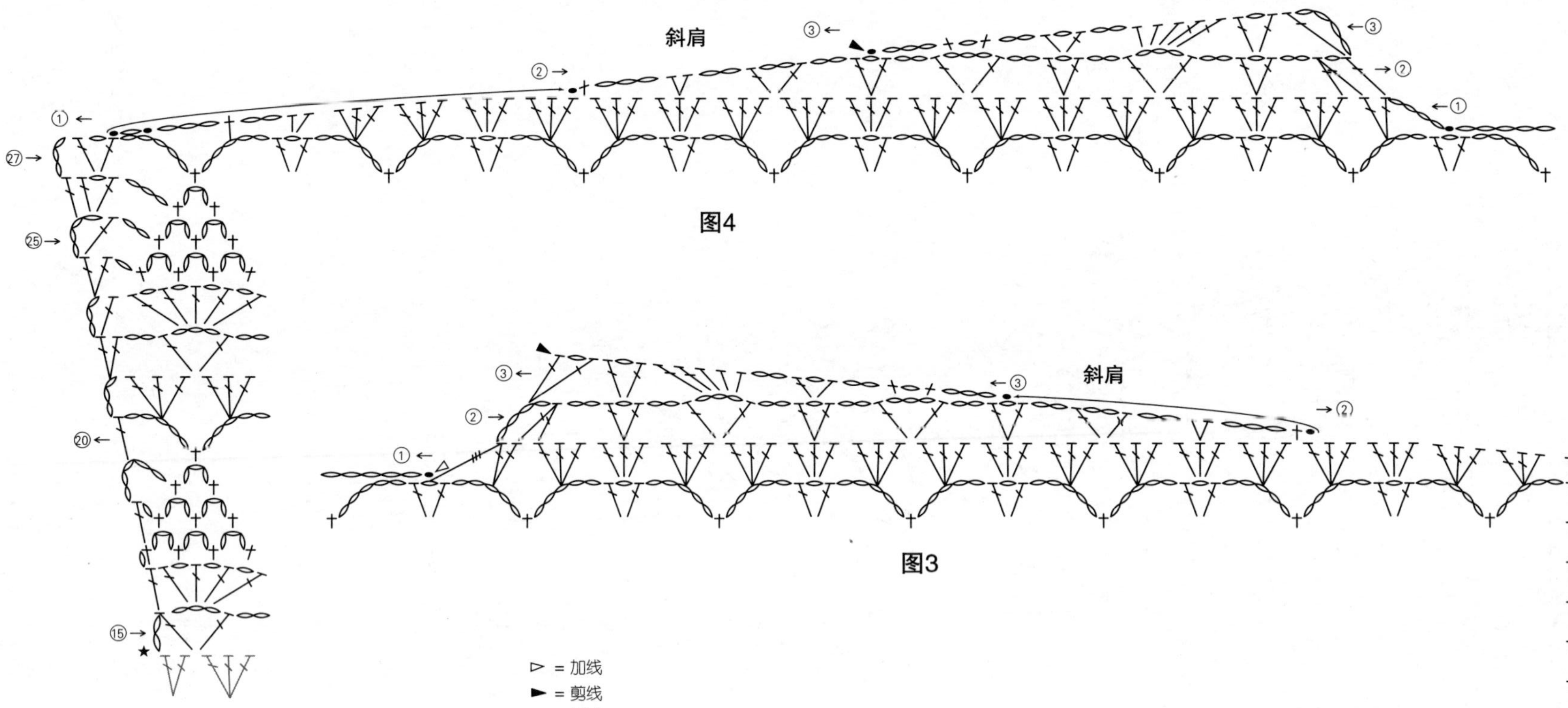

图4

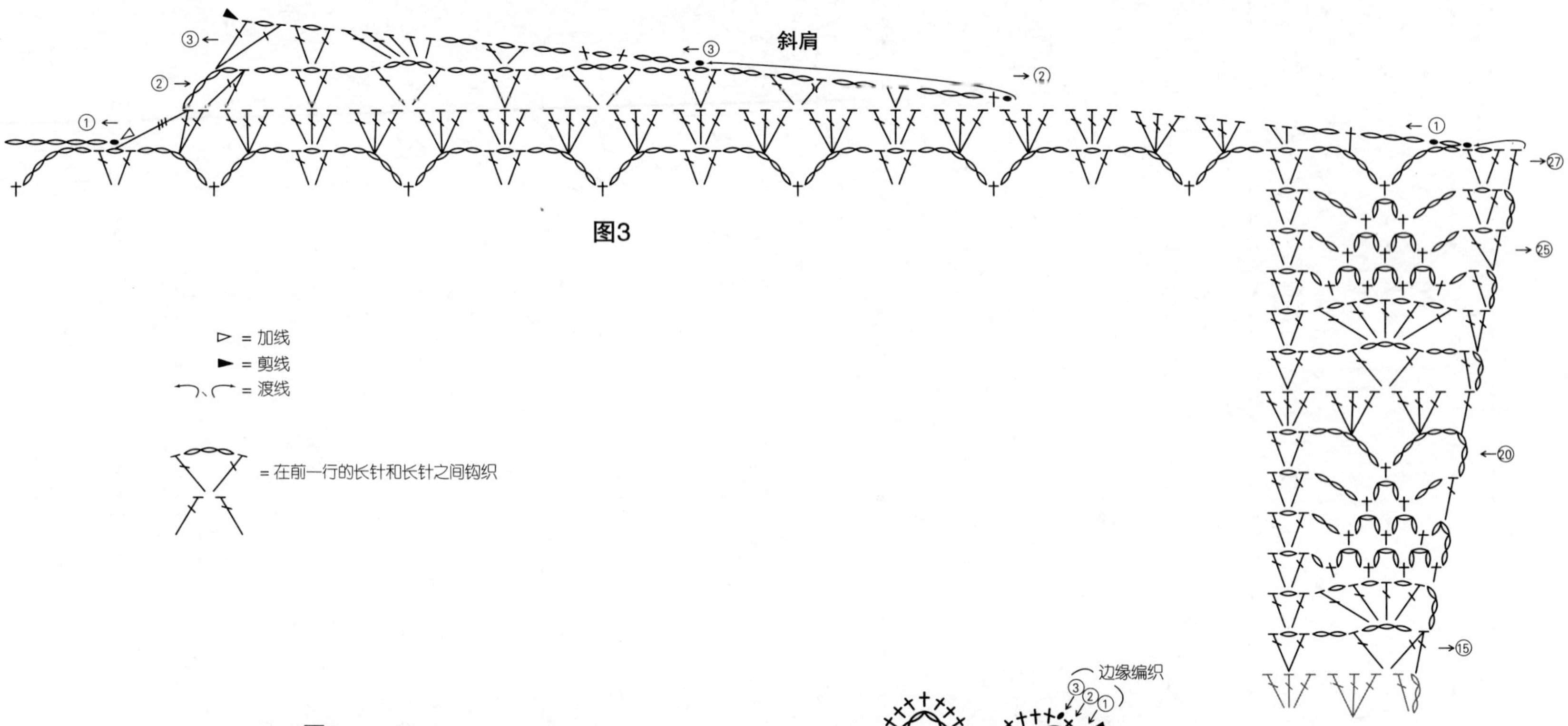

图3

▷ = 加线

◀ = 剪线

= 渡线

= 在前一行的长针和长针之间钩织

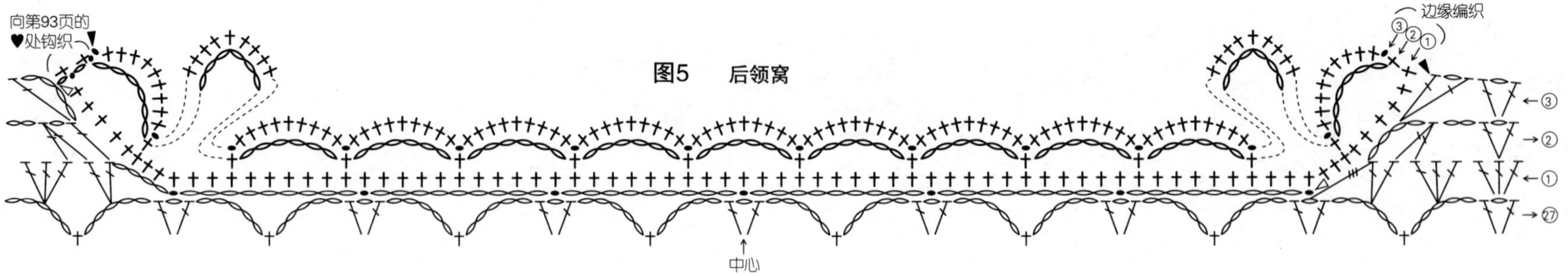

图5 后领窝

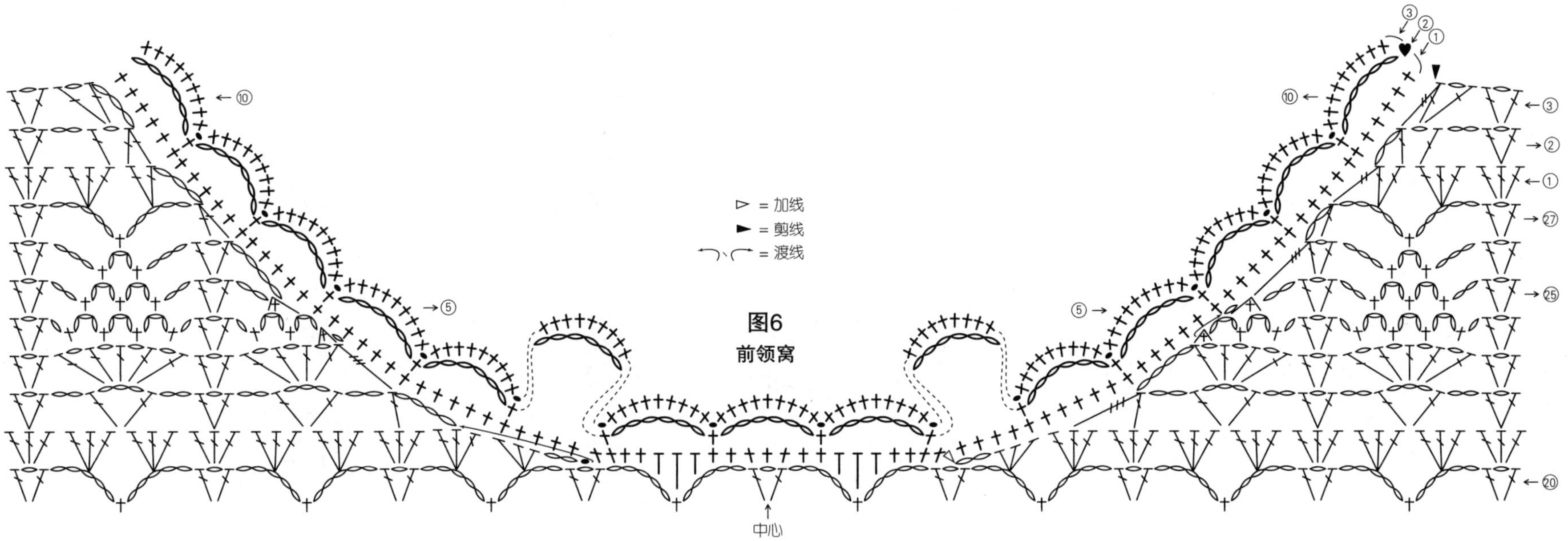

图6
前领窝

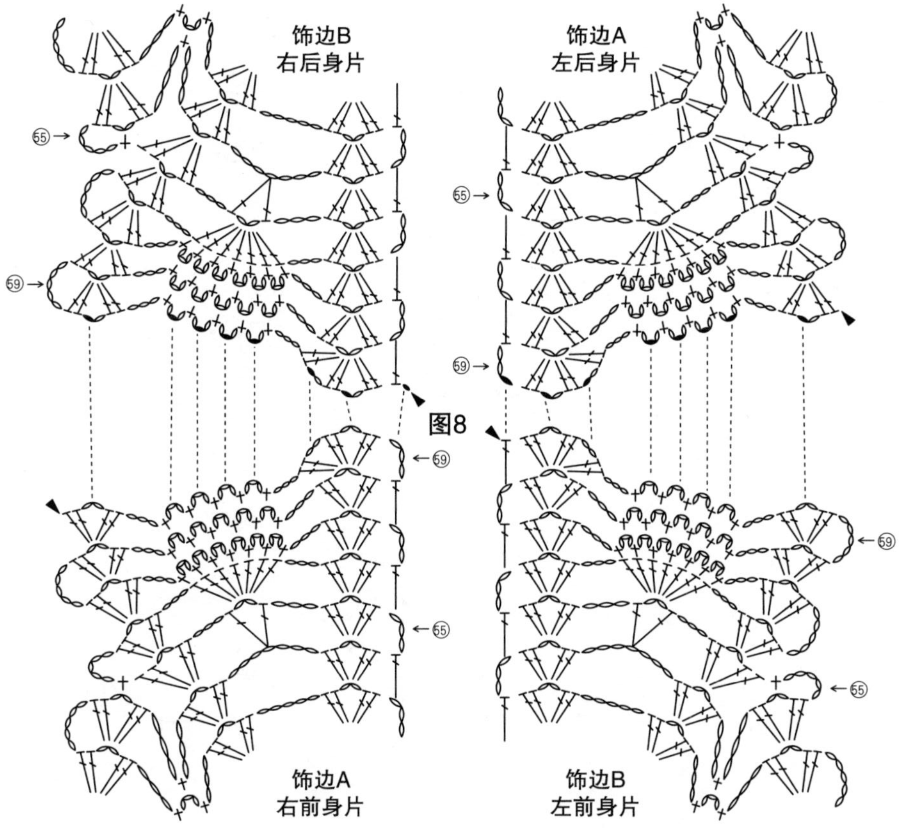

图8

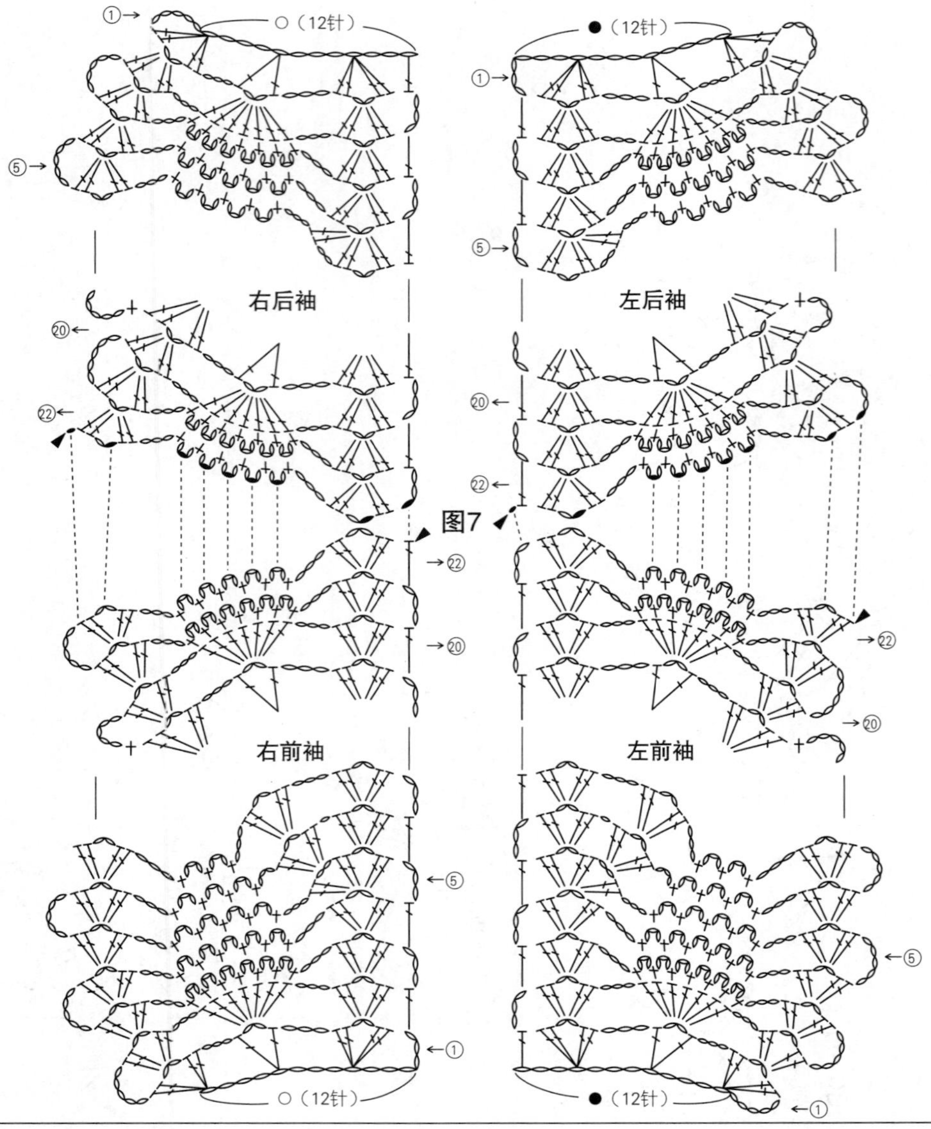

► = 剪线

短针的菱形针

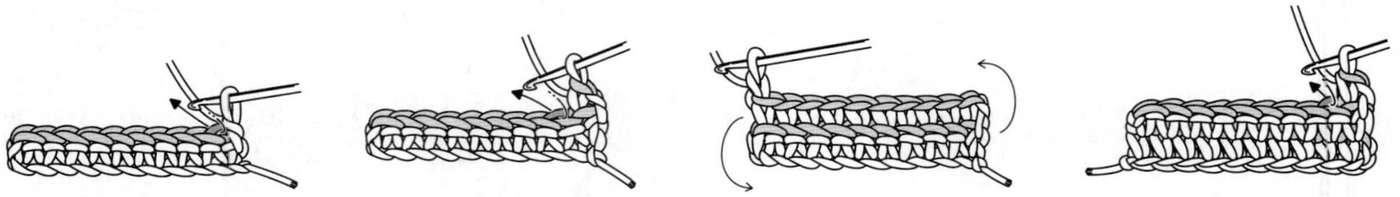

1 将钩针插入前一行针目头部的后面半针中，钩织短针。

2 下一针也将钩针插入后面半针中，钩织短针。

3 钩织至端头，立织1针锁针，翻转织片。

4 每一行都将钩针插入后面半针中，钩织短针。

短针的正拉针
（在下面2行短针上钩织的情况）

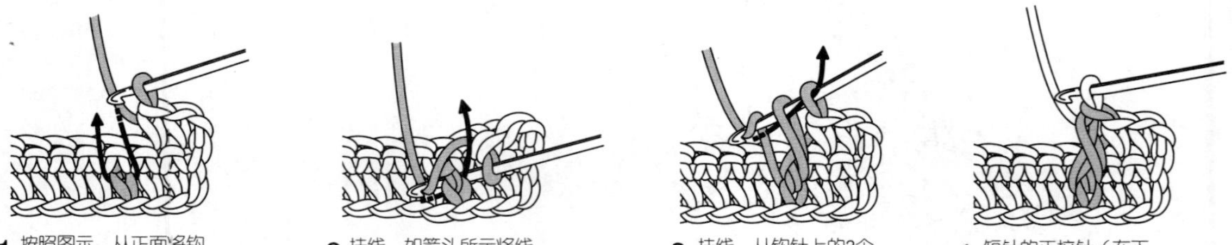

1 按照图示，从正面将钩针完全插入下面2行的短针中。

2 挂线，如箭头所示将线长长地拉出。

3 挂线，从钩针上的2个线圈中引拔出。

4 短针的正拉针（在下面2行短针上钩织的情况）完成。

短针的反拉针
（在下面2行短针上钩织的情况）

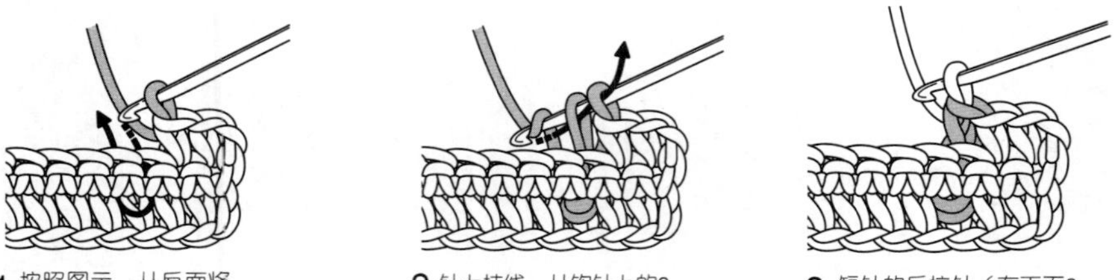

1 按照图示，从反面将钩针插入下面2行的短针中，将线拉出。

2 针上挂线，从钩针上的2个线圈中引拔出。

3 短针的反拉针（在下面2行短针上钩织的情况）完成。

材料

奥林巴斯线 金票40号蕾丝线 浅米色(731) 220g/5团(每团50g)

工具

6号蕾丝针(花片中心环形起针时使用8号、10号、12号棒针)

成品尺寸

胸围100cm,衣长52.5cm,连肩袖长30.5cm

编织密度

10cm×10cm面积内:编织花样60针,22行;花片大小请参照图示

编织要点

●身片…钩织锁针起针,做编织花样,然后钩织1行短针。钩织指定片数的花片A~D,参照图示布局好底框和花片,临时固定一下。底框和花片一边钩织锁针和狗牙针,一边连接。

●组合…肩部钩织引拔针和锁针接合。胁部钩织引拔针和锁针接合。下摆钩织指定片数的花片F。钩织短针,下一行一边在花片F上钩织锁针和狗牙针,一边连接。衣袖钩织1行短针,在花片E的最终行钩织短针和相邻花片连接。领窝环形做边缘编织。

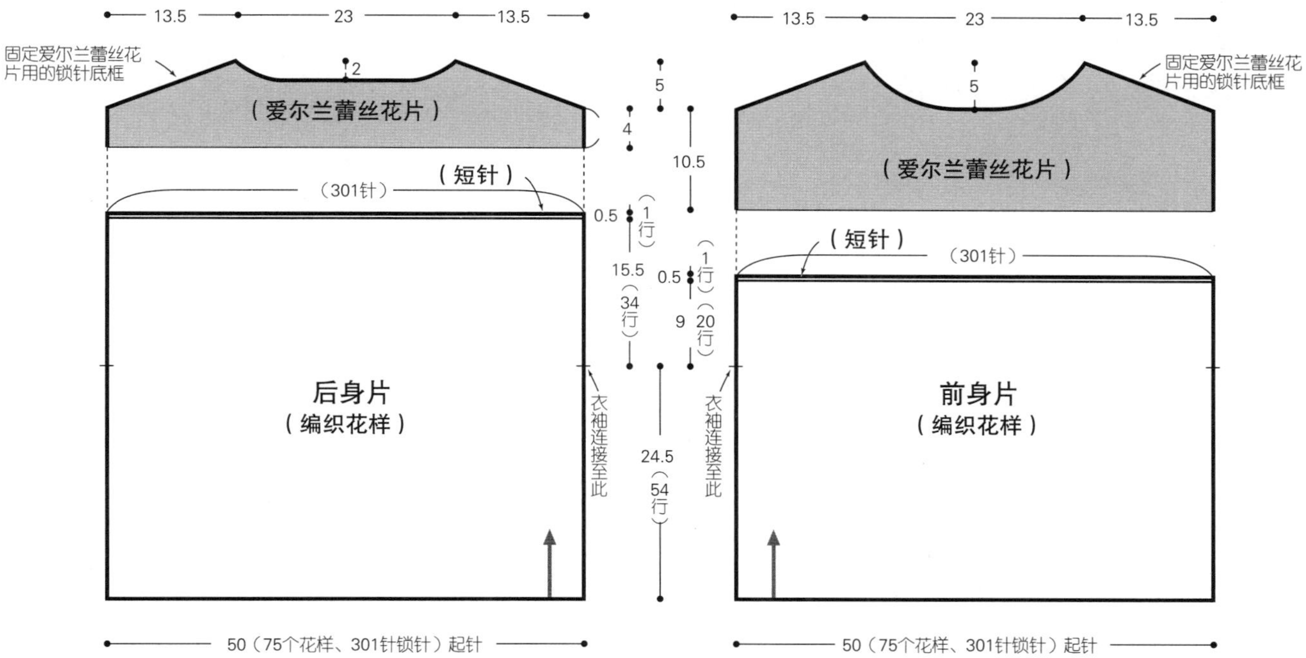

※ 全部使用6号蕾丝针钩织

※ 部分事后需要连接花片A、B、C、D

花片A 后身片…5片 前身片…11片

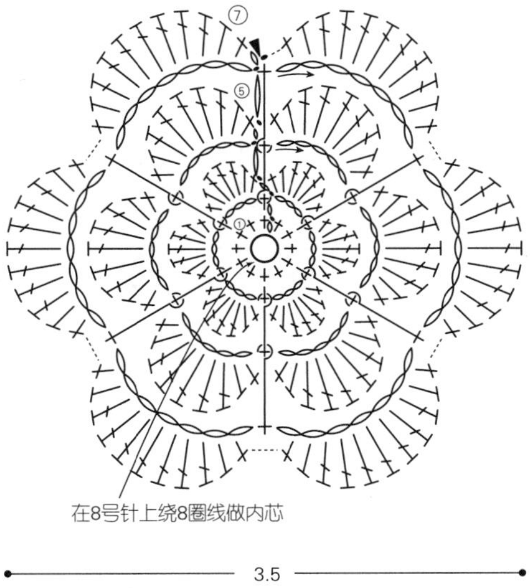

= 短针的反拉针
(从反面钩织时,钩织正拉针)
※ 钩织方法参照第94页

► = 剪线

花片C 后身片…4片 前身片…7片

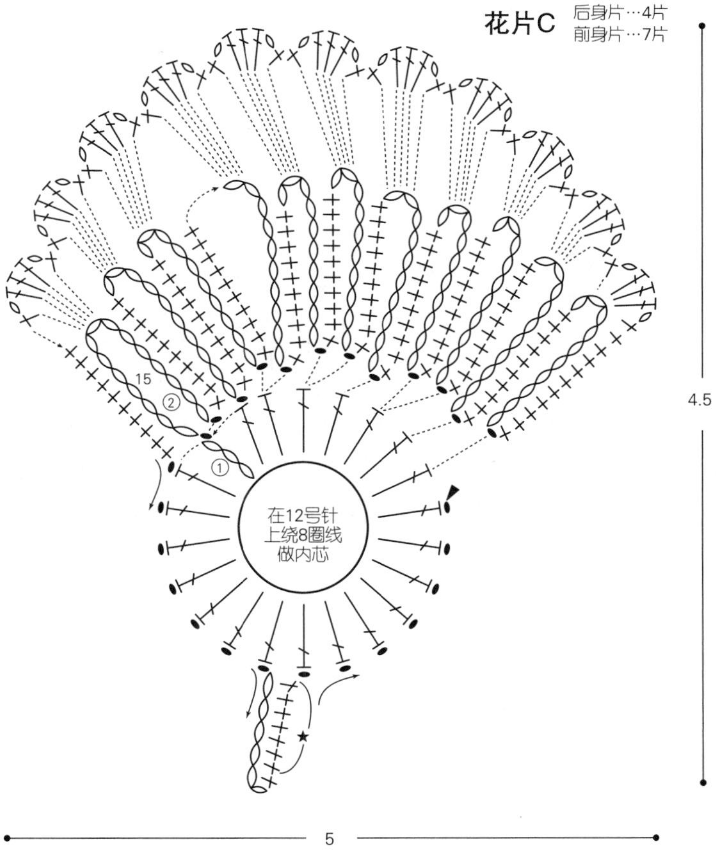

※ 第2行和★的短针要整段挑起锁针,包住钩织

花片B 后身片…8片 前身片…13片

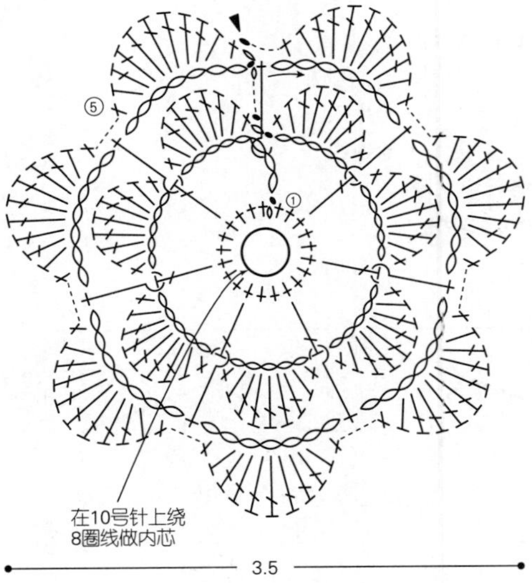

花片D 后身片…4片 前身片…7片

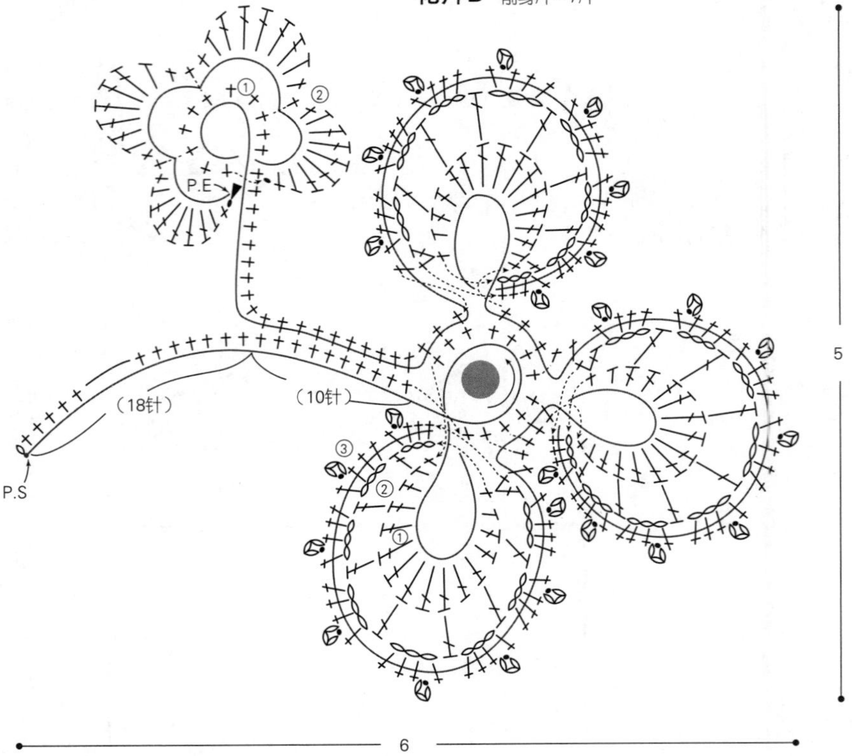

—— = 芯线 将200cm共线折成4根
※ 在芯线上钩织的方法请参照第98页

P.S = 芯线起点
P.E = 芯线终点

▷ = 加线
► = 剪线

后身片…4片
前身片…7片

缝在 ● 上

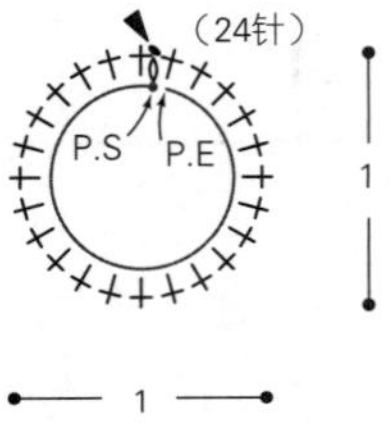

—— = 芯线 将15cm共线折成4根

花片F 50片

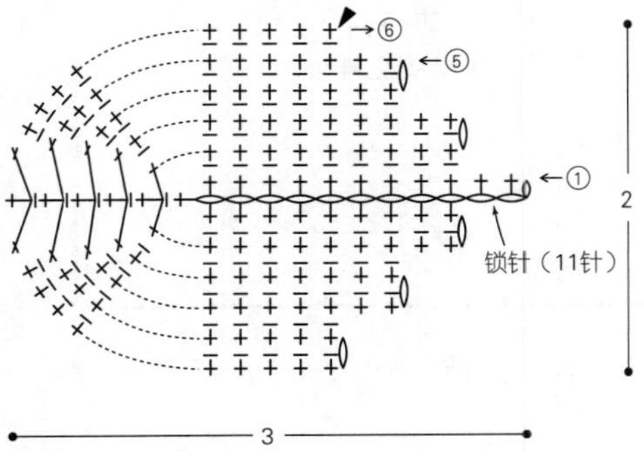

± = 短针的菱形针
※ 钩织方法请参照第94页

花片E 16片 ※ 第7行之前的钩织方法和花片A相同

编织花样

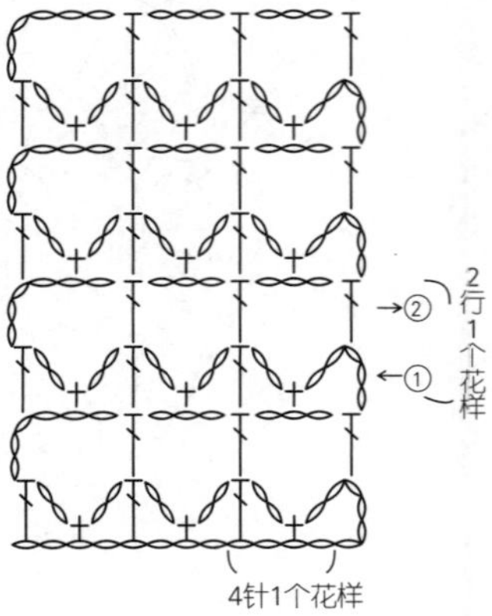

= 短针的反拉针
（从反面钩织时，钩织正拉针）
※ 钩织方法参照第94页

花片的连接顺序

1. 钩织锁针底框
2. 在锁针底框上疏缝底布
3. 在锁针底框上布局好各个花片并疏缝
4. 一边钩织锁针和狗牙针，一边连接锁针底框和花片、花片和花片，根据间隔调整锁针的针数

爱尔兰蕾丝花片的布局图

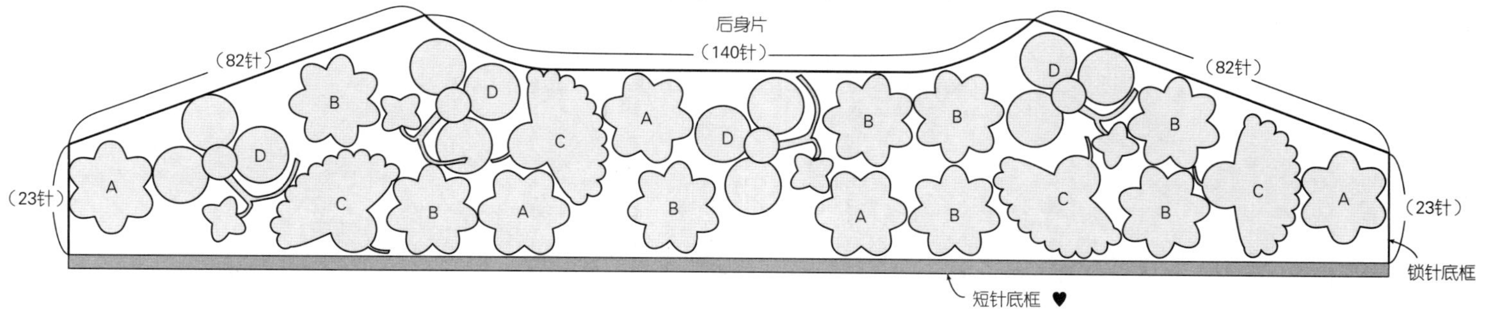

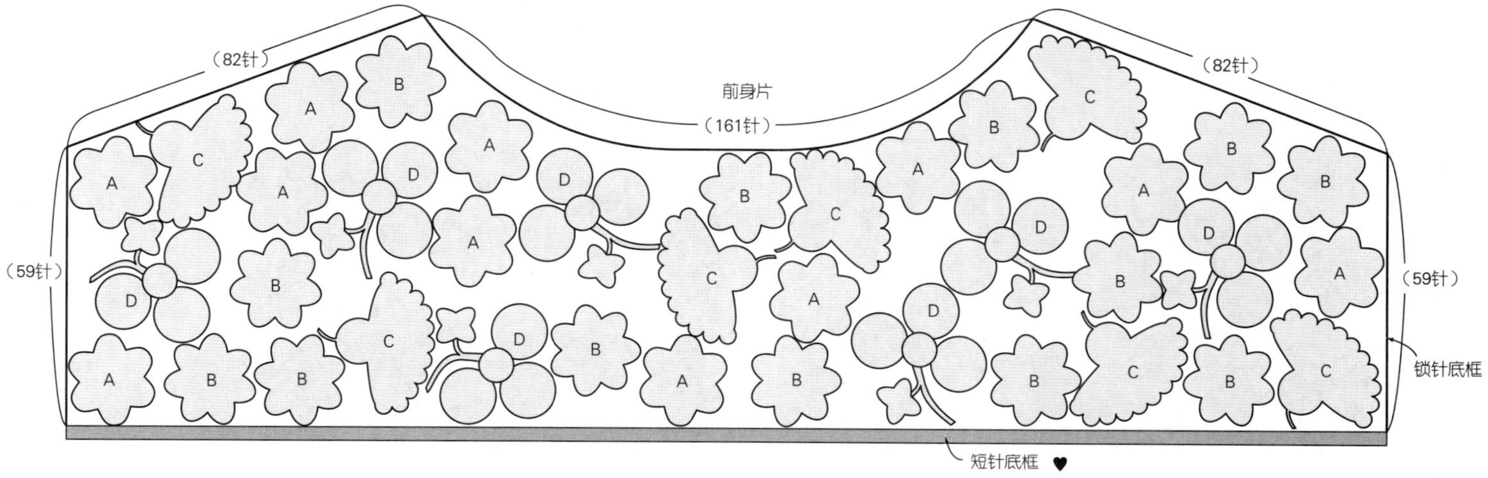

花片的连接方法（后身片）

❶ 从右下位置开始，连接下一列的花片和短针底框
❷ 从左到右，连接肩部、领窝的花片和锁针底框
❸ 将各花片之间间隔较大的地方连接起来

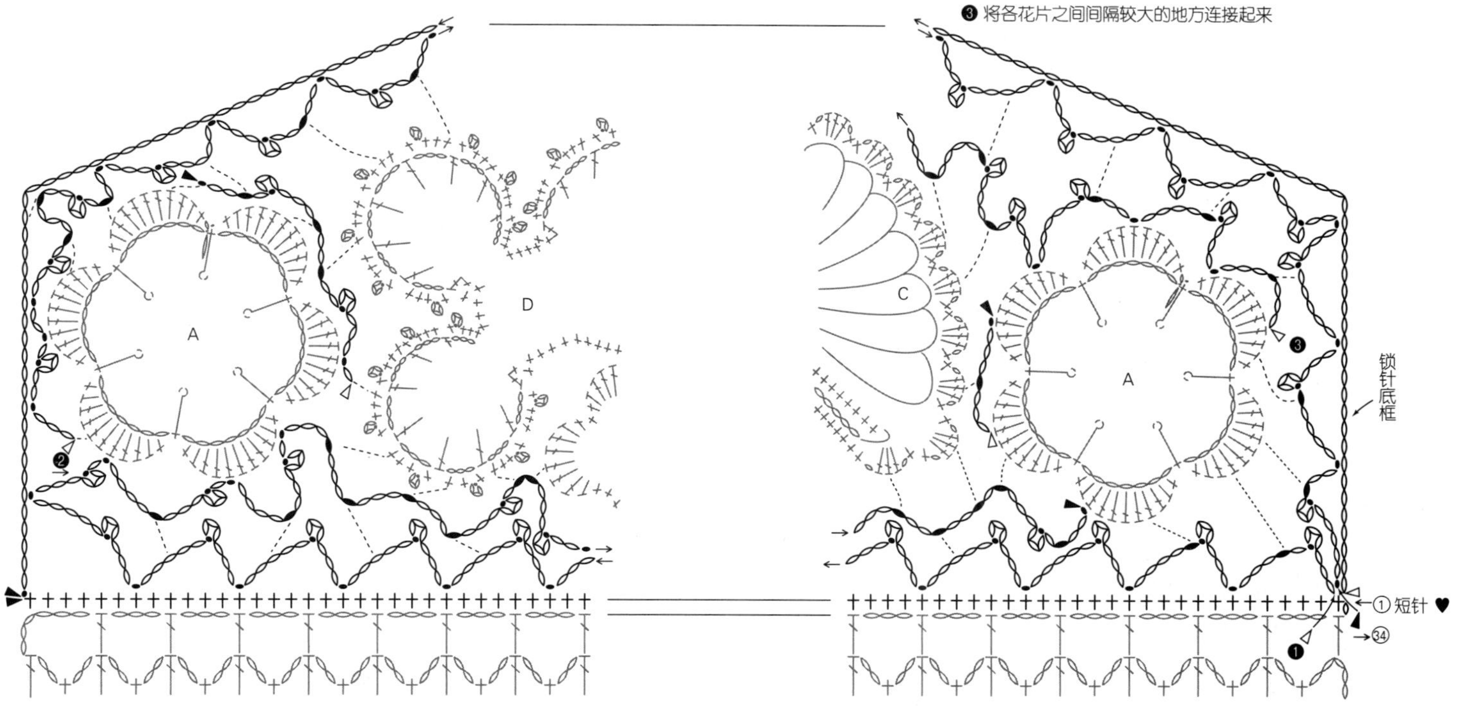

▷ = 加线
► = 剪线

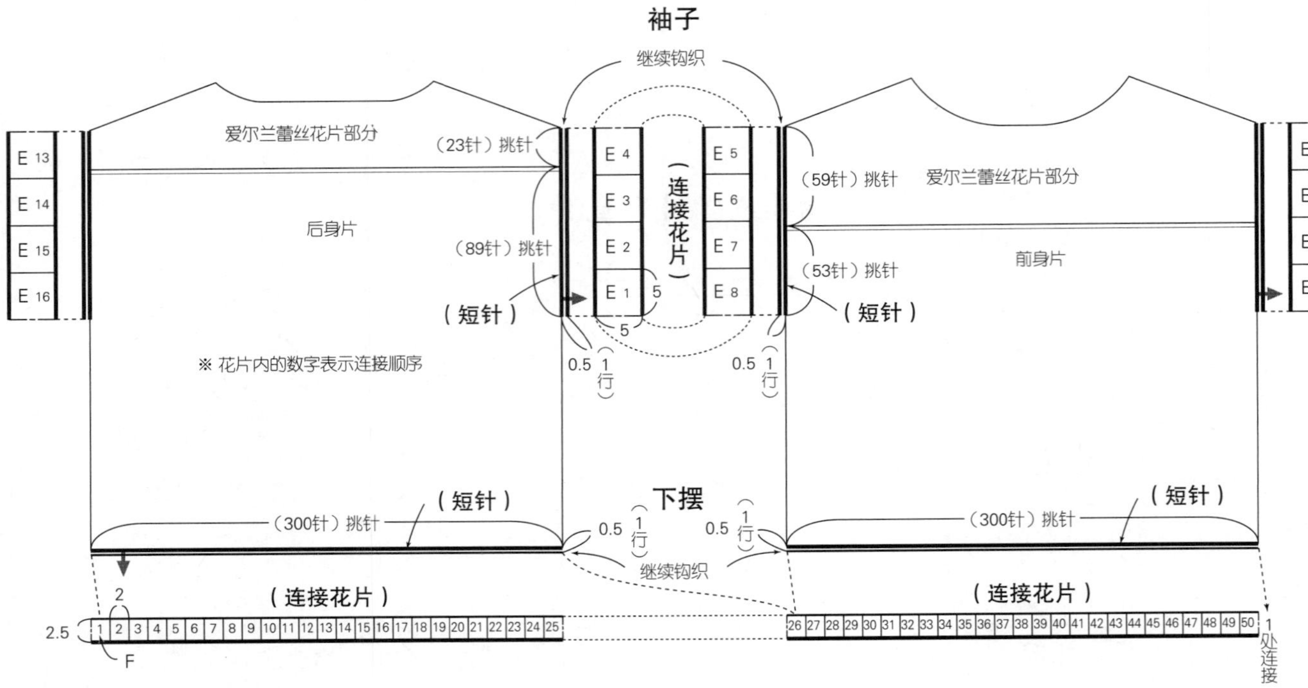

下摆花片的连接方法

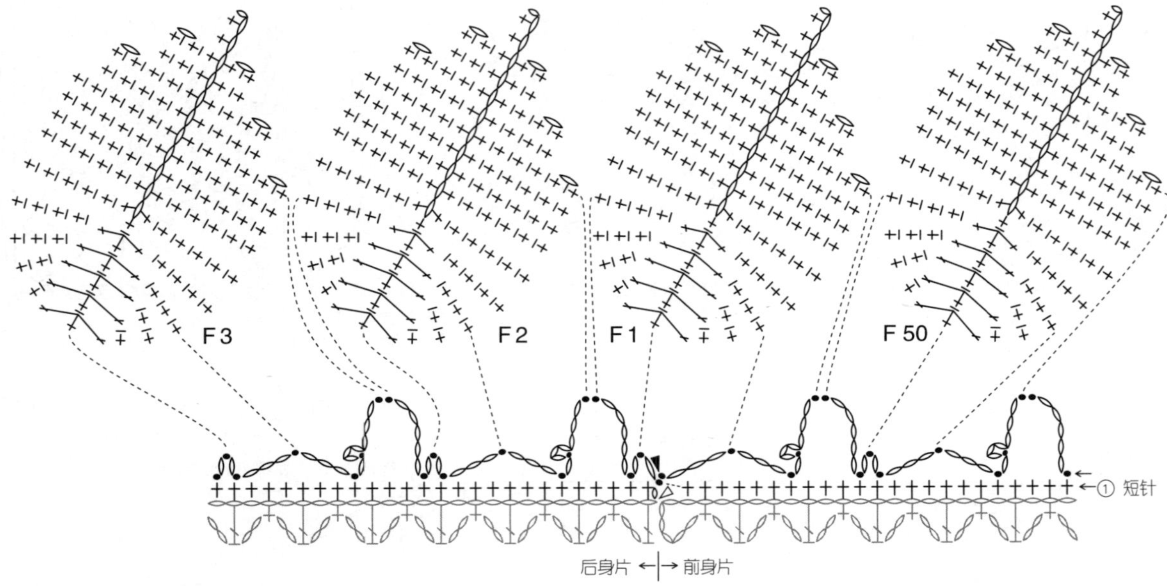

▷ = 加线
▶ = 剪线

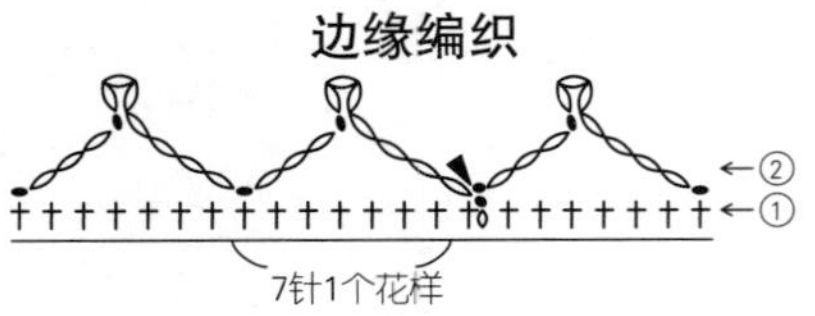

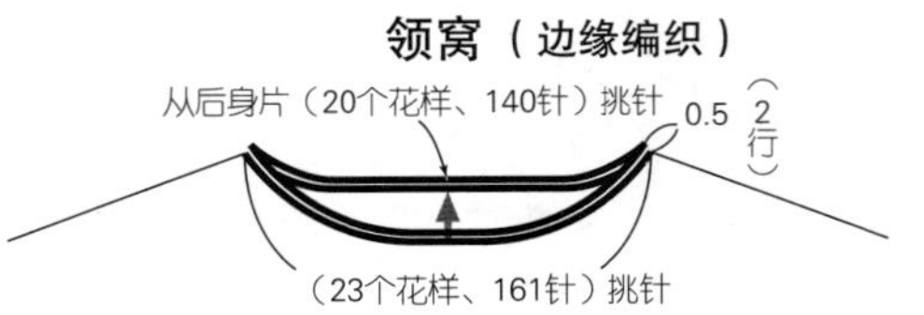

在芯线上钩织的方法(短针)

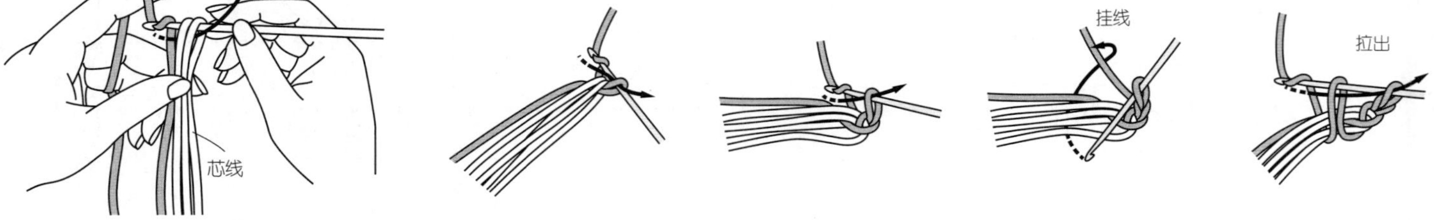

1 将芯线折成4根，将编织线拉出。

2 再次挂线并引拔。

3 立织1针锁针。

4 包住芯线，继续挑针挂线。

5 钩织短针。

袖子花片的连接方法（右袖）

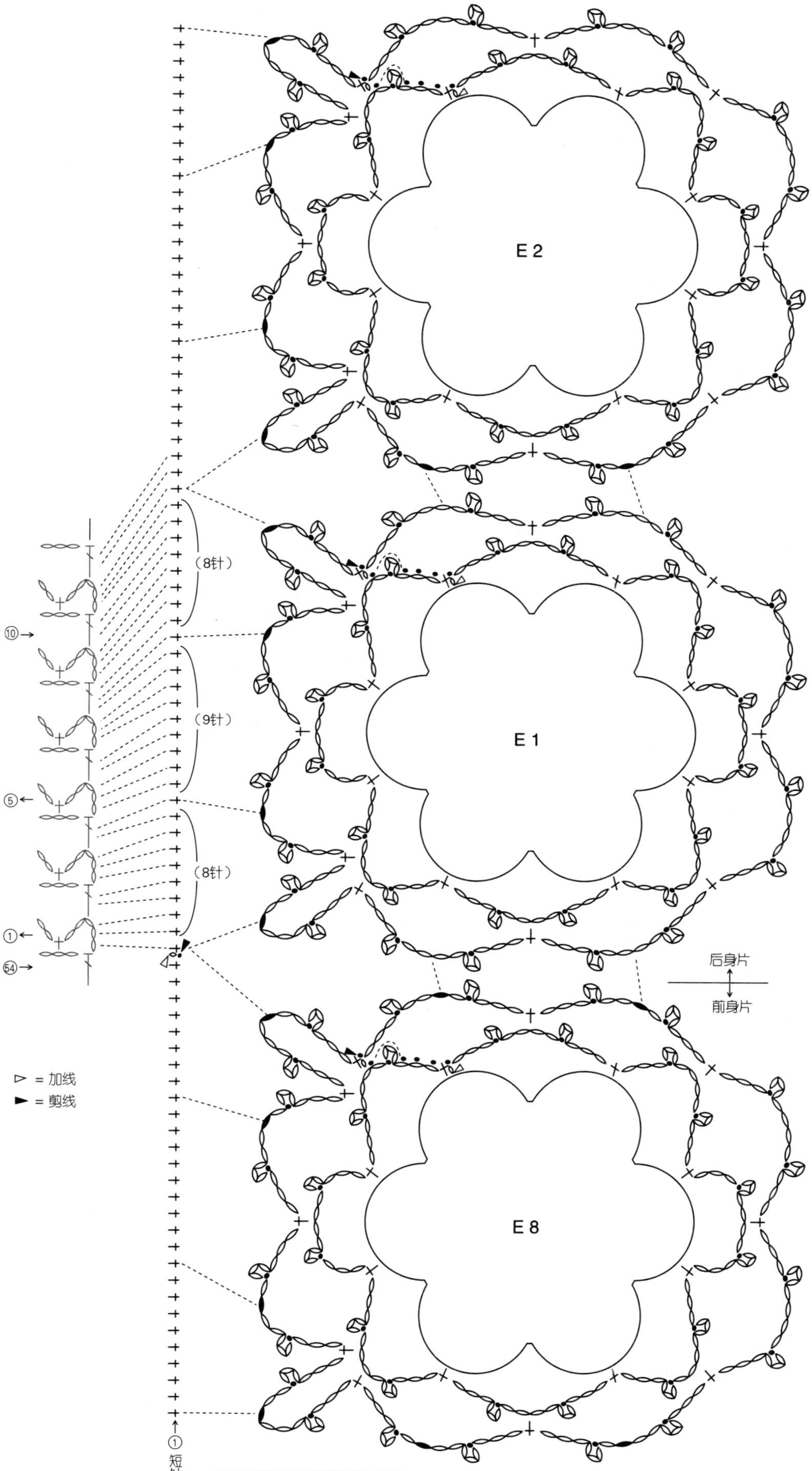

※左袖按照相同要领连接上花片

罗纹绳

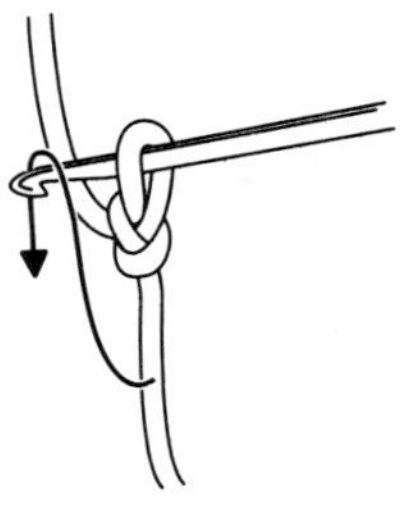

1 线头留所需罗纹绳的3倍长，锁针起针钩织端头的针目。将线头从前向后挂在钩针上。

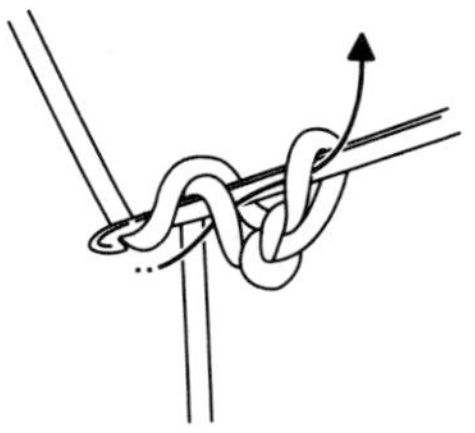

2 针上挂线，从钩针上的线头和1个线圈中引拔出。

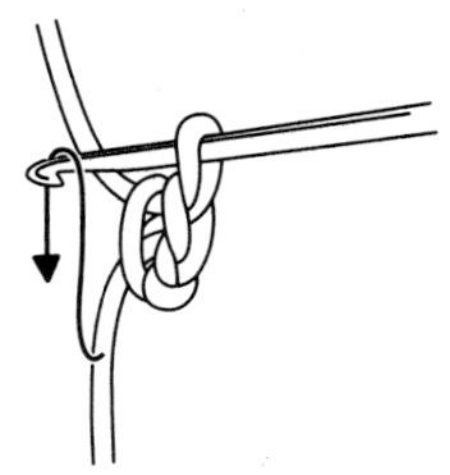

3 第1针完成了。下一针将线头从前向后挂在钩针上。

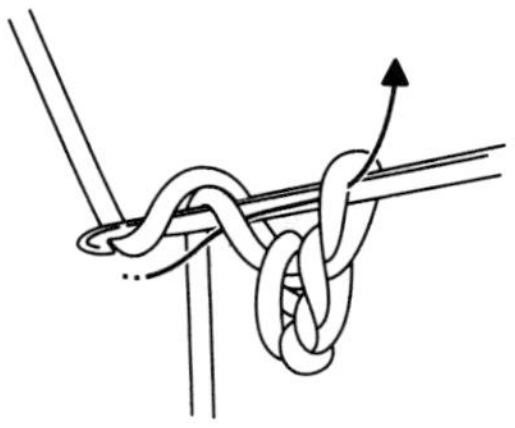

4 从钩针上的线头和1个线圈中引拔出。

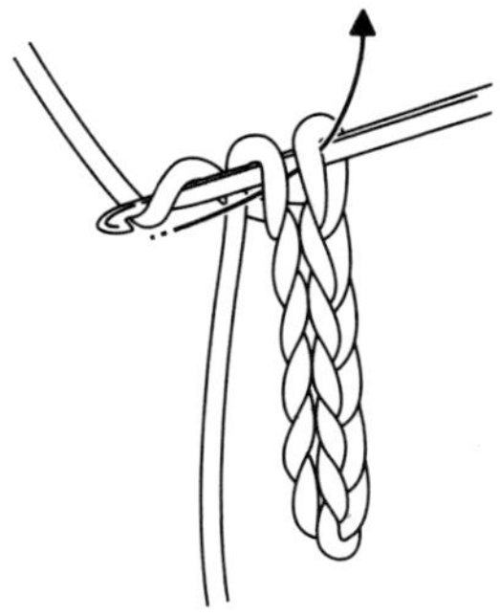

5 重复步骤3、4，最后的锁针引拔出。

材料

钻石线 Masterseed Cotton <Silk> 蓝灰色（8116）475g/19团

工具

钩针4/0号

成品尺寸

胸围94cm，衣长60.5cm，连肩袖长55cm

编织密度

10cm×10cm面积内：编织花样27针，13行

编织要点

●身片、袖子…钩织锁针起针，做编织花样。参照图示加减针。下摆钩织长针。

●组合…肩、袖下钩织引拔针和锁针接合。胁部钩织引拔针和锁针接合。挑取指定数量的针目，衣领钩织长针，袖口环形做边缘编织。开衩周围钩织1行引拔针。

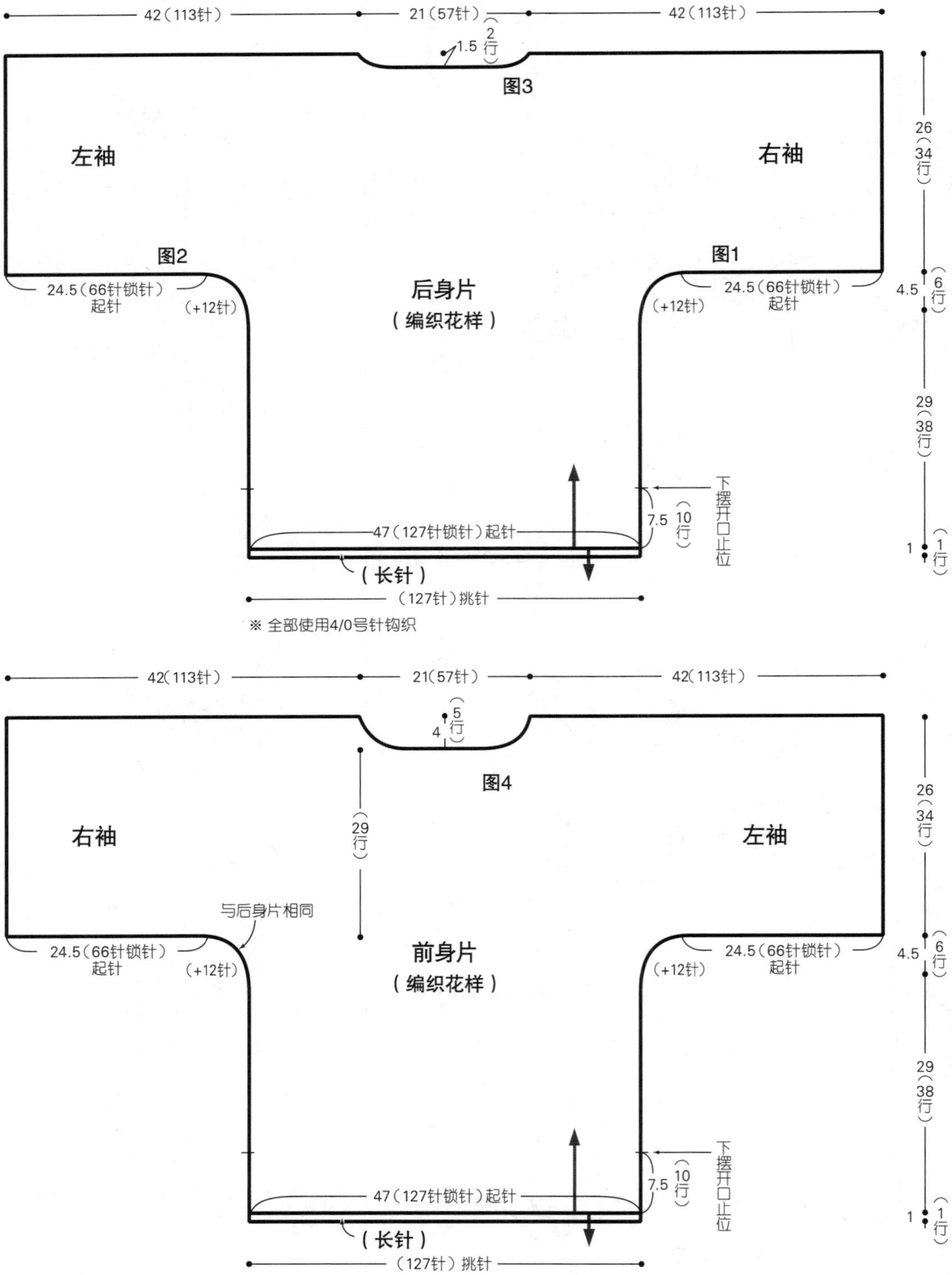

开衩周围（引拔针）

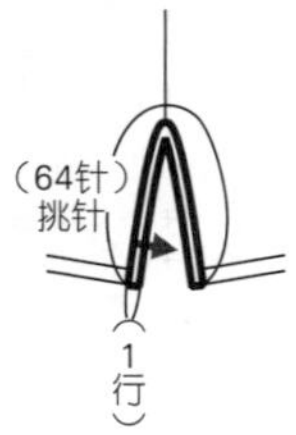

编织花样

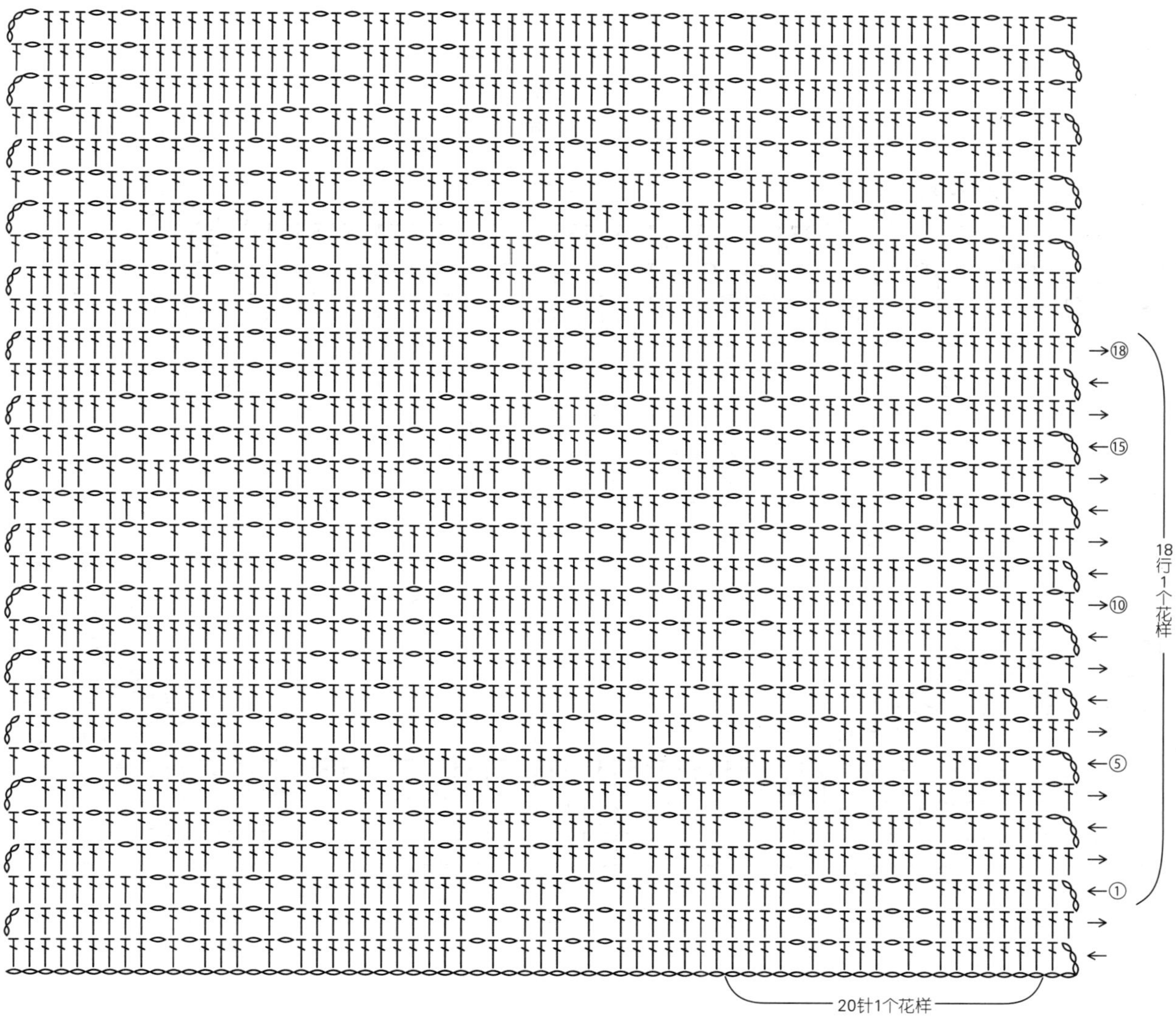

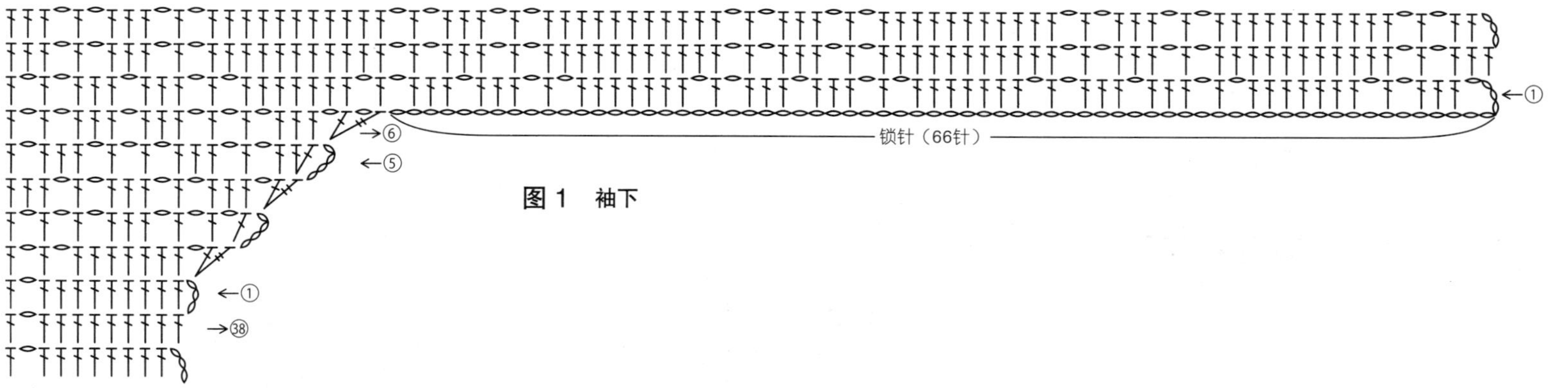

图 1　袖下

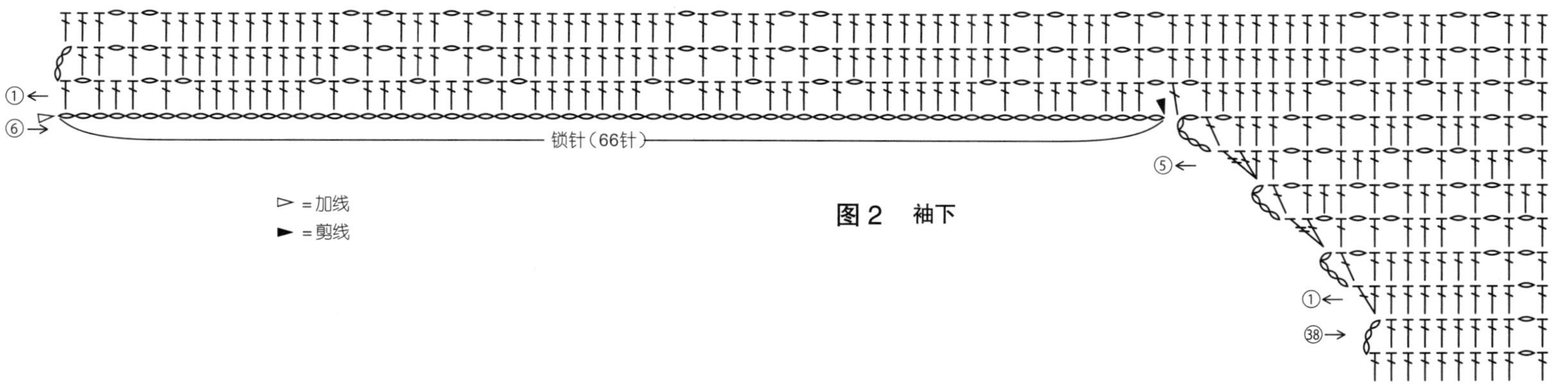

▷ = 加线
▶ = 剪线

图 2　袖下

图3

后领窝

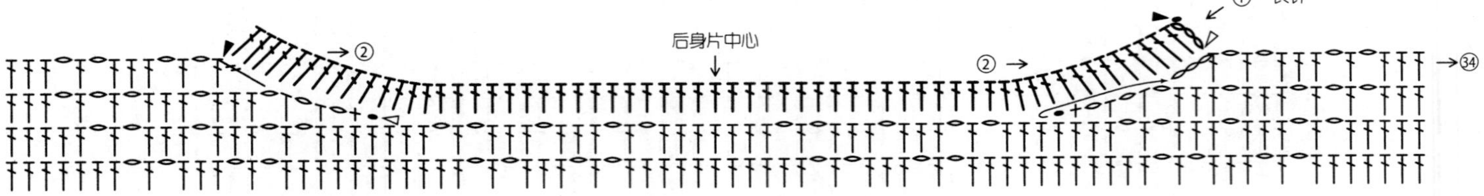

图4

前领窝

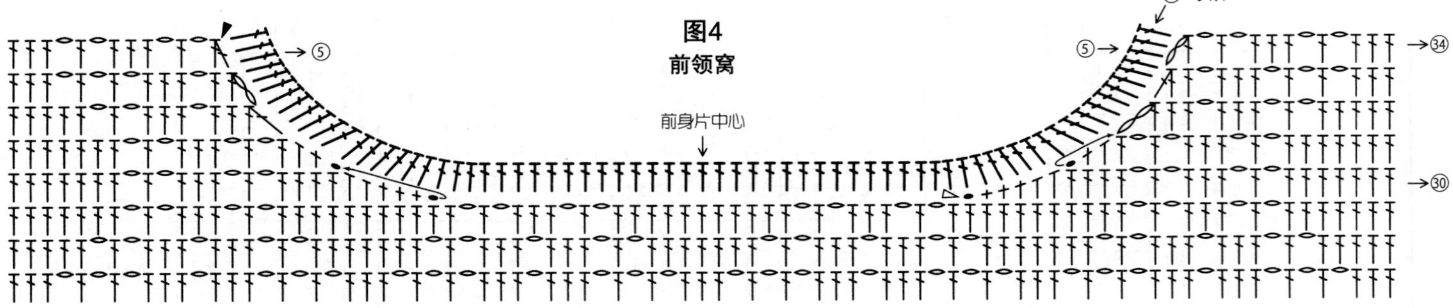

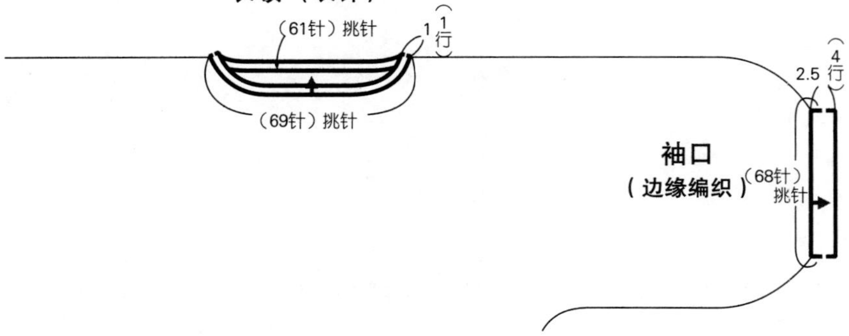

▷ = 加线

► = 剪线

⌐、⌐ = 渡线

边缘编织

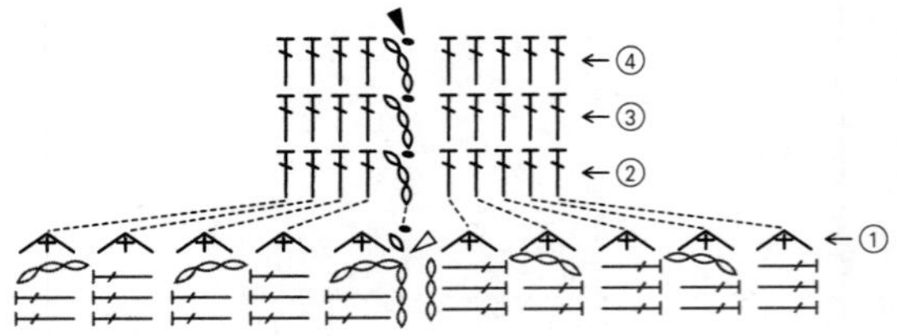

材料

奥林巴斯线 Emmy Grande 浅绿色(241) 350g/7团

工具

钩针2/0号

成品尺寸

胸围96cm，衣长52cm，连肩袖长35.5cm

编织密度

10cm×10cm面积内：编织花样A 40针，19行；花片大小请参照图示

编织要点

●身片、袖子、育克…身片、袖子钩织锁针起针，做编织花样A。育克从身片、袖子挑针，做编织花样A、B、A'和连接花片A、B、C。衣领做边缘编织。

●组合…肋、袖下钩织引拔针和锁针接合，对齐相同标记使用毛线缝针做挑针缝合。下摆将前、后身片连在一起做编织花样A'、连接花片C、边缘编织。袖口环形做边缘编织。

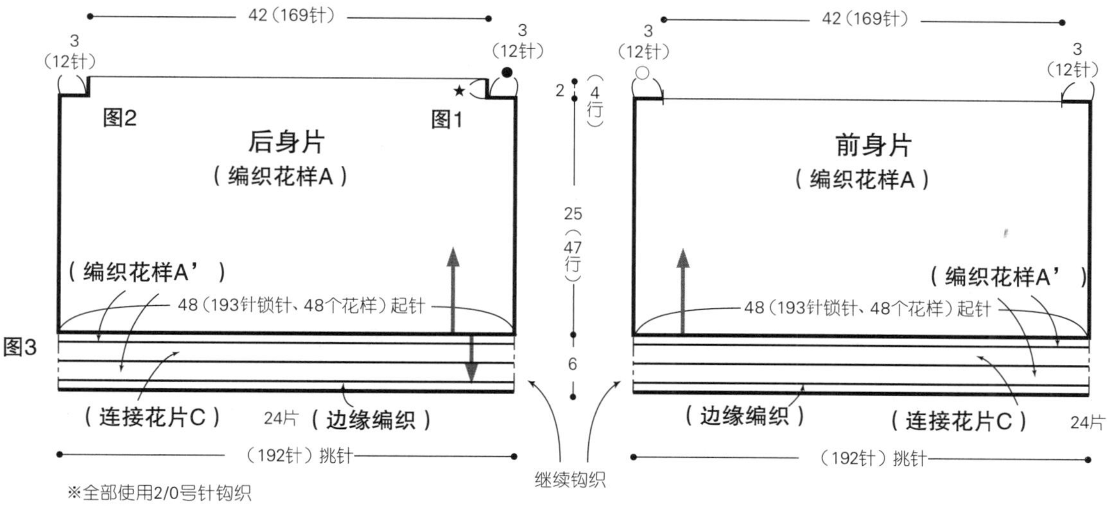

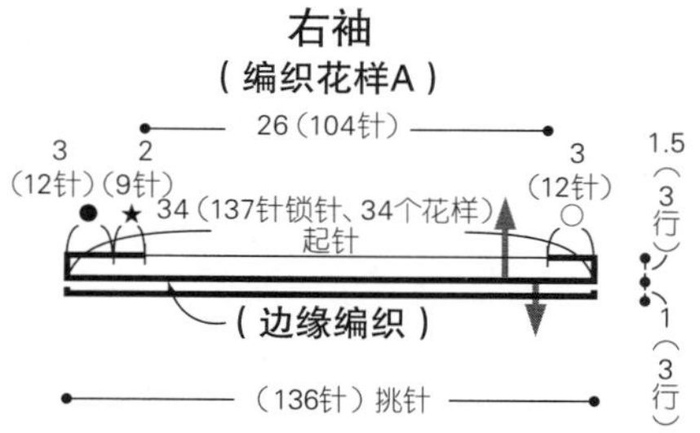

※左袖对称做上标记

※全部使用2/0号针钩织

※对齐相同标记，使用毛线缝针做挑针缝合

育克

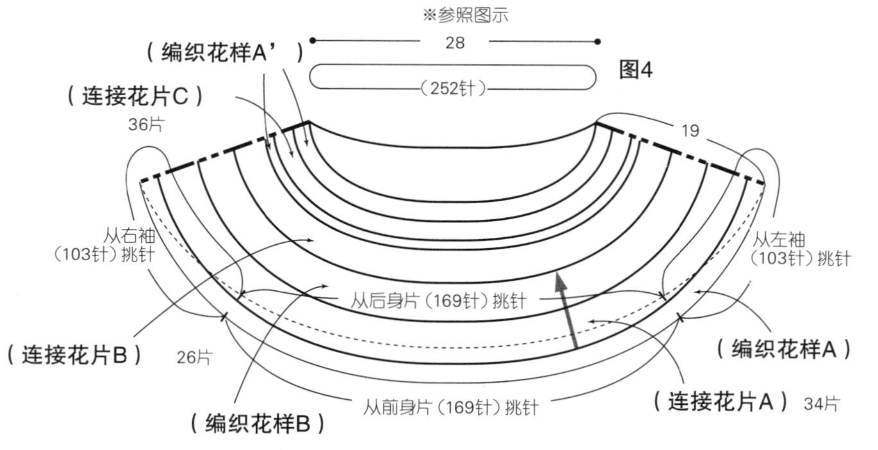

※全部（544针、136个花样）挑针

衣领

（边缘编织）

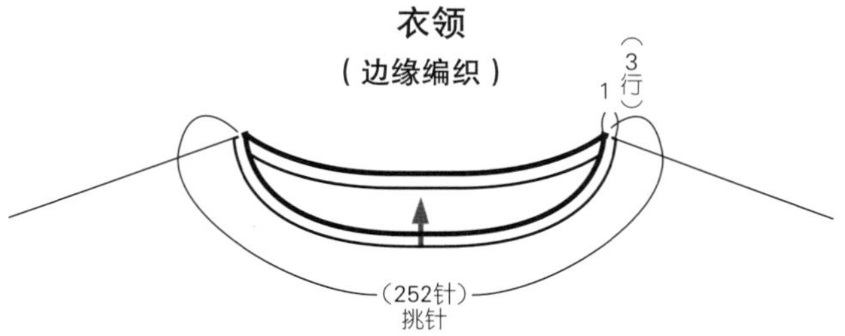

编织花样A

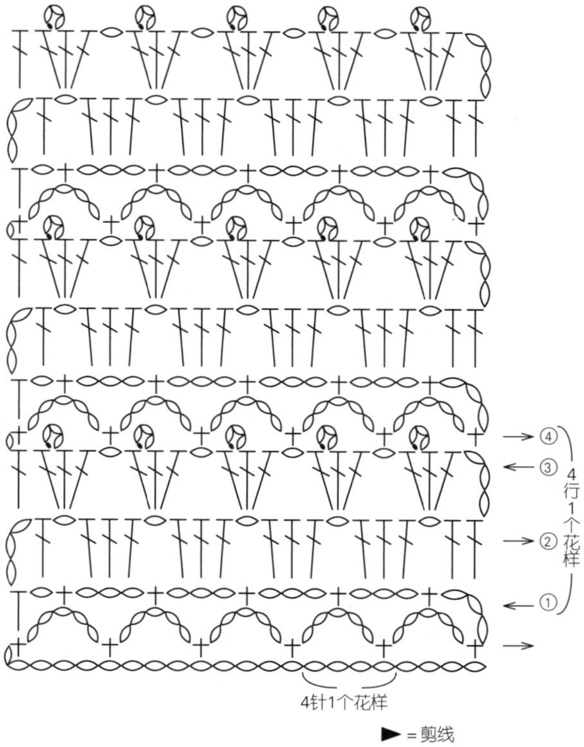

边缘编织（袖口）

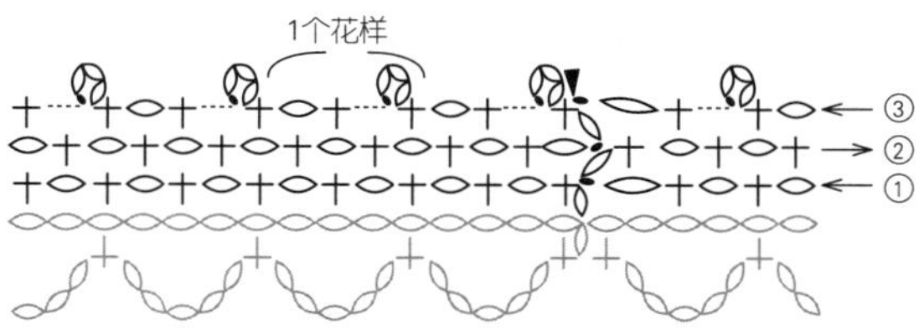

花片C
育克 36片
下摆 48片

▷ = 加线
▶ = 剪线

花片A 34片

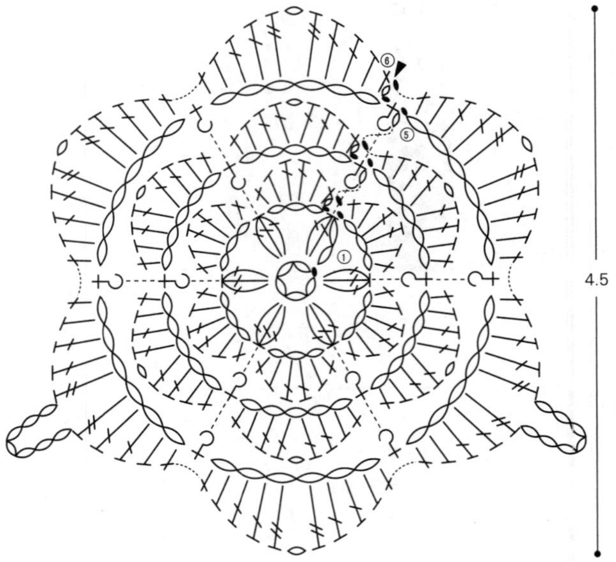

图2 后身片 / 图1 后身片

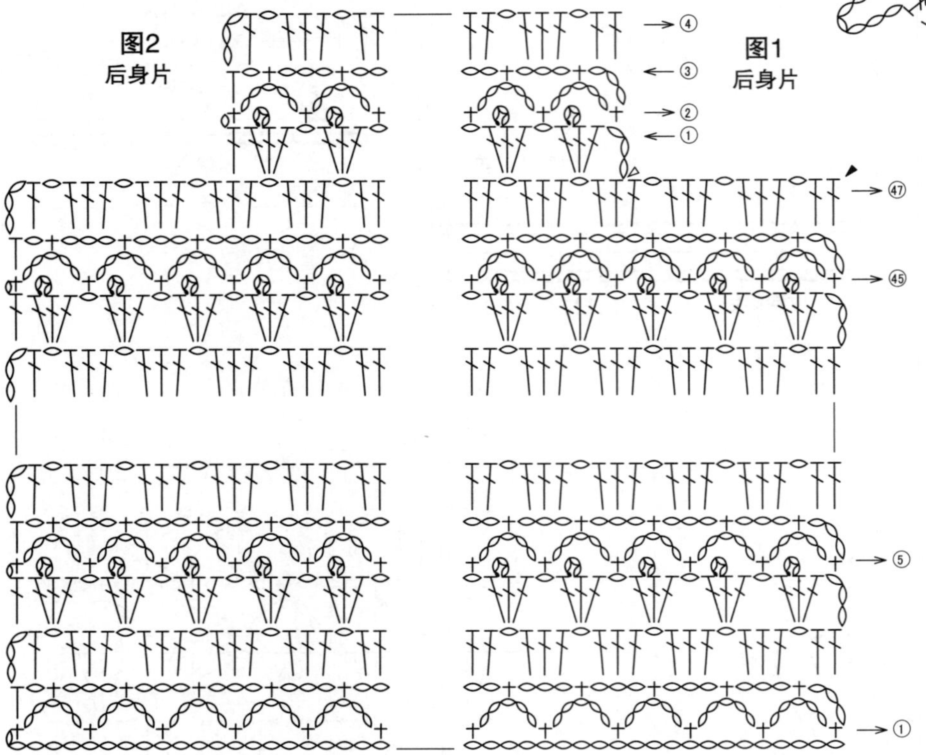

花片B 26片

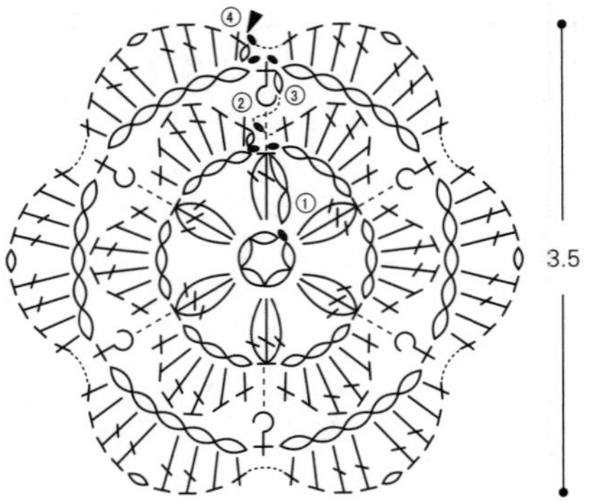

ⓣ = 短针的反拉针
※编织方法请参照第94页

图3
下摆

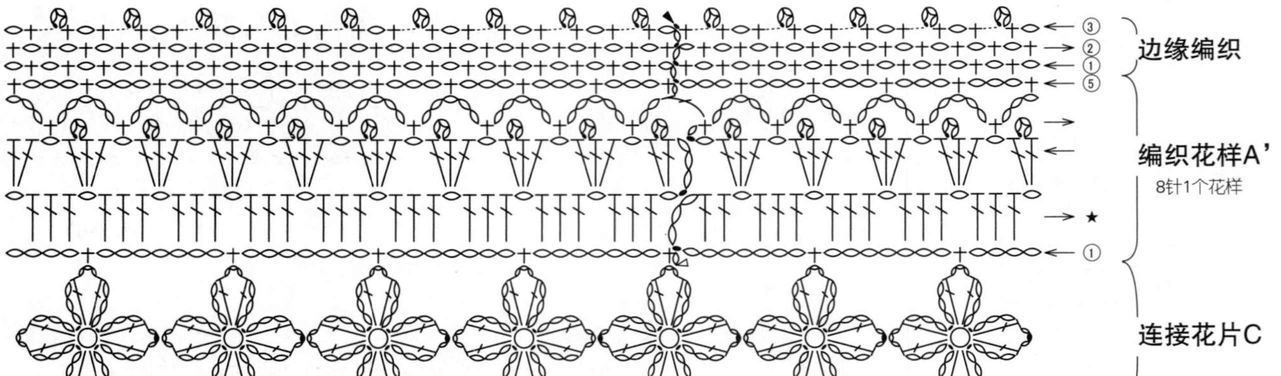

※分开前一行的锁针挑针钩织★行的长针

图4

育克

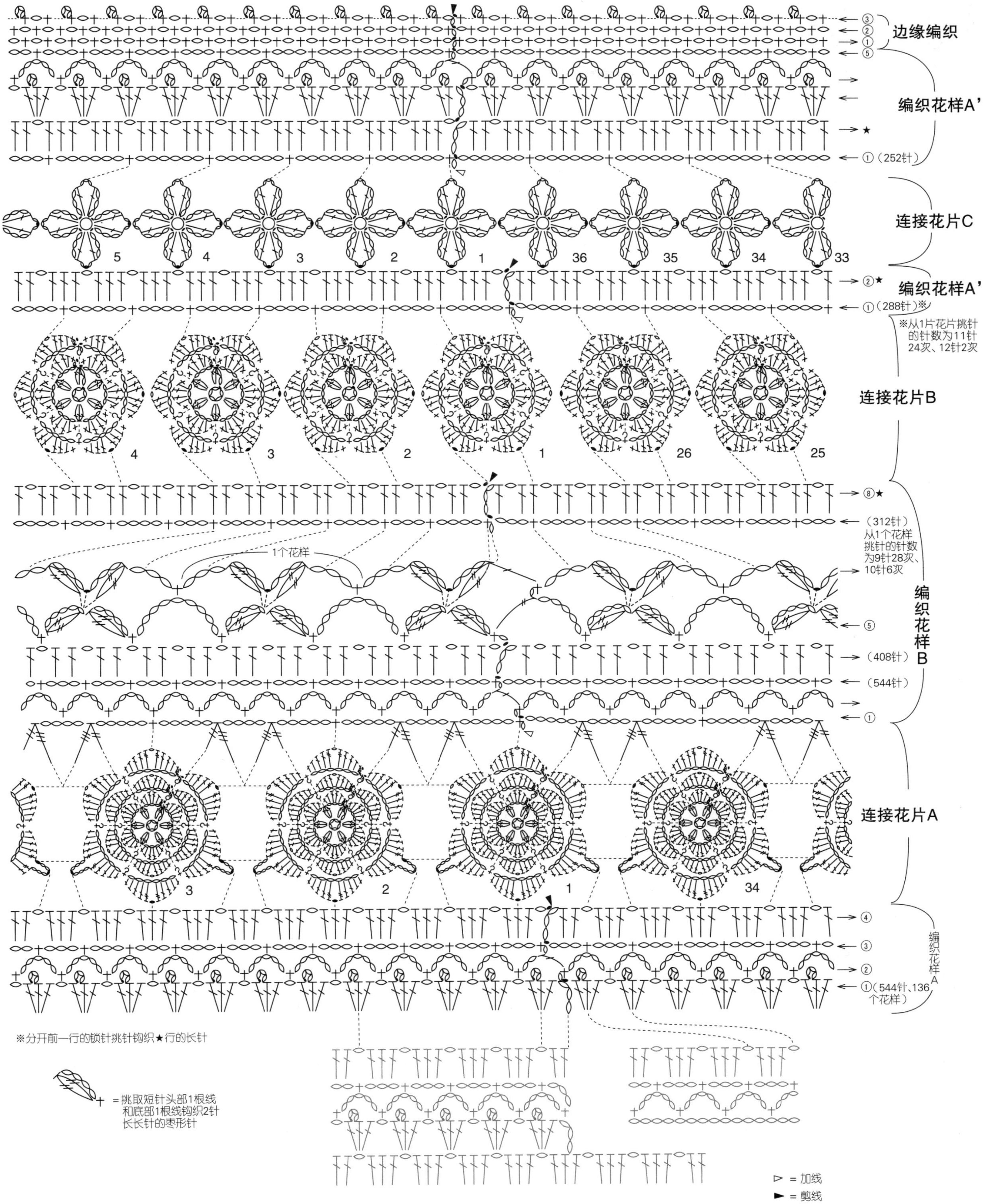

※分开前一行的锁针挑针钩织★行的长针

= 挑取短针头部1根线和底部1根线钩织2针长长针的枣形针

▷ = 加线

▶ = 剪线

材料

钻石线 Masterseed Cotton <Crochet> 芥末色(328) 250g/9团

工具

钩针2/0号

成品尺寸

胸围100cm，衣长67cm，连肩袖长30.5cm

编织密度

10cm×10cm面积内：编织花样32针，13.5行

编织要点

●身片…钩织锁针起针，做编织花样。参照图示加减针。下摆做边缘编织A。

●组合…肩部做卷针缝缝合。胁部钩织引拔针和锁针接合。衣领、袖口挑取指定数量的针目，环形做边缘编织B。

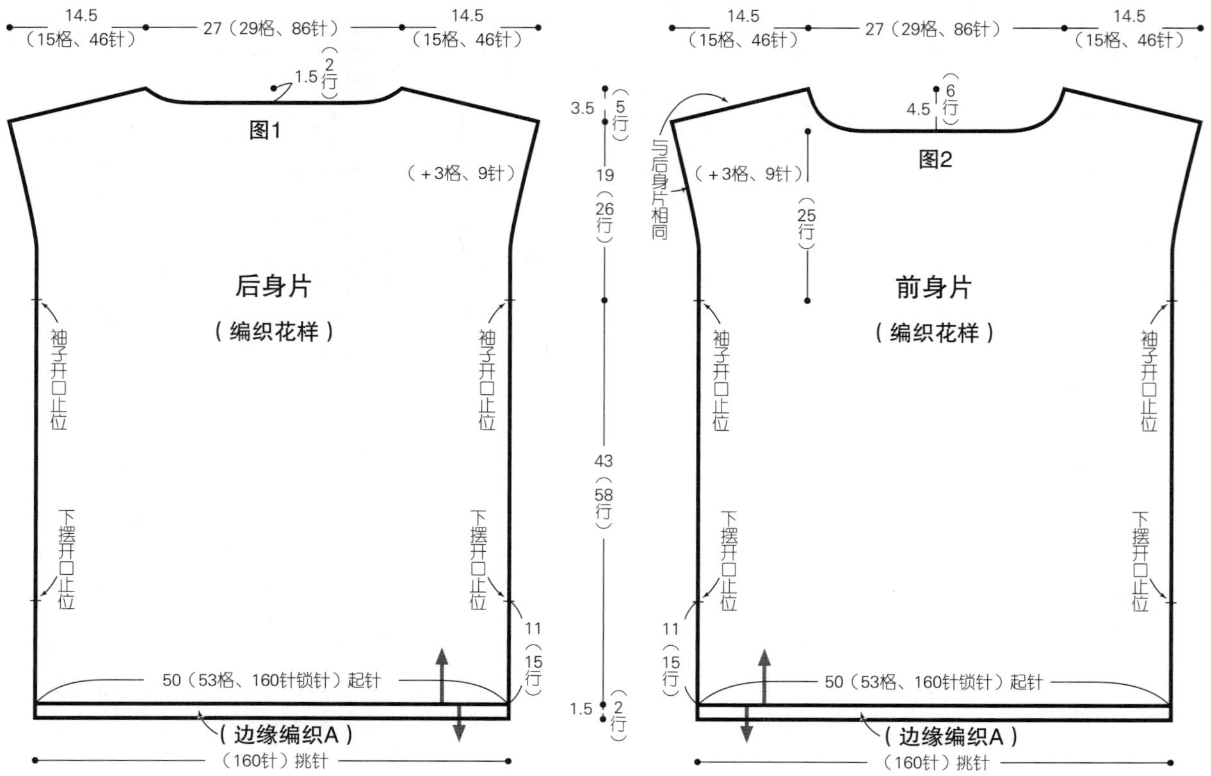

※ 全部使用2/0号针钩织

边缘编织A

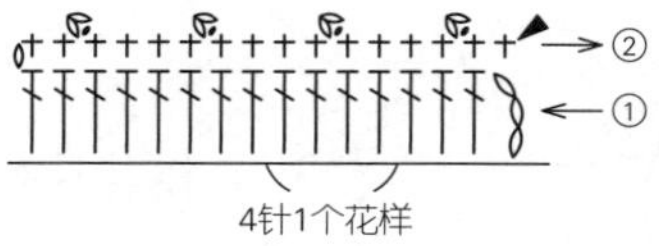

► = 剪线

边缘编织B

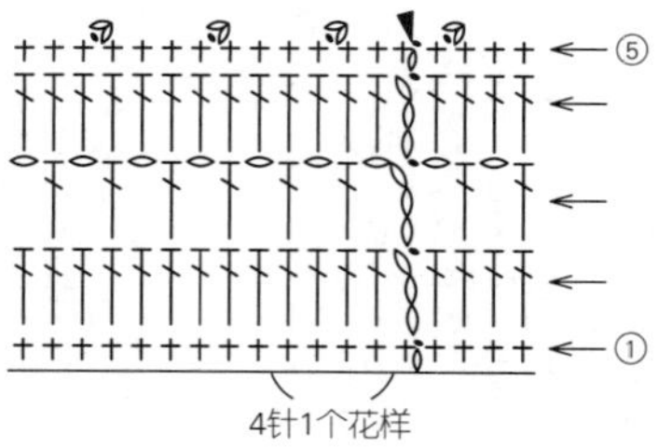

衣领、袖口（边缘编织B）

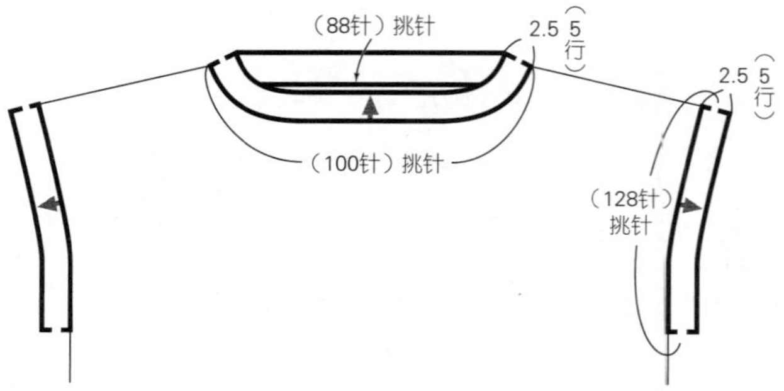

编织花样（前领窝）

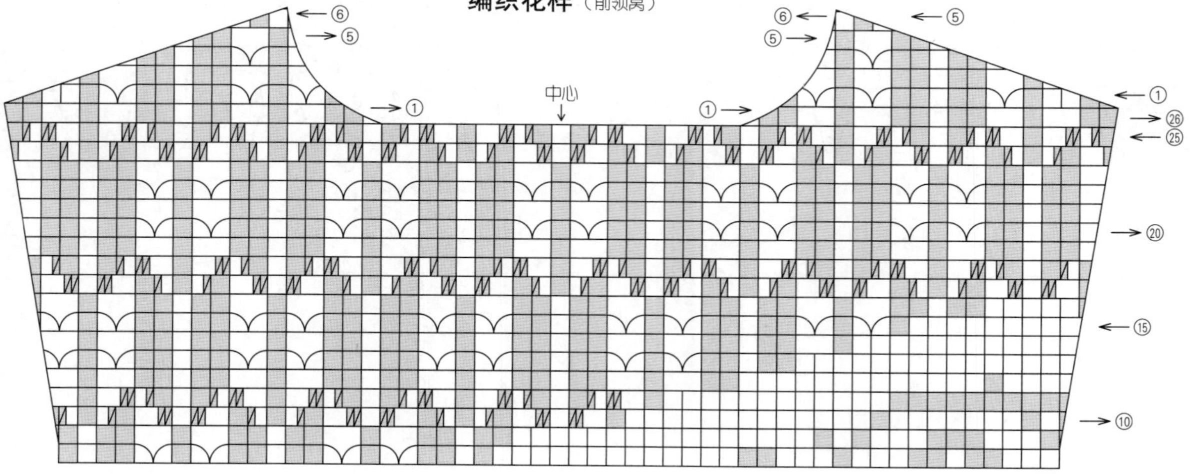

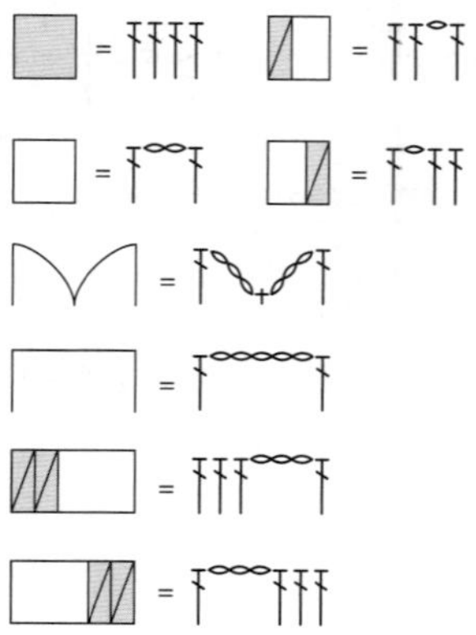

※省略部分和后身片相同

编织花样（后身片）

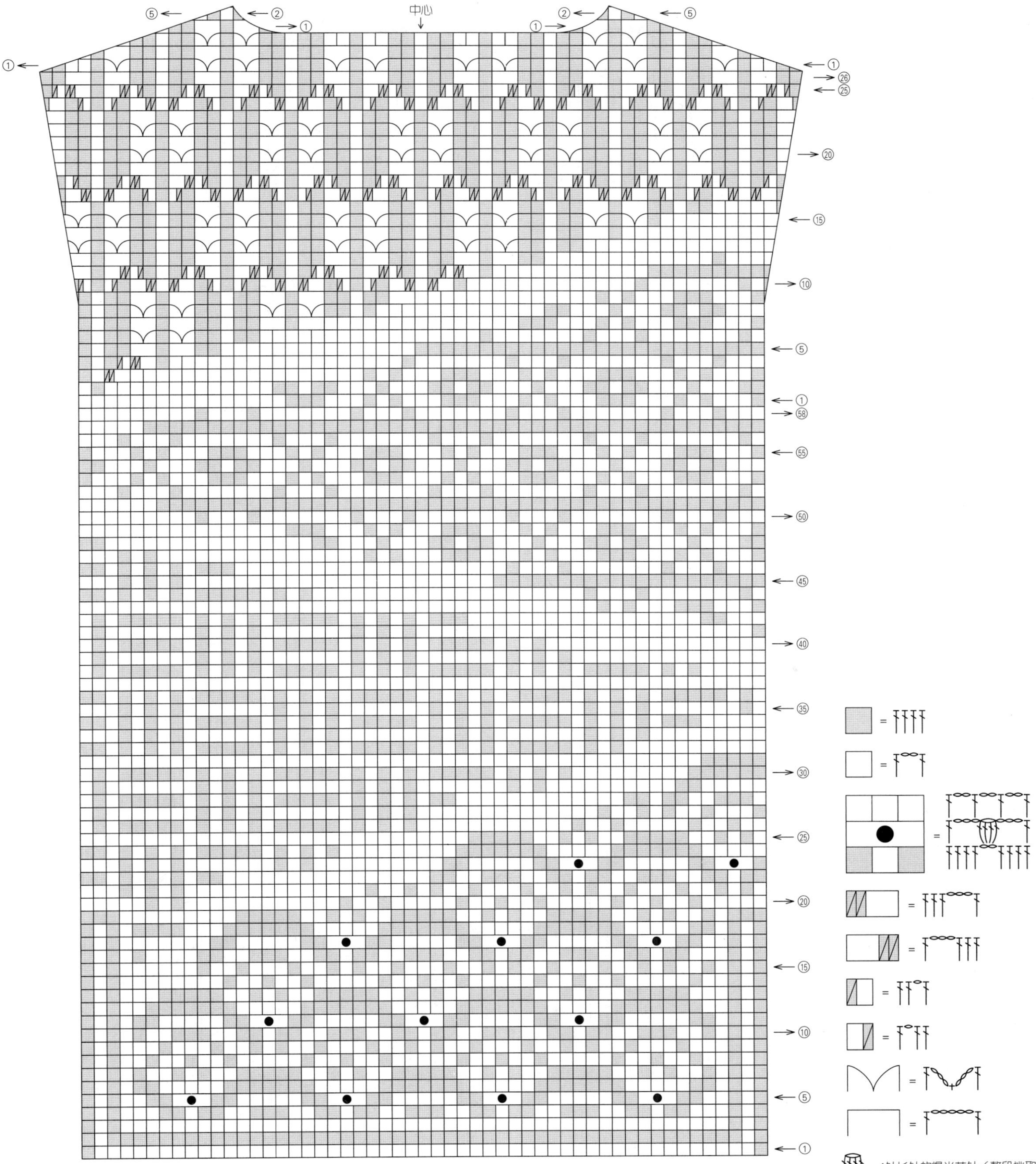

= 4针长针的爆米花针（整段挑取）
※编织方法请参照第108页

5针长针的爆米花针
（整段挑取）

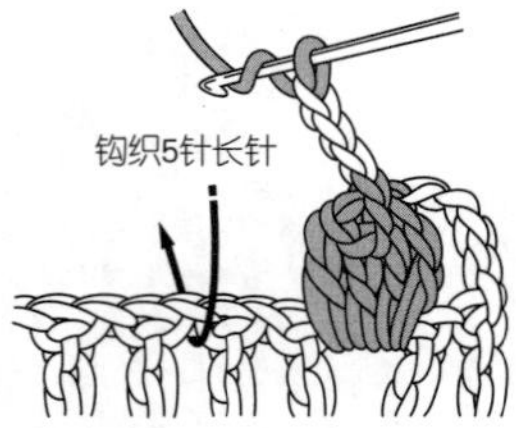

1 挂线，如箭头所示插入钩针钩织5针长针。

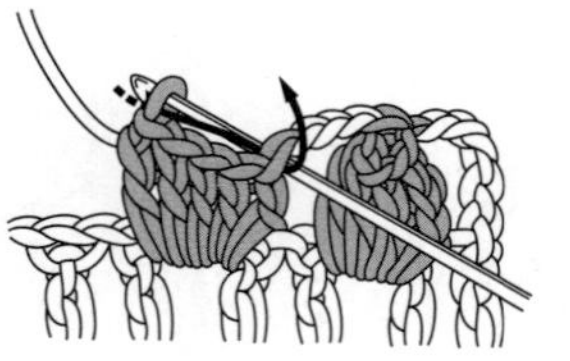

2 然后抽出钩针，插入第1针长针的头部并从抽出钩针的针目中拉出。

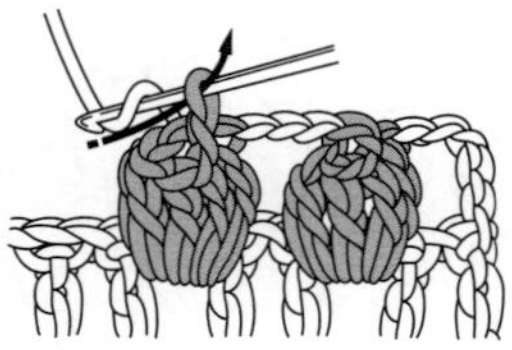

3 钩织1针锁针，将针目收紧。

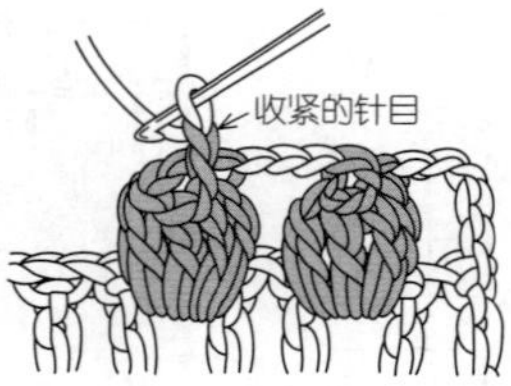

4 图为完成2针5针长针的爆米花针（整段挑取）的样子。

► = 剪线

⌐、⌐ = 渡线

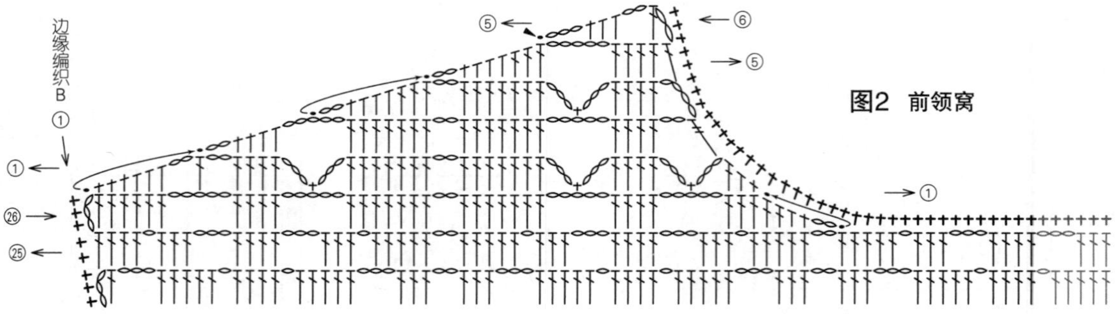

图2 前领窝

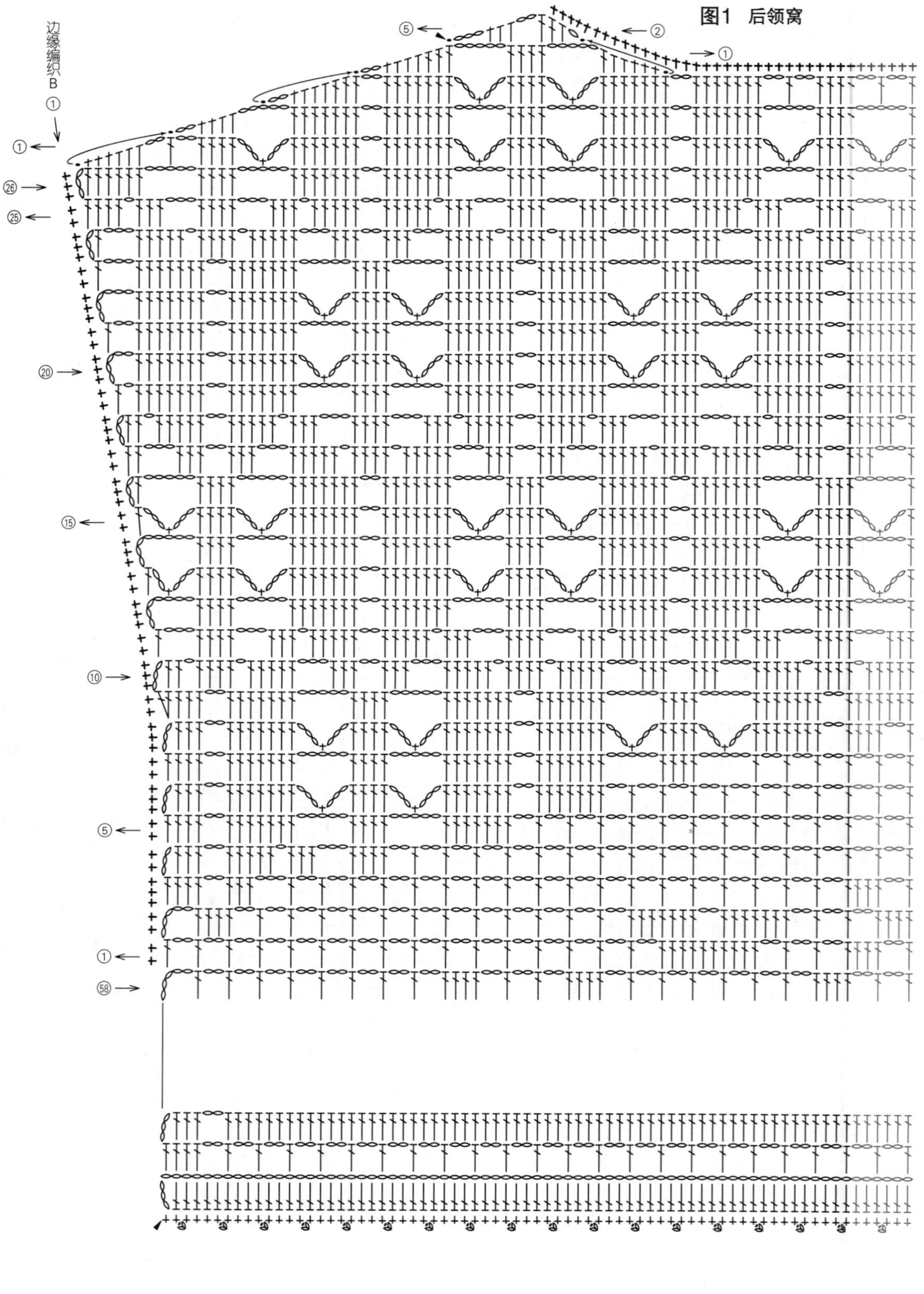

图1 后领窝

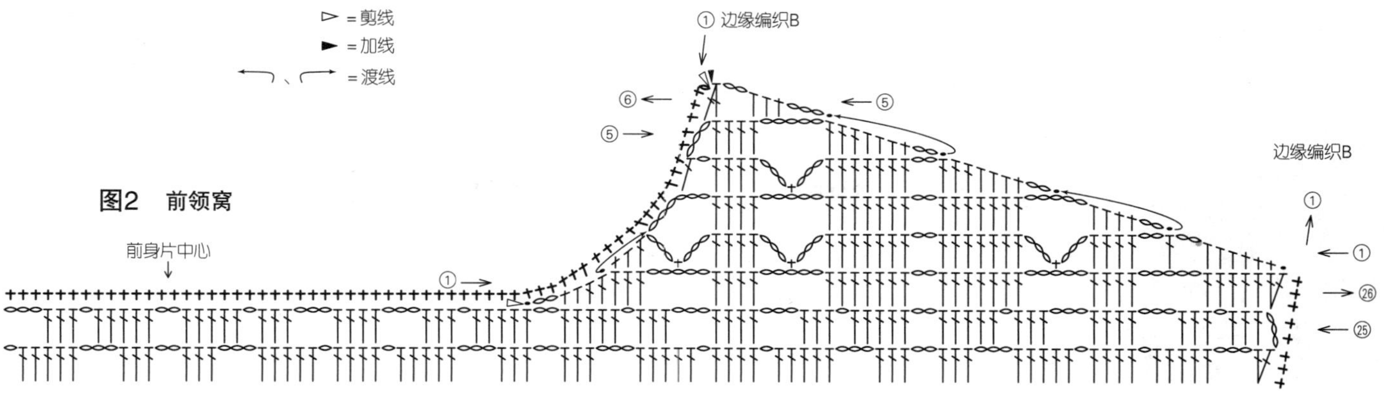

= 剪线
= 加线
、 = 渡线
① 边缘编织B
⑥
⑤
⑤
边缘编织B
前身片中心
①
①
①
㉖
㉕

图2 前领窝

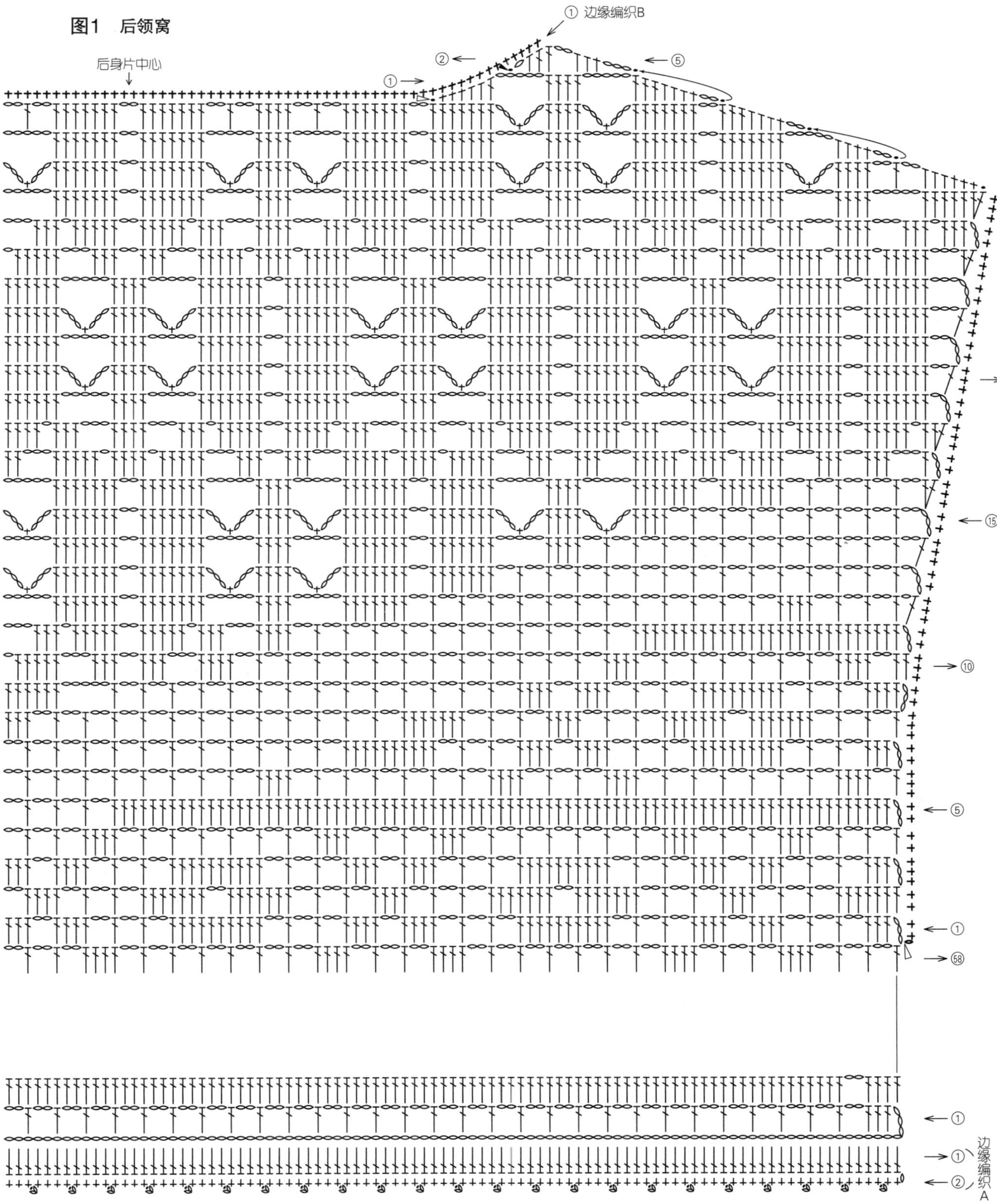

① 边缘编织B
②
⑤
①
后身片中心
边缘编织B
①
①
㉖
㉕
⑳
⑮
⑩
⑤
①
㊿
①
①
②
边缘编织A

图1 后领窝

材料

[A] 奥林巴斯线 Emmy Grande 浅绿色（241）10g/1团

[B] 奥林巴斯线 Emmy Grande 原白色（8041）15g/1团

工具

钩针2/0号

成品尺寸

[A] 直径15.5cm

[B] 直径20.5cm

编织要点

●环形起针，参照图示钩织。

杯垫A
（编织花样）
2/0号针

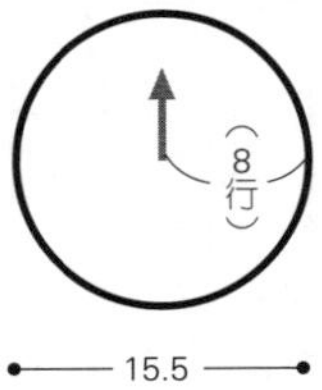

杯垫B
（编织花样）
2/0号针

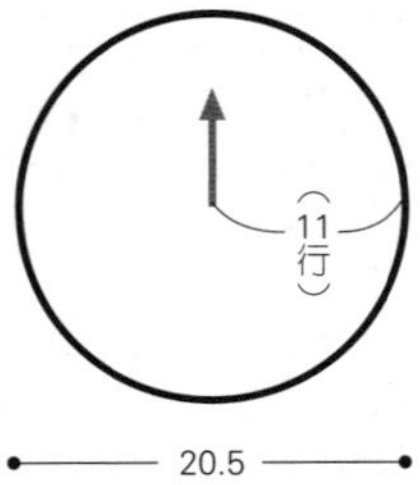

编织花样

A…钩织8行
B…钩织11行

► = 剪线

材料

奥林巴斯线 Emmy Grande 浅褐色(731) 30g/1团

工具

钩针2/0号

成品尺寸

直径32cm

编织要点

●环形起针，参照图示钩织。

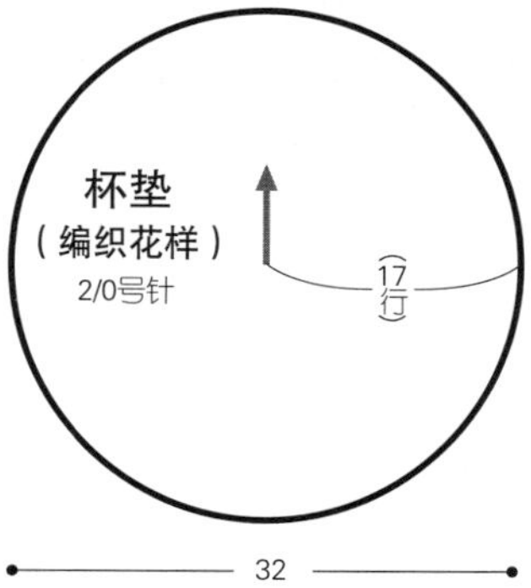

编织花样

► = 剪线

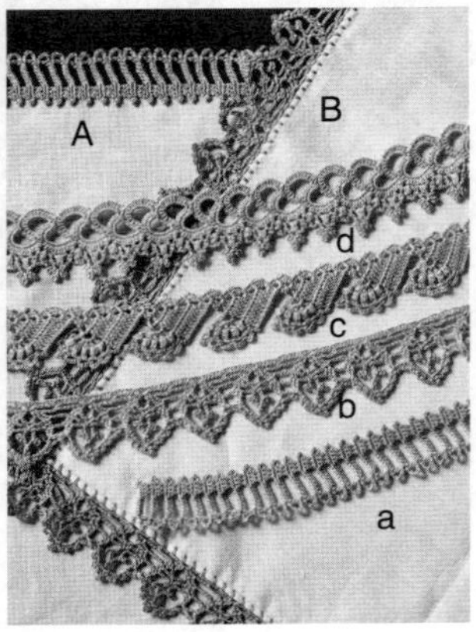

材料

[蕾丝织带] 达摩手编线 蕾丝线30号 葵系列 砂米色(16) a钩织50个花样5g，b、d均钩织50个花样18g，c钩织50个花样30g

[A] 达摩手编线 蕾丝线30号 葵系列 浅咖色(12) 20g/1团；42cm×42cm的亚麻布

[B] 达摩手编线 蕾丝线30号 葵系列 浅咖色(12) 20g/1团；42cm×42cm的亚麻布

工具

4号蕾丝针

成品尺寸

参展图示

编织要点

●蕾丝带…钩织锁针起针，参照图示钩织。

●手帕…参照起针方法，准备好亚麻手帕。A将手帕和蕾丝织带重叠，在指定位置机缝。B在指定位置插入蕾丝针，直接编上去。

a 4号蕾丝针

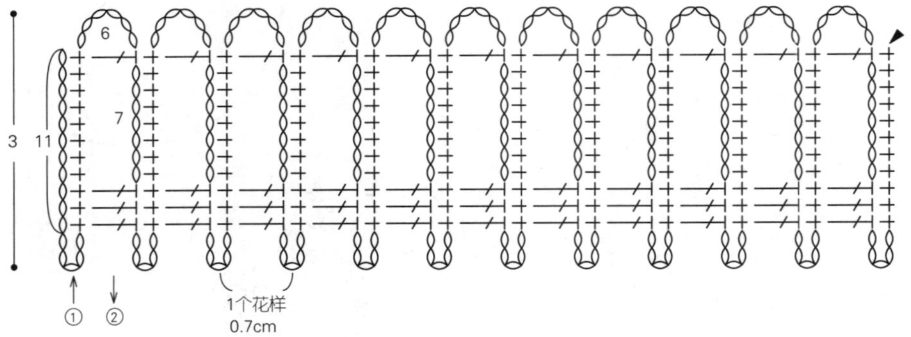

※ 分开插入前一行锁针的头部钩织短针

 = 变化的4针中长针的枣形针（整段挑取）

 = 变化的4针中长针的枣形针（从1针上挑针）

※ 编织方法请参照第115页

▭ = 1个花样　► = 剪线

b 4号蕾丝针

c 4号蕾丝针

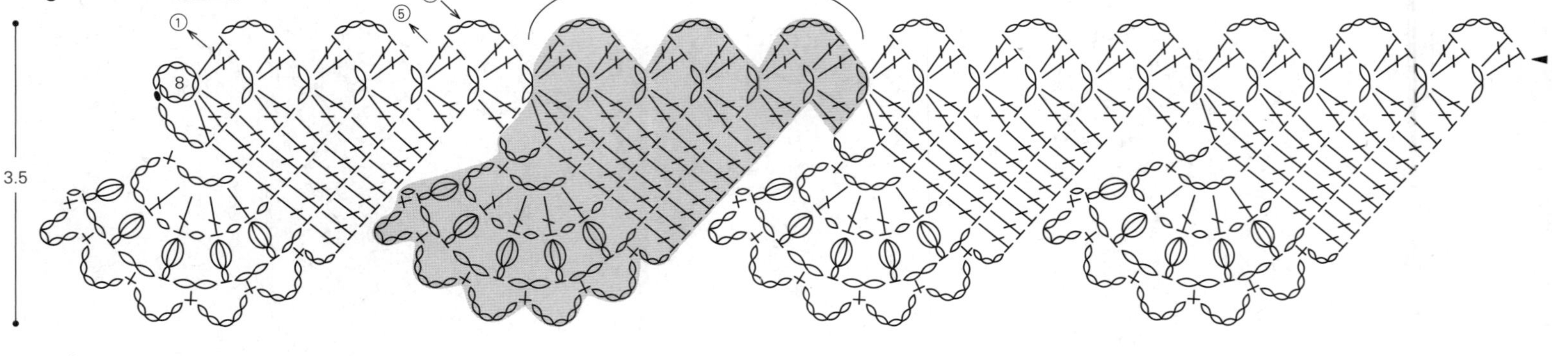

d 4号蕾丝针

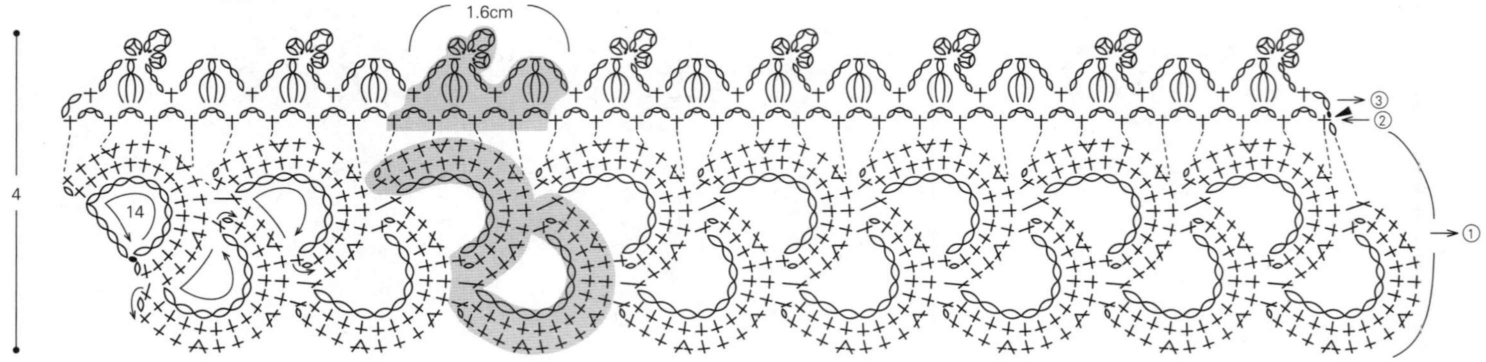

手帕的制作方法

① 裁好边长 42cm 的亚麻布
② 在内侧 1cm 处抽掉 1 根织线
③ 将边缘 1cm 折成 3 层

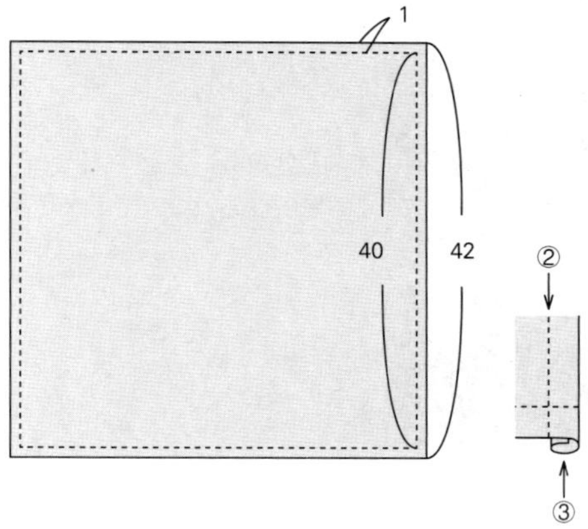

A（蕾丝织带 a）

4 号蕾丝针

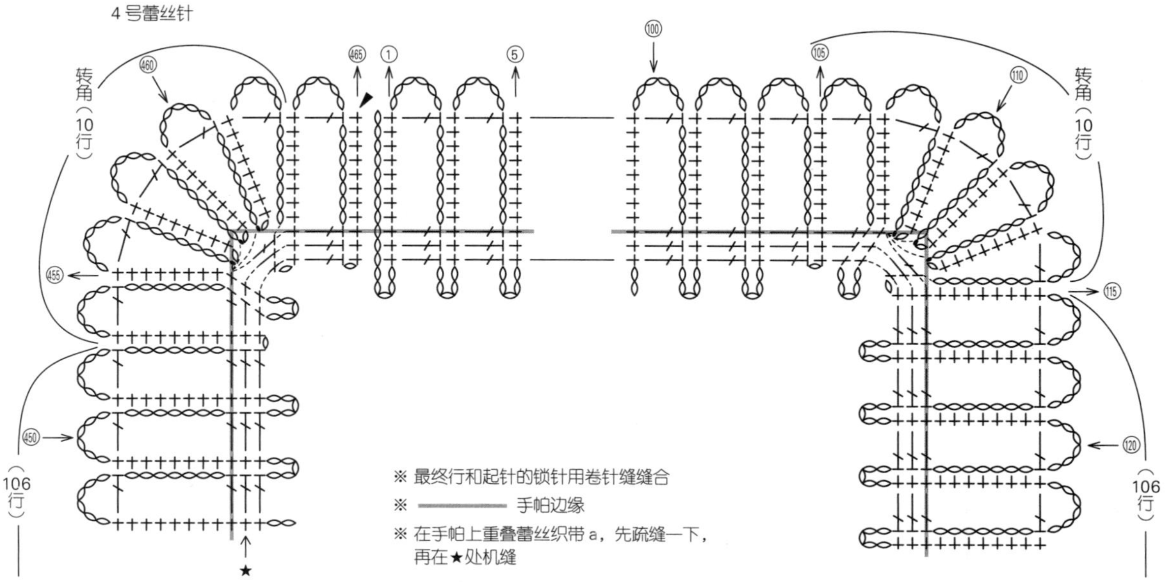

B（蕾丝织带 b）

► = 剪线

4 号蕾丝针

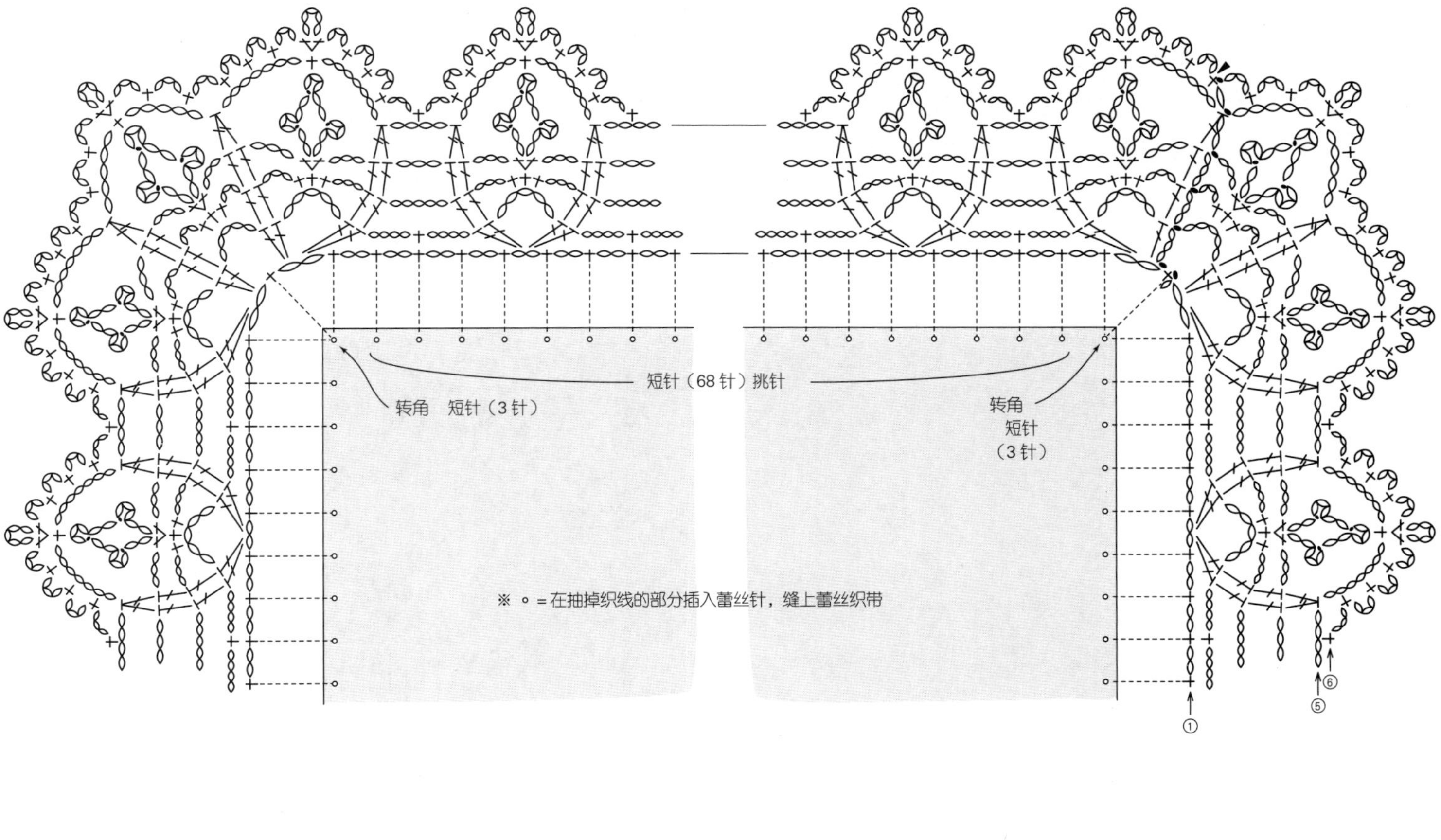

材料

达摩手编线 蕾丝线30号　葵系列 原白色（2）270g/11团

工具

2号蕾丝针

成品尺寸

宽93.5cm，长93.5cm

编织密度

花片边长8.5cm

编织要点

●全部按照连接花片的方法钩织。从第2片开始，最终行一边和相邻花片连接，一边钩织。

蕾丝台布（连接花片）

121	120	119	118	117	116	115	114	113	112	111
110	109	108	107	106	105	104	103	102	101	100
99	98	97	96	95	94	93	92	91	90	89
88	87	86	85	84	83	82	81	80	79	78
77	76	75	74	73	72	71	70	69	68	67
66	65	64	63	62	61	60	59	58	57	56
55	54	53	52	51	50	49	48	47	46	45
44	43	42	41	40	39	38	37	36	35	34
33	32	31	30	29	28	27	26	25	24	23
22	21	20	19	18	17	16	15	14	13	12
11	10	9	8	7	6	5	4	3	2	1 (8.5 × 8.5)

93.5（11片）（宽）

93.5（11片）（长）

※ 全部使用2号蕾丝针钩织

※ 花片内的数字表示连接顺序

花片 121片

► = 剪线

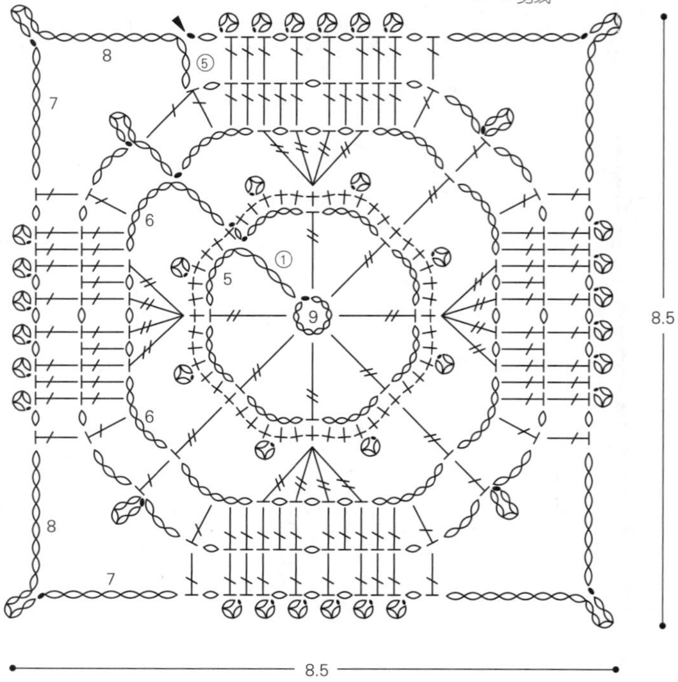

连接花片的方法

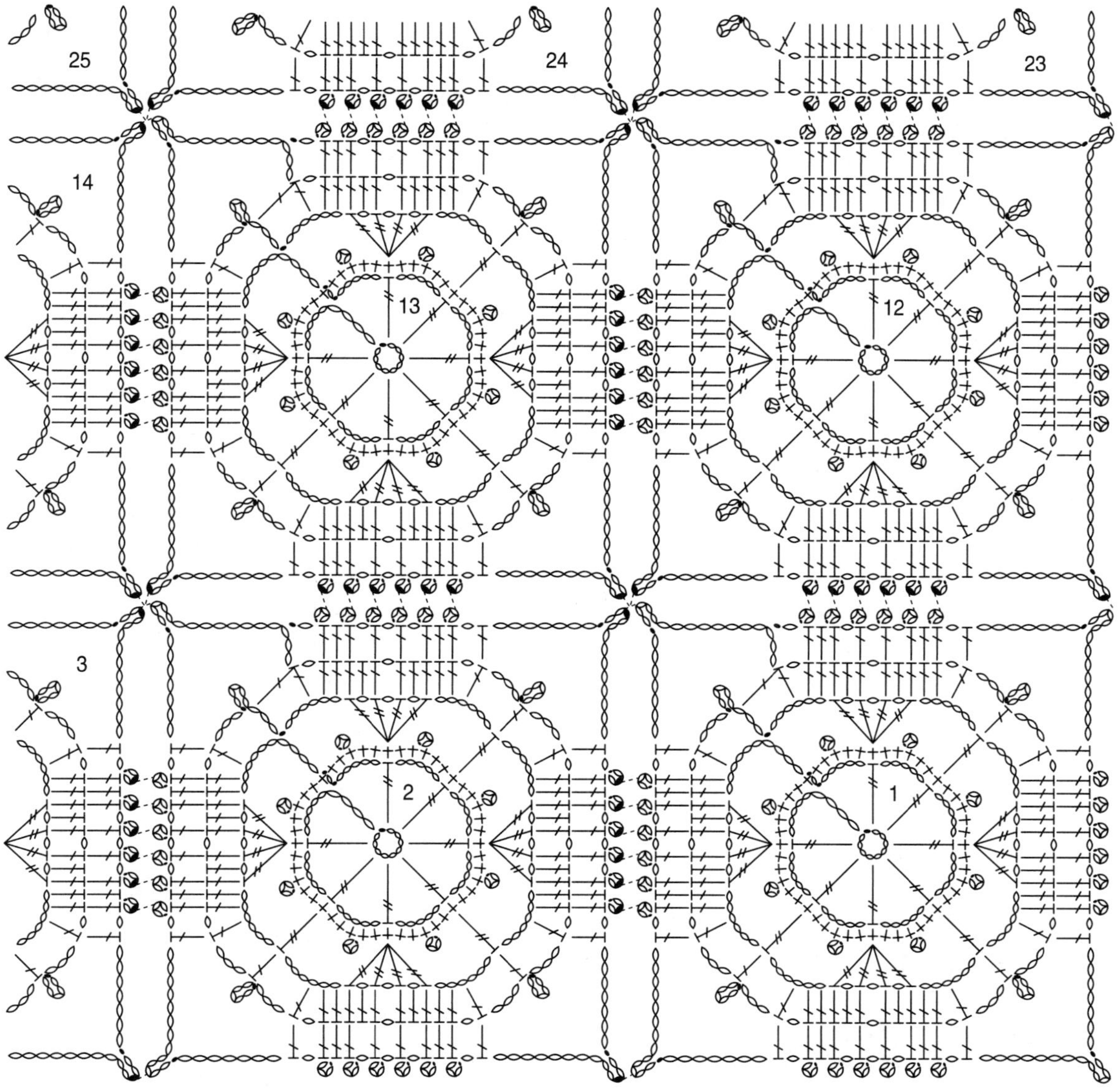

用引拔针连接花片的方法

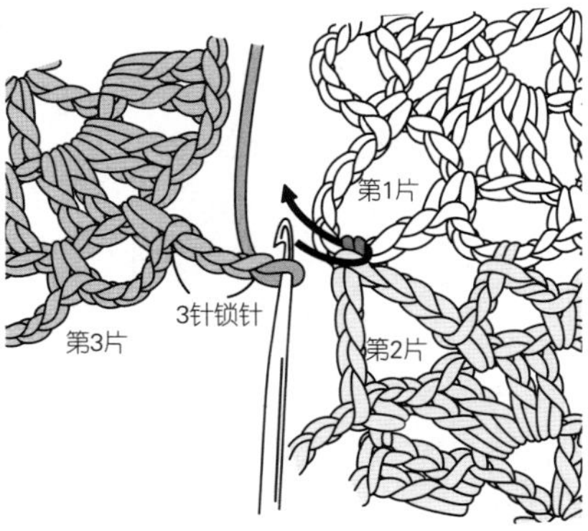

1 在连接第3片花片之前先钩织3针锁针，然后从上面插入第2片花片上引拔针底部的2根线中。

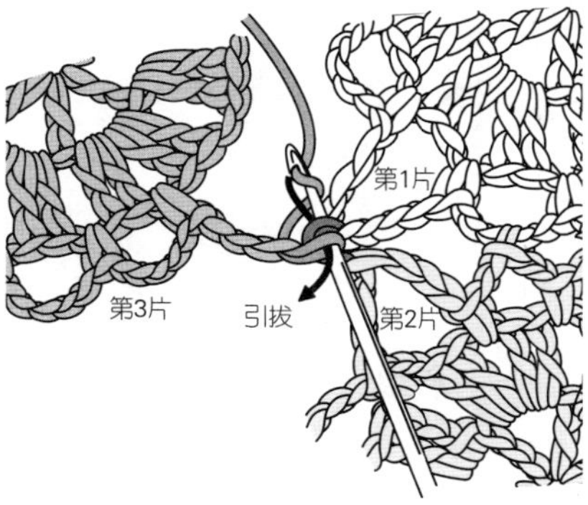

2 挂线并引拔出。第4片花片按照相同方法钩织引拔针。

变化的3针中长针的枣形针

（从1针上挑针）

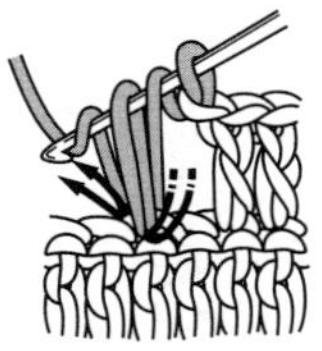

1 针上挂线，在1针中钩织3针未完成的中长针。

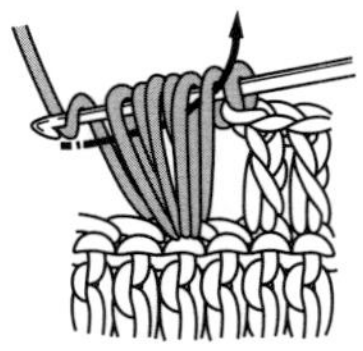

2 针上挂线，一次性从钩针上的6个线圈中引拔出。

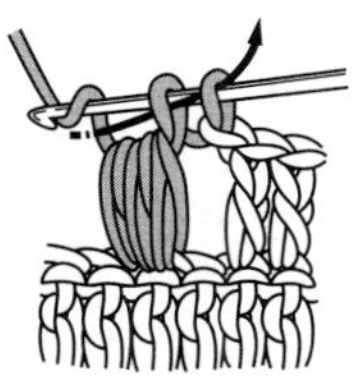

3 针上挂线，从剩余的2个线圈中引拔出。

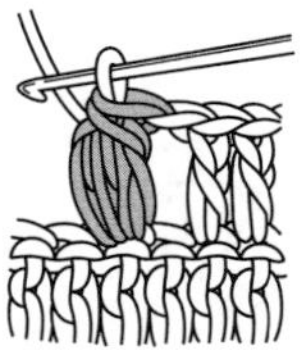

4 拉紧头部，完成。

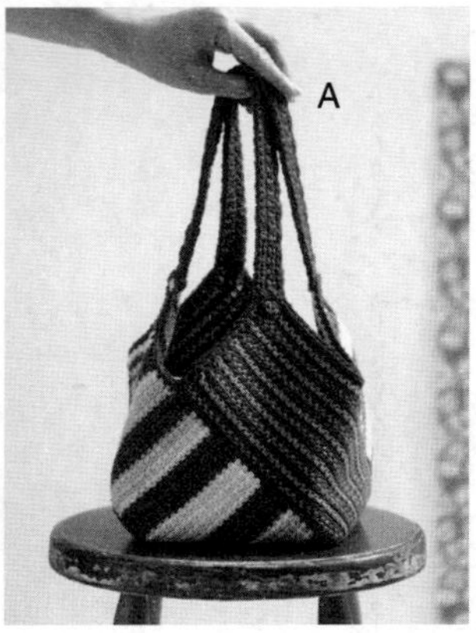

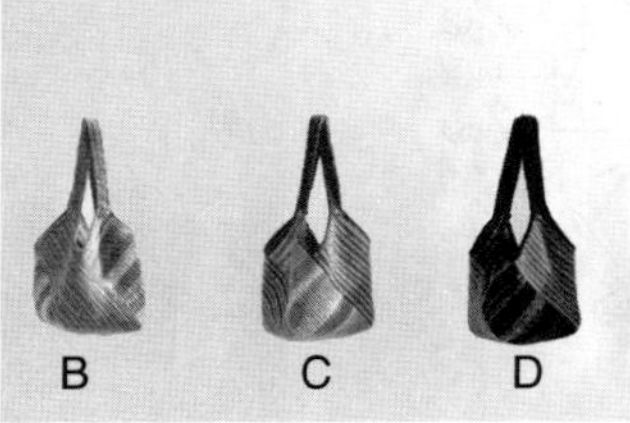

材料

和麻纳卡 Wash Cotton、Wash Cotton《Gradation》毛线的色名、色号、使用量请参照图表

工具

钩针6/0号

成品尺寸

宽18cm，深15cm

编织密度

10cm×10cm面积内：短针方眼条纹花样A、B均为14K、28行

编织要点

●参照第32页的钩织方法，钩织短针方眼条纹花样A、B。包口周围挑起指定数量的针目，做边缘编织。钩织提手，参照组合方法缝合。

毛线的使用量一览表

线名	A		B		C		D	
	色名（色号）	使用量	色名（色号）	使用量	色名（色号）	使用量	色名（色号）	使用量
Wash Cotton	红色（36）	60g/2团	黄绿色（30）	90g/3团	浅褐色（39）	60g/2团	藏青色（33）	70g/2团
	玫粉色（34）	30g/1团	黄色（27）	20g/1团	浅紫色（18）	30g/1团	浅褐色（39）	20g/1团
	褐色（38）	20g/1团	浅灰色（20）	20g/1团	浅青色（7）	20g/1团	粉米色（17）	20g/1团
	粉色（35）	20g/1团			浅灰色（20）	20g/1团	水蓝色（26）	20g/1团
Wash Cotton《Gradation》	粉色系段染（307）	30g/1团	黄绿色段染（305）	30g/1团	紫色、浅绿色系段染（313）	30g/1团	青色系段染（310）	30g/1团

配色表

	A	B	C	D
a色	褐色	黄色	浅灰色	粉米色
b色	红色	浅灰色	浅褐色	水蓝色
c色	粉色	黄绿色	浅青色	浅褐色
d色	玫粉色	黄绿色段染	浅紫色	藏青色
e色	粉色系段染	黄绿色	紫色、浅绿色系段染	青色系段染
边缘编织提手	红色	黄绿色	浅褐色	藏青色

手提包

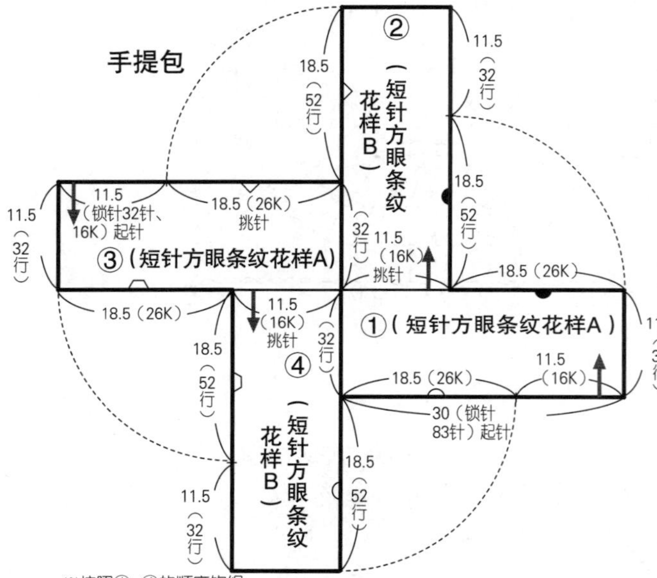

※按照①~④的顺序钩织

※1K＝十〇

※全部使用6/0号针钩织

※除指定以外均用1根线钩织

包口周围（边缘编织）

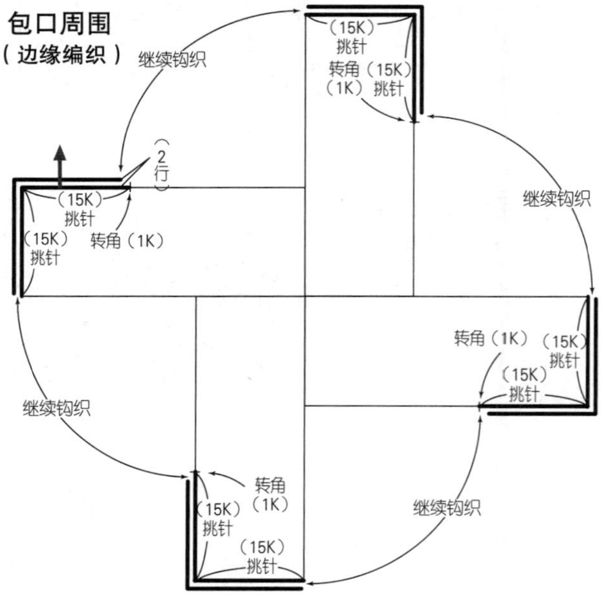

边缘编织

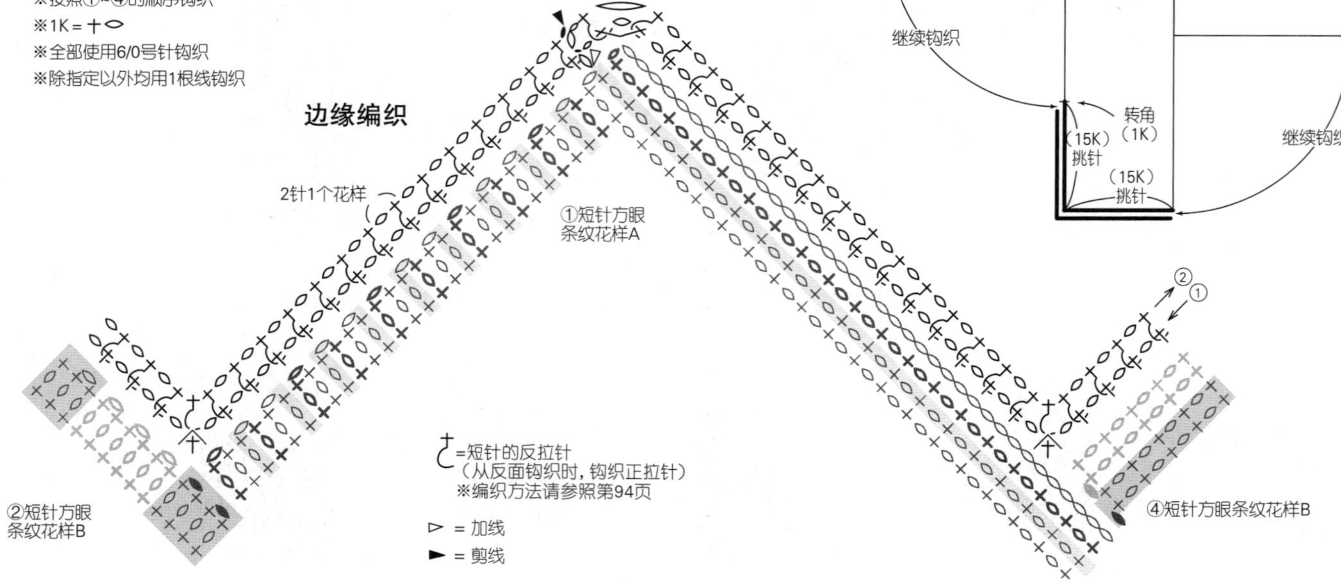

=短针的反拉针（从反面钩织时，钩织正拉针）

※编织方法请参照第94页

▷＝加线

▶＝剪线

组合方法

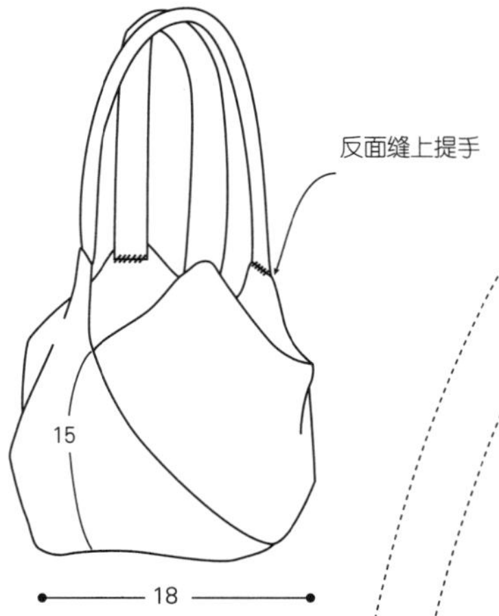

提手（短针方眼）

取2根线　2片

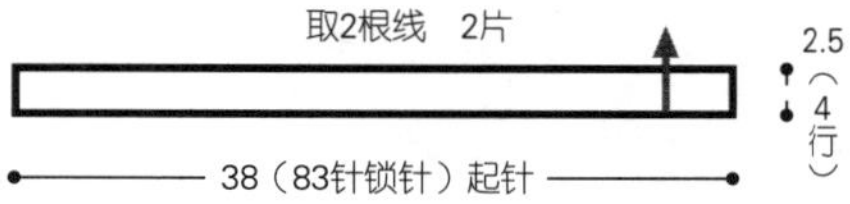

提手的编织方法

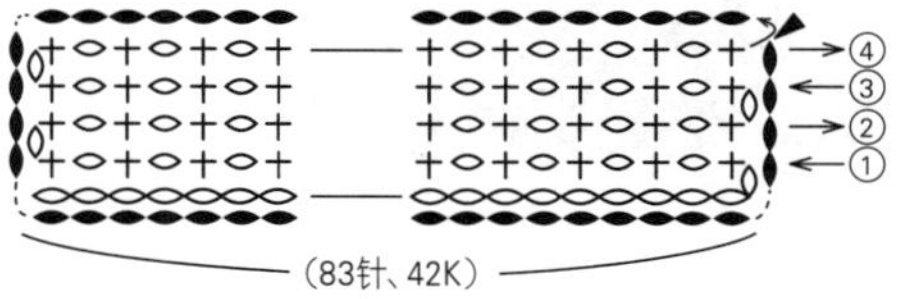

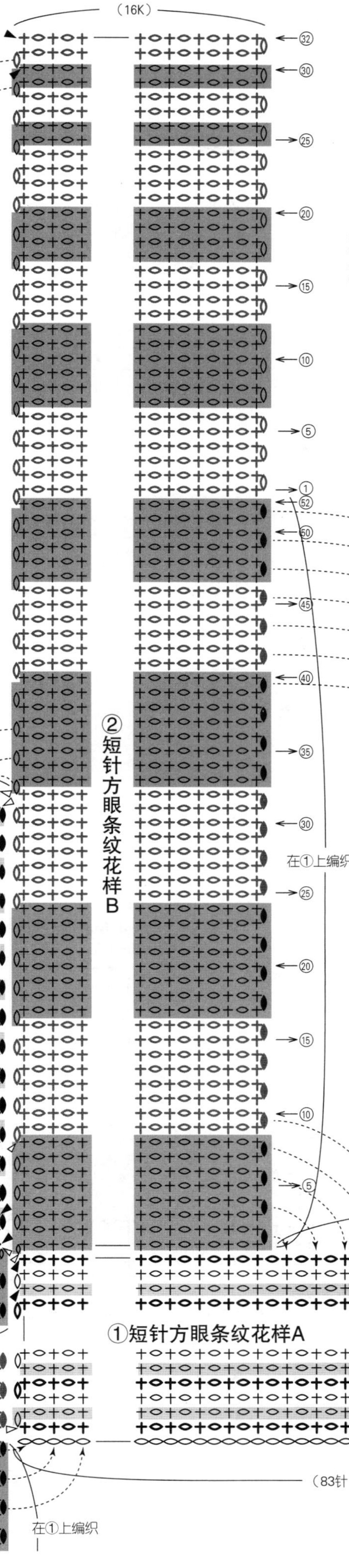

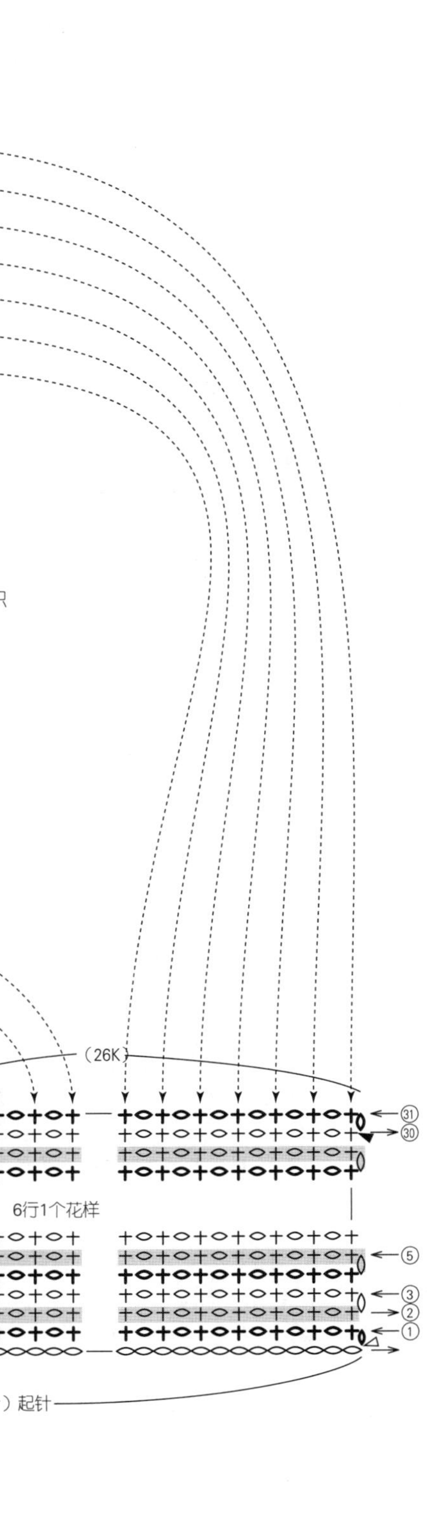

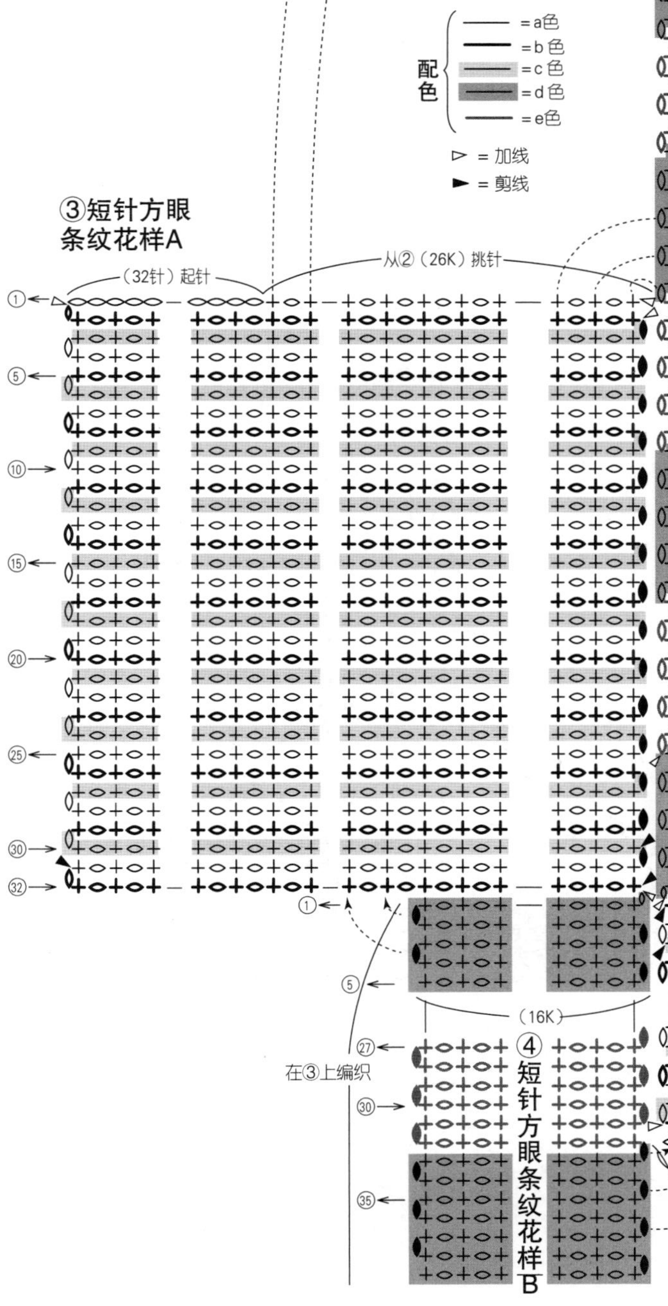

材料

芭贝 Leafy 黑色(757) 55g/2团，绿色、粉色系段染(729) 45g/2团

工具

钩针6/0号

成品尺寸

宽35cm，深30.5cm

编织密度

序号钩编　1个织片边长为5cm

编织要点

●参照第33页，按照序号钩编的方法钩织。包口挑取指定数量的针目，做编织花样。提手、边缘周围参照图示做短针方眼编织。

改变颜色

		A	B
□	——	粉色系段染（740）	橙色系段染（738）
▨	——	藏青色（763）	卡其色（765）

挎包
（序号钩编）

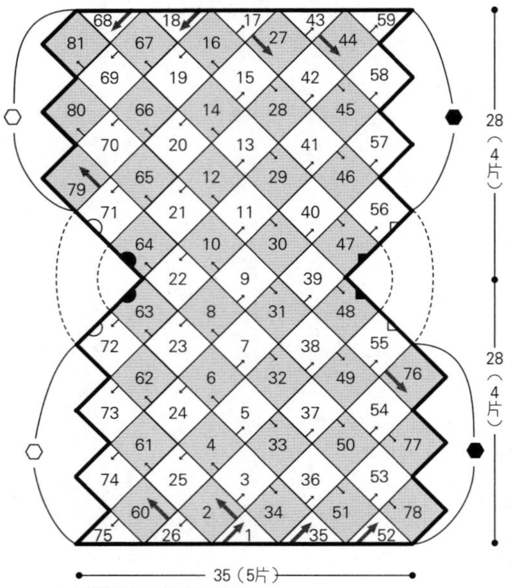

配色 □ = 绿色、粉色系段染
▨ = 黑色

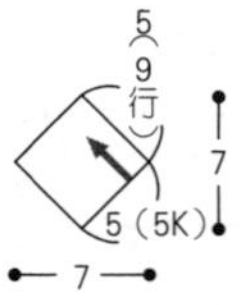

※1K = ＋○

※全部使用6/0号钩针编织
※除指定以外均用1根线钩织
※图解中的数字表示钩织顺序

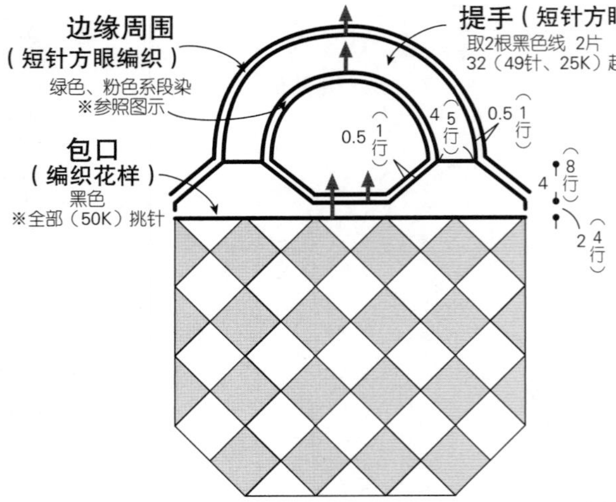

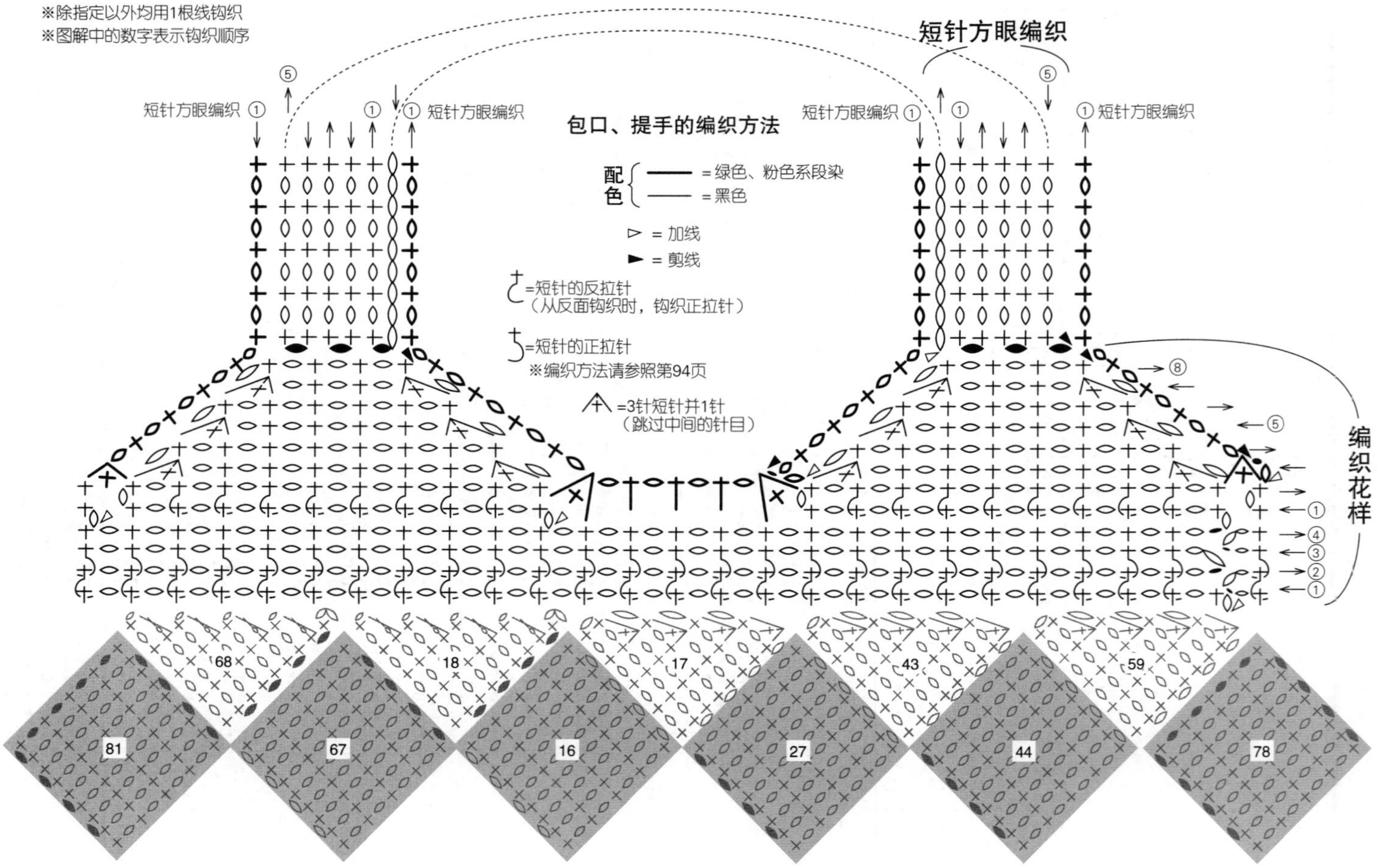

配色 —— = 绿色、粉色系段染
—— = 黑色

▷ = 加线
▶ = 剪线

= 短针的反拉针（从反面钩织时，钩织正拉针）

= 短针的正拉针

※编织方法请参照第94页

= 3针短针并1针（跳过中间的针目）

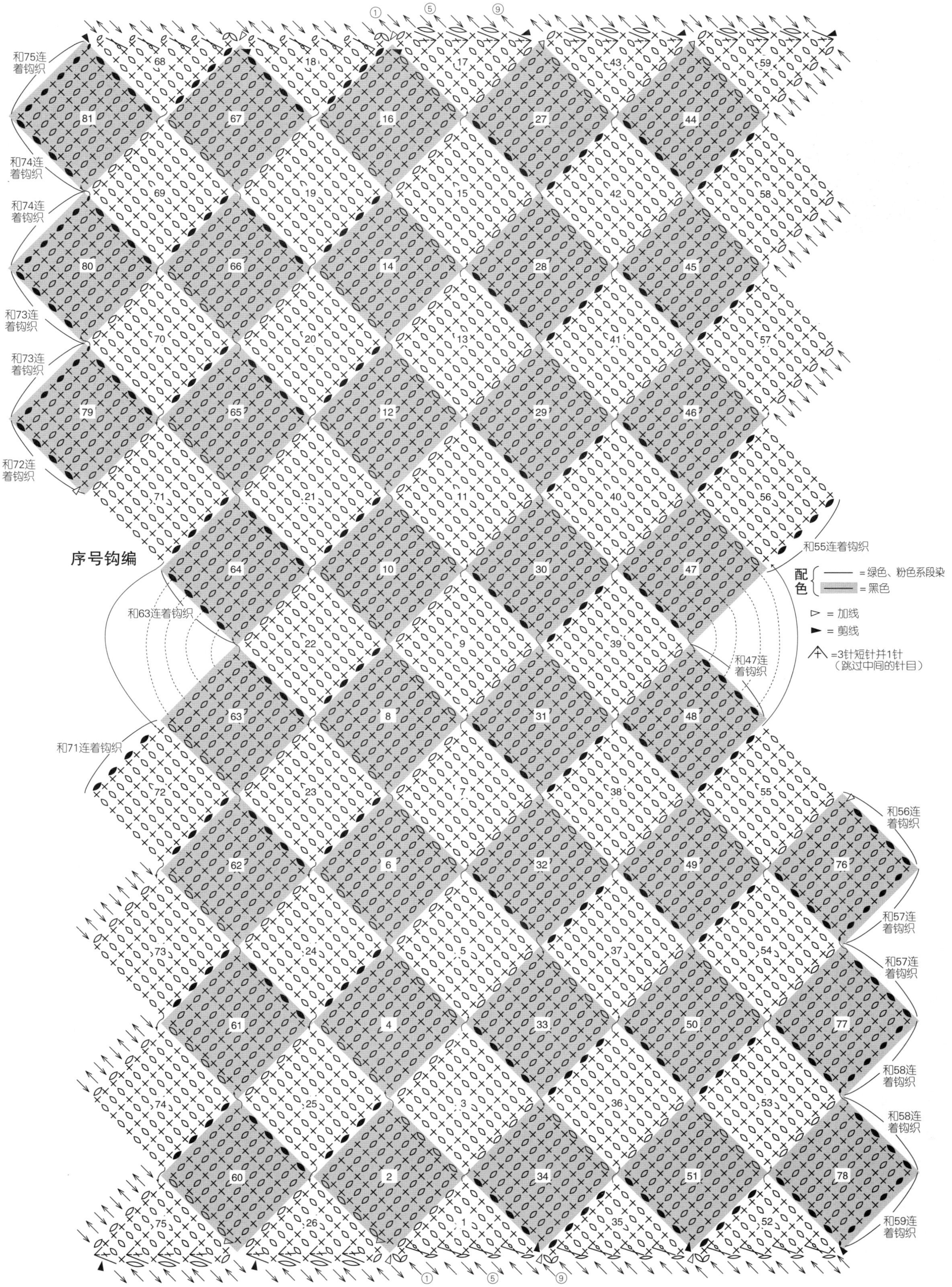
序号钩编
和75连着钩织
和74连着钩织
和74连着钩织
和73连着钩织
和73连着钩织
和72连着钩织
和55连着钩织
和63连着钩织
和47连着钩织
和71连着钩织
和56连着钩织
和57连着钩织
和57连着钩织
和58连着钩织
和58连着钩织
和59连着钩织
配色 —— = 绿色、粉色系段染
—— = 黑色
▷ = 加线
▶ = 剪线
= 3针短针并1针（跳过中间的针目）

材料

ISAGER Spinni 薄荷绿色(46)、翠绿色(56s)各55g/各1桄; Japansk Bomuld 浅蓝色(50g/1团); Silk Mohair 灰绿色(67)35g/2团

工具

棒针3号

成品尺寸

胸围97cm，衣长55cm，连肩袖长58.5cm

编织密度

10cm×10cm面积内：条纹花样26针，40行

编织要点

●育克手指起针，环形编织条纹花样。参照图示加针。然后钩织后身片、前身片，腋下用卷针编织。编织终点做下针织下针、上针织上针的伏针收针。袖子从育克的休针和腋下挑针，按照后身片、前身片的方法编织。参照图示减针。编织终点和后身片、前身片相同。衣领挑取指定数量的针目，做下针编织。编织终点松松地做伏针收针。

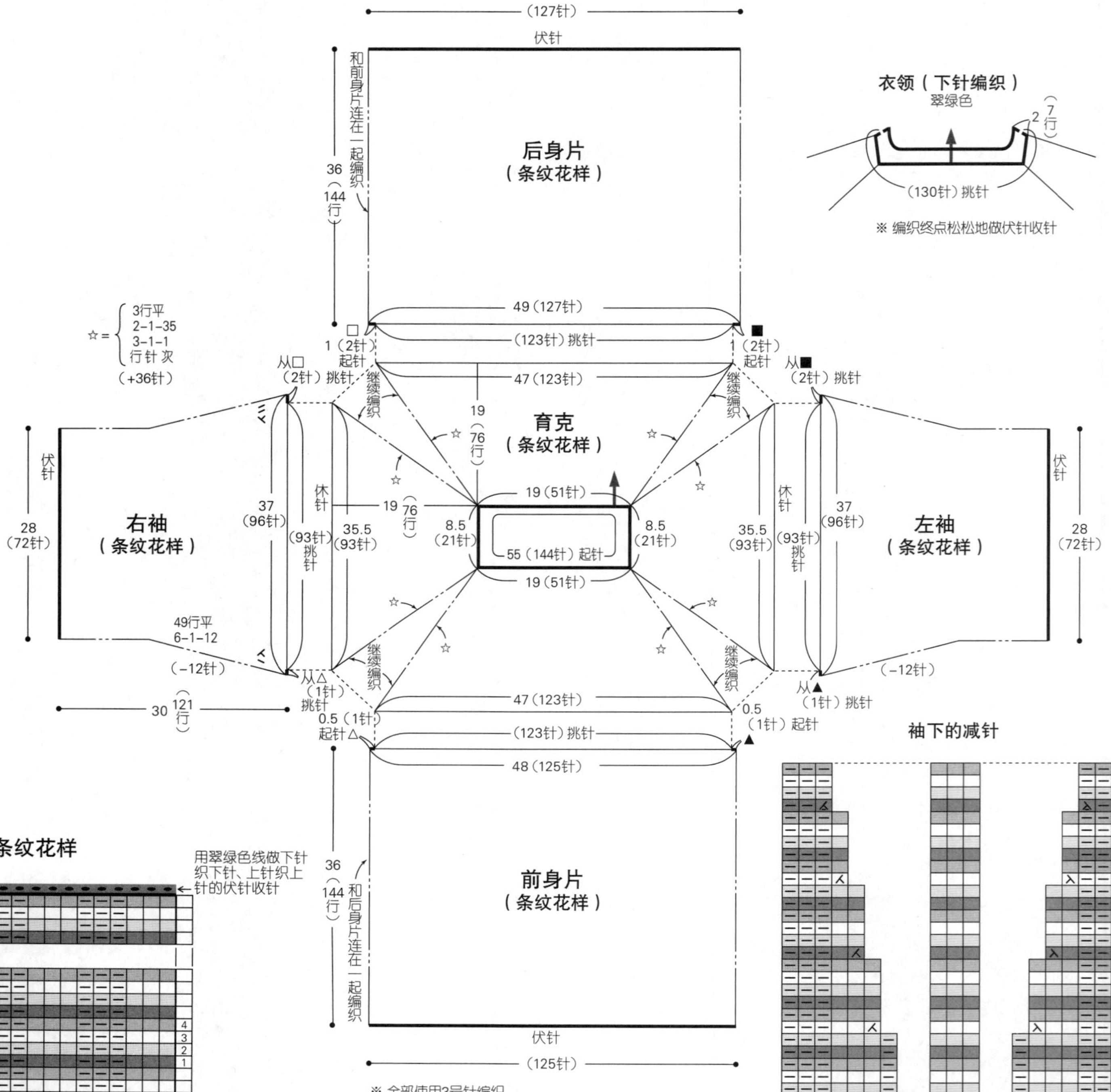

※ 全部使用3号针编织
※ 腋下用卷针编织（起针方法请参照第129页）

衣领（下针编织）

※ 编织终点松松地做伏针收针

条纹花样

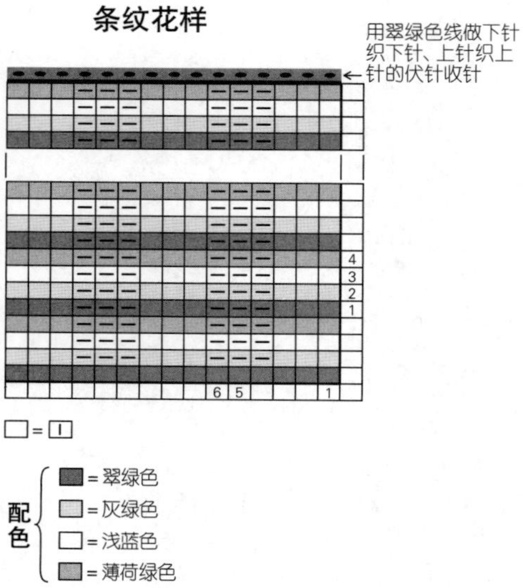

袖下的减针

育克的加针

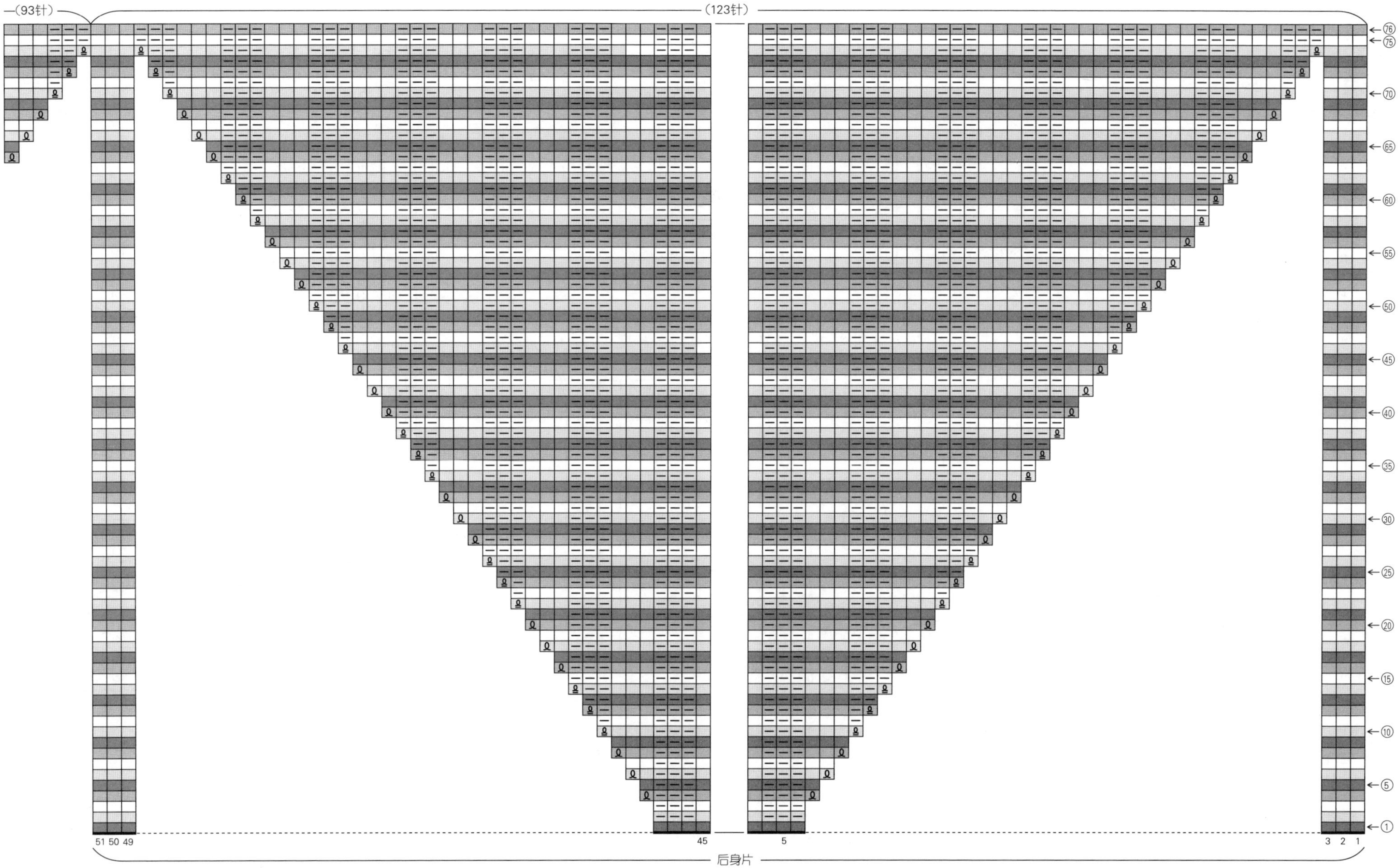

□ = Ⅰ

Ω = 扭加针

Ω̲ = 上针的扭加针

配色：
- ■ = 翠绿色
- ▒ = 灰绿色
- □ = 浅蓝色
- ▓ = 薄荷绿色

材料

DMC Natura 蓝色（N112）225g/5团；Natura Multi 白色、灰色系段染（M912）75g/2团

工具

棒针3号、4号，钩针6/0号

成品尺寸

胸围60cm，肩宽32cm

编织密度

10cm×10cm面积内：编织花样、条纹花样均为23.5针，32行

编织要点

●身片…手指起针，后身片编织双罗纹针，前身片编织双罗纹针条纹。接着后身片编织起伏针和编织花样，前身片编织起伏针条纹和条纹花样。参照图示减针。

●组合…肩部做盖针接合。钩织细绳，缝在指定位置。

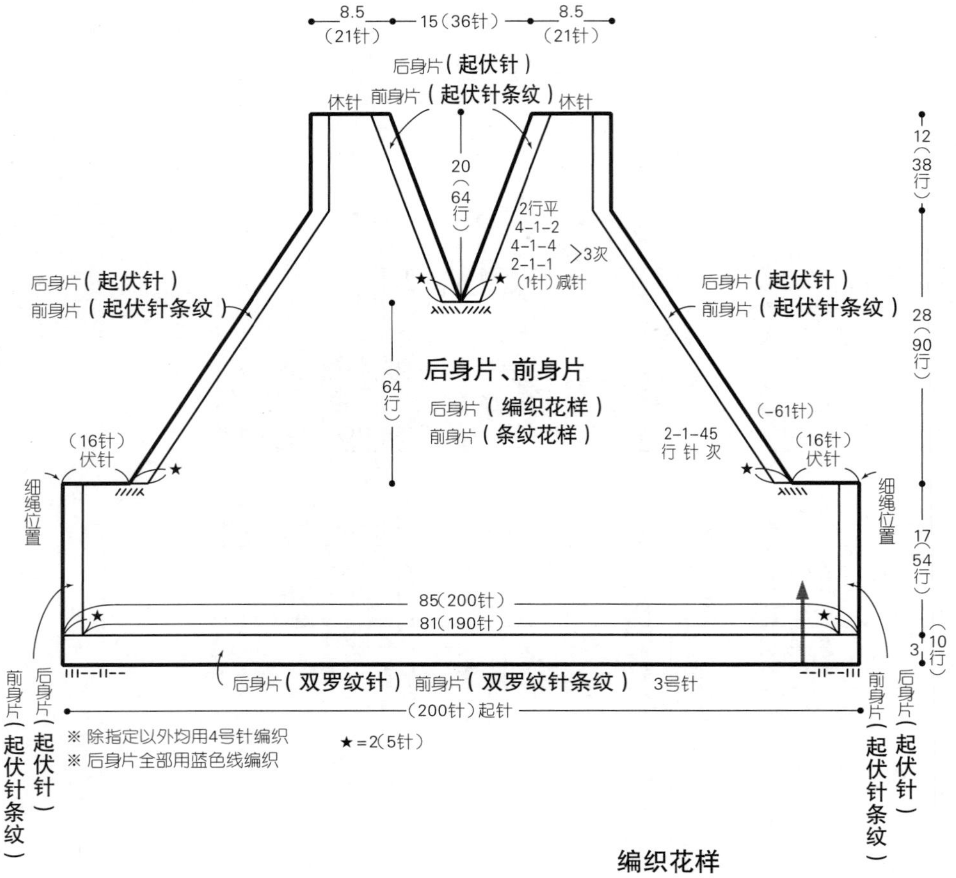

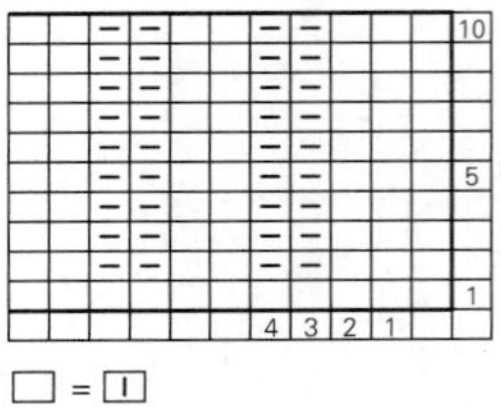

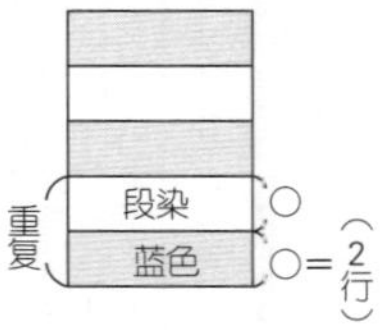

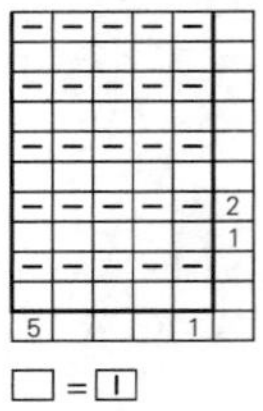

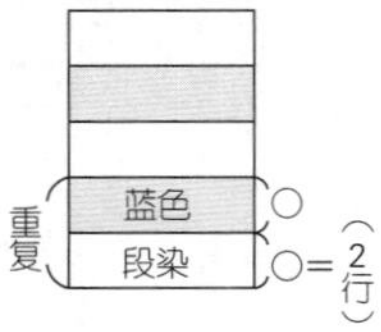

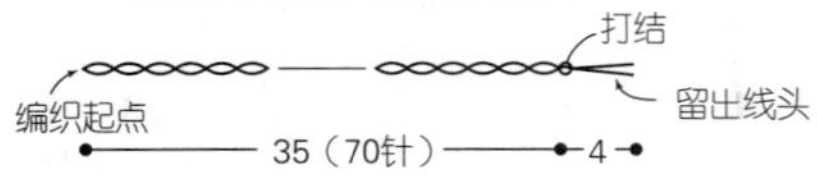

编织花样

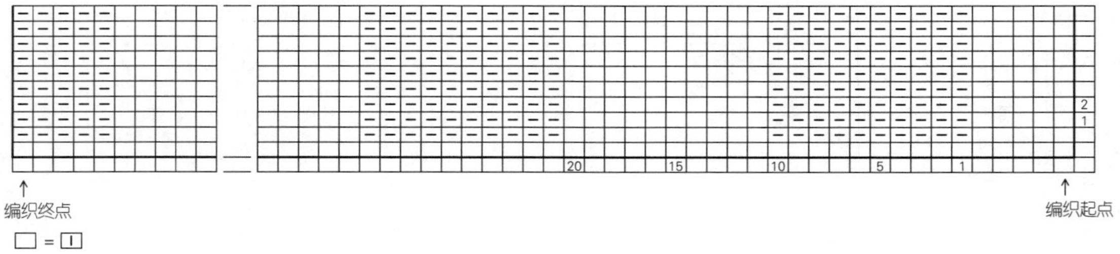

袖窿的减针

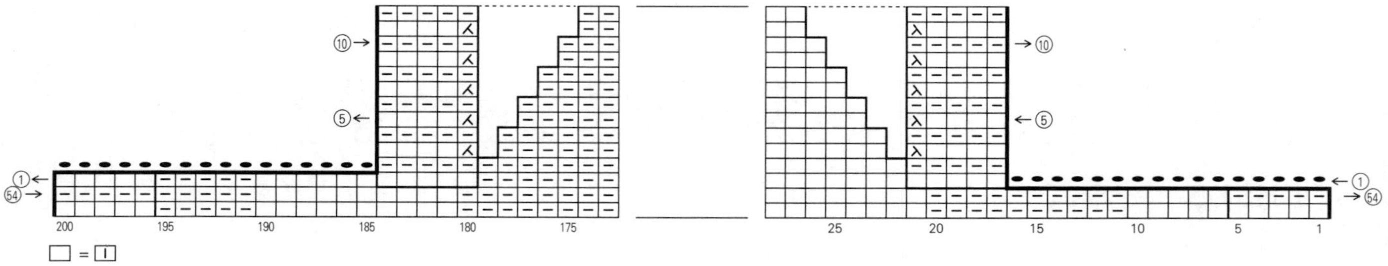

领窝的减针

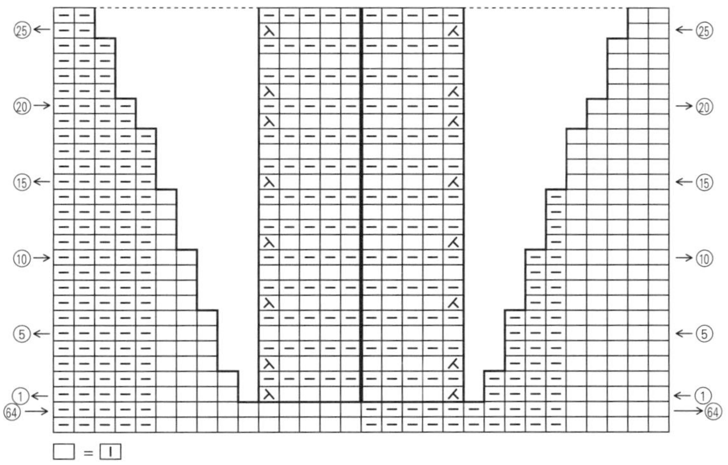

组合方法

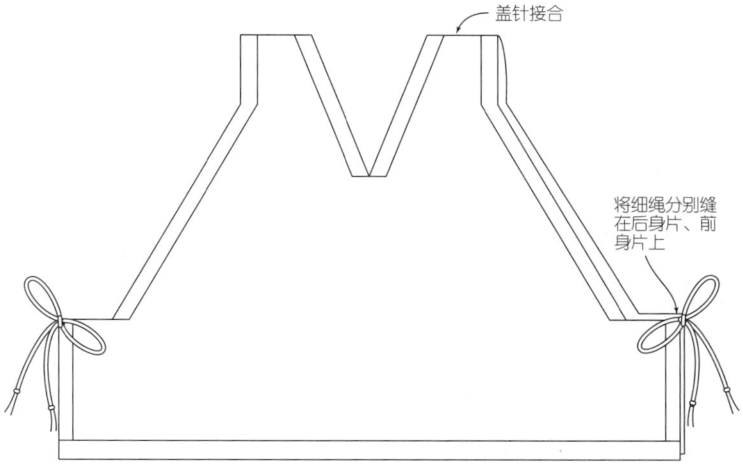

材料

手织屋 T Silk 原白色(05) 290g

工具

棒针4号、3号

成品尺寸

胸围150cm，衣长58cm，连肩袖长37.5cm

编织密度

10cm×10cm面积内：下针编织、编织花样均为26.5针，36行

编织要点

●身片…手指起针，编织单罗纹针。后身片做下针编织和起伏针，前身片做下针编织、编织花样和起伏针。胁部参照图示加针。

●组合…肩部做盖针接合，胁部使用毛线缝针做挑针缝合。

34 页的作品 ★★★

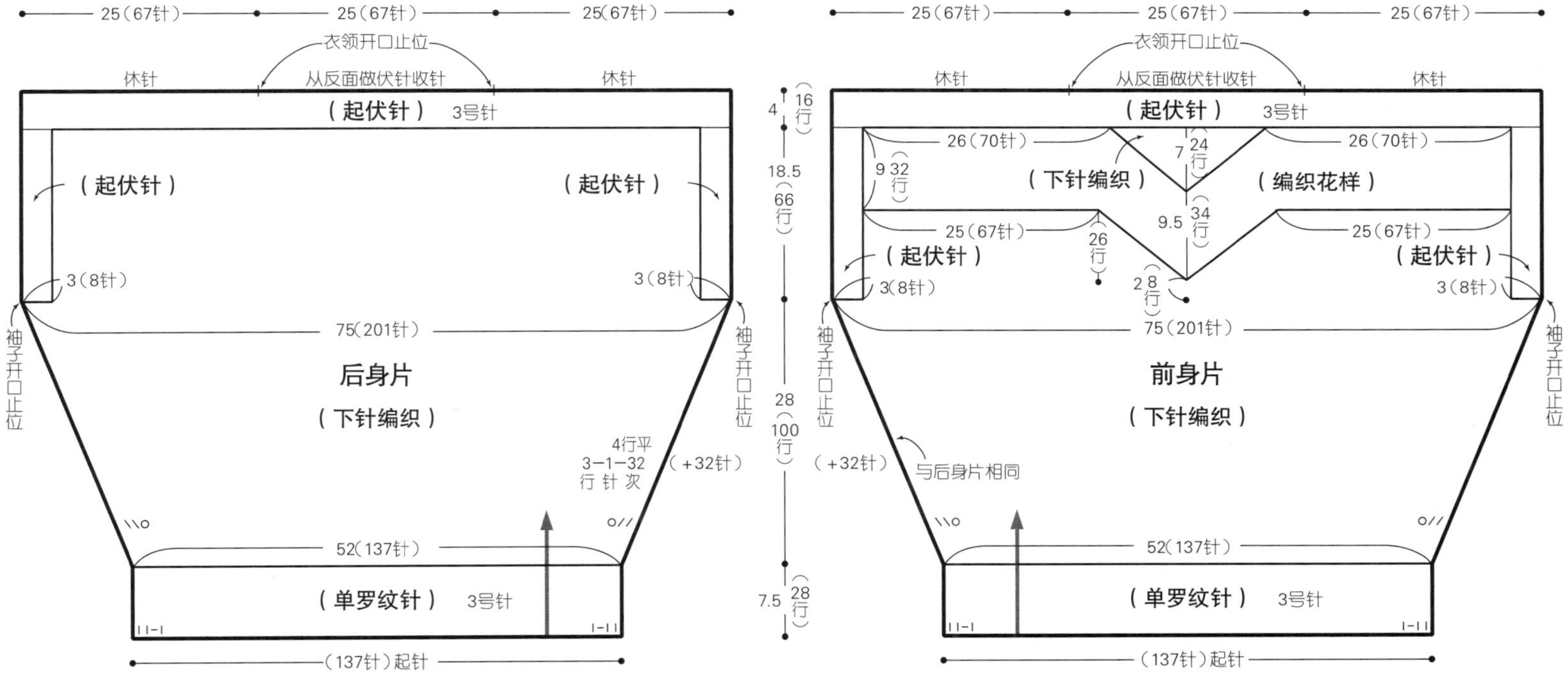

※ 除指定以外均用4号针编织

单罗纹针

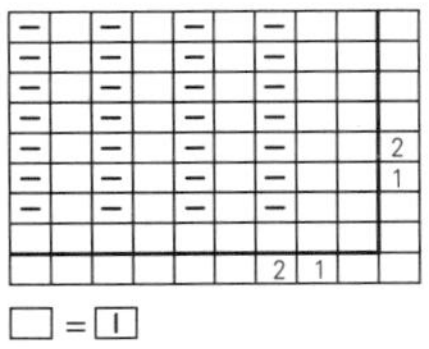

起伏针

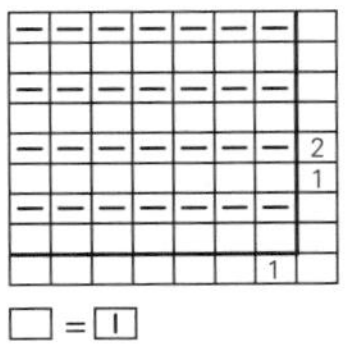

胁部的加针

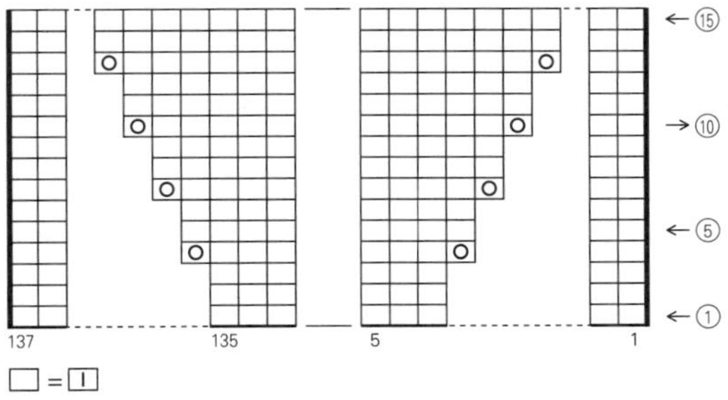

编织花样

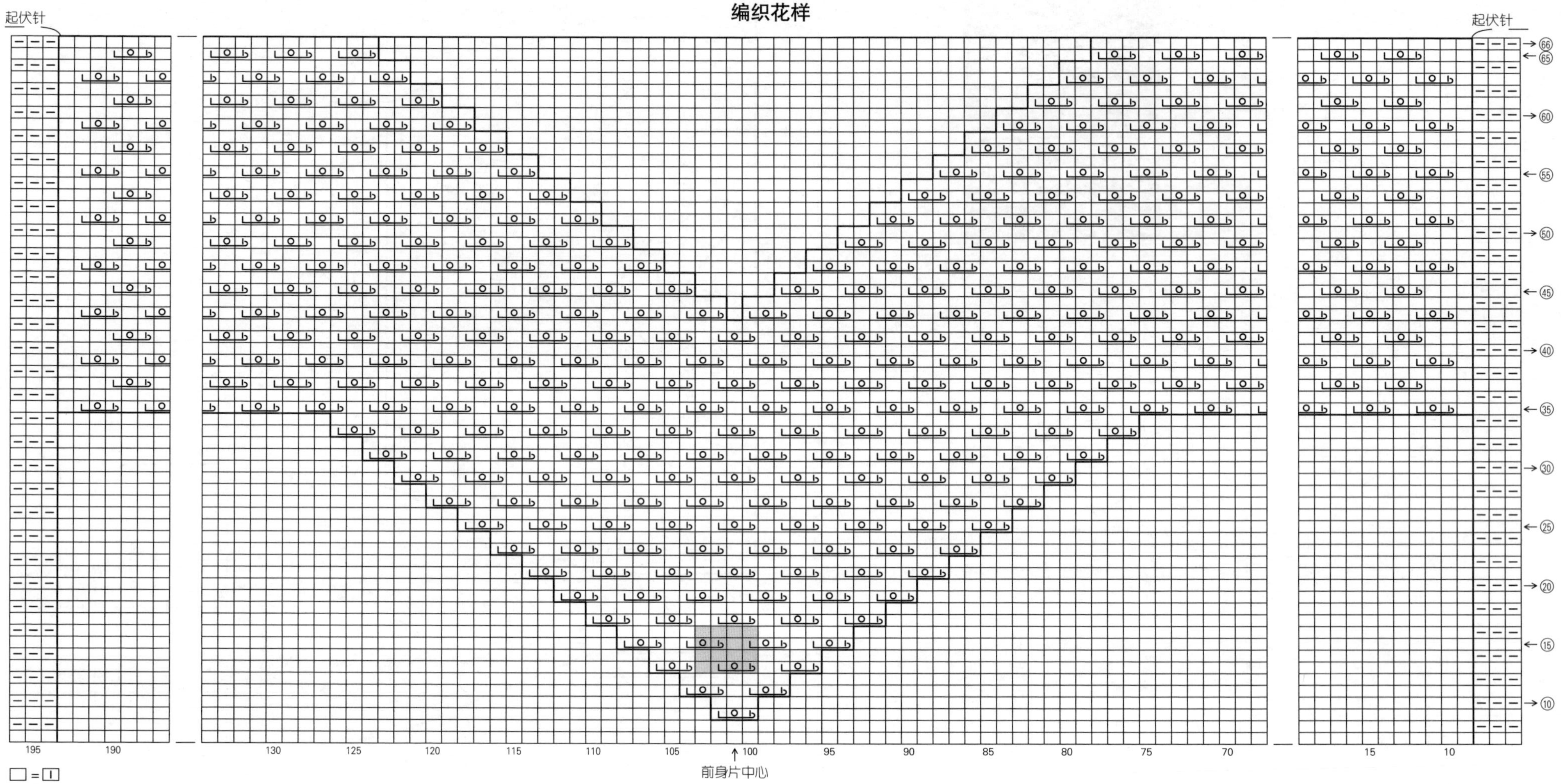

□ = 丨

[符号] = 穿过左针的盖针（铜钱花）（3针的情况）

[灰色] = 4针、4行1个花样

穿过左针的盖针（铜钱花）（3针的情况）

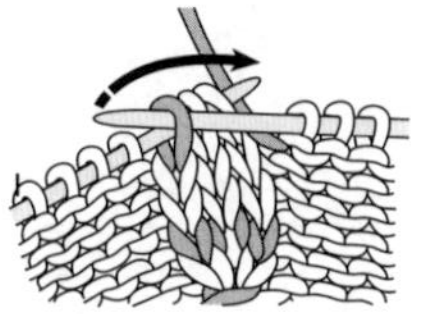

1 如箭头所示，右棒针插入左棒针上的第3针中，盖住右侧的2针。

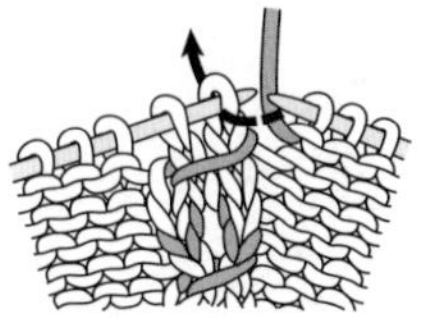

2 右棒针从织片前面插入左棒针右侧的针目中，编织下针。

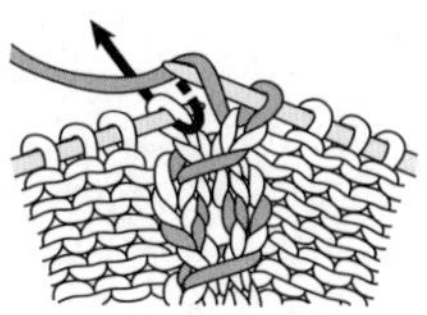

3 挂针，右棒针插入左侧的针目中，编织下针。

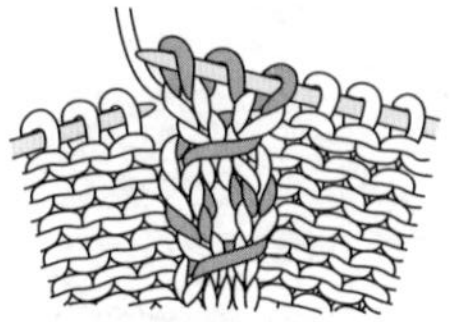

4 穿过左针的盖针（铜钱花）（3针的情况）完成。

材料

手织屋 Hard LinenA 蓝绿色(15)65g、原白色(42)45g、浅蓝色(11)40g

工具

棒针10号、8号、4号

成品尺寸

胸围114cm，衣长55cm，连肩袖长29.5cm

编织密度

10cm×10cm面积内：条纹花样、下针编织均为15针，24行

编织要点

●身片…全部取3根指定颜色的线编织。手指起针，编织起伏针。然后编织条纹花样、下针编织。后肩部做伏针减针，前领窝在端头第4针和第5针编织2针并1针的减针。

●组合…肩部做下针的无缝缝合，胁部使用毛线缝针做挑针缝合。衣领、袖口挑取指定数量的针目，环形编织起伏针。编织终点从反面做引拔收针。

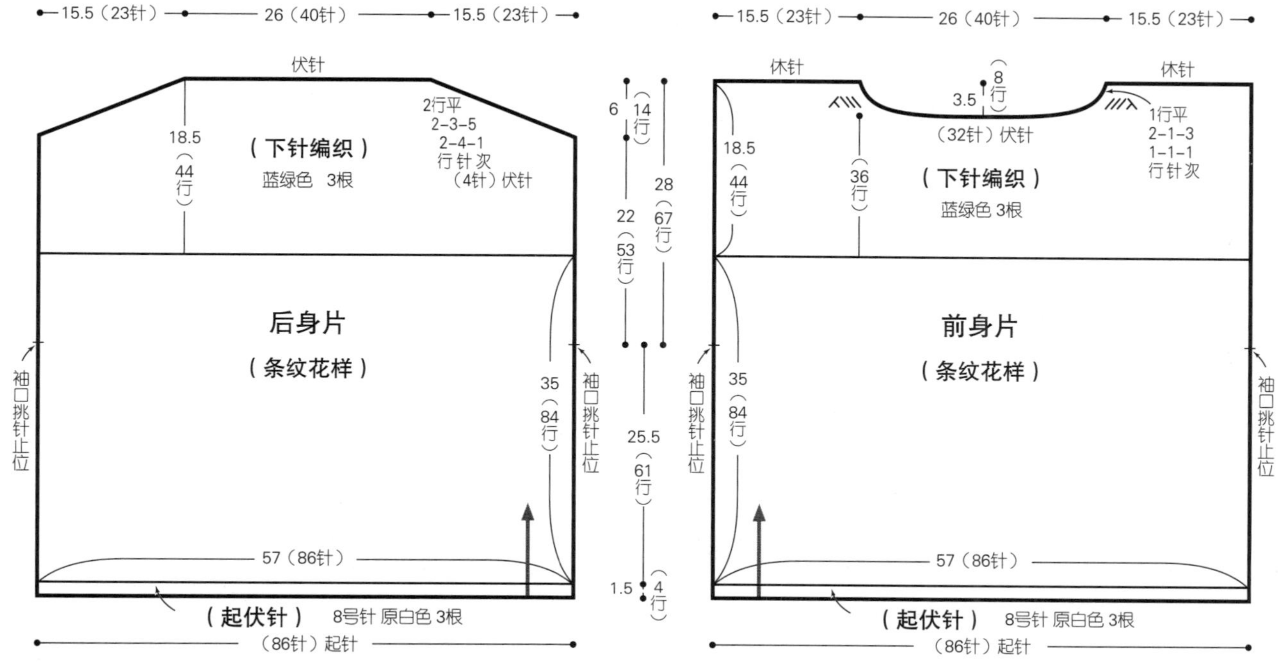

※ 除指定以外用10号针编织

衣领、袖口（起伏针）

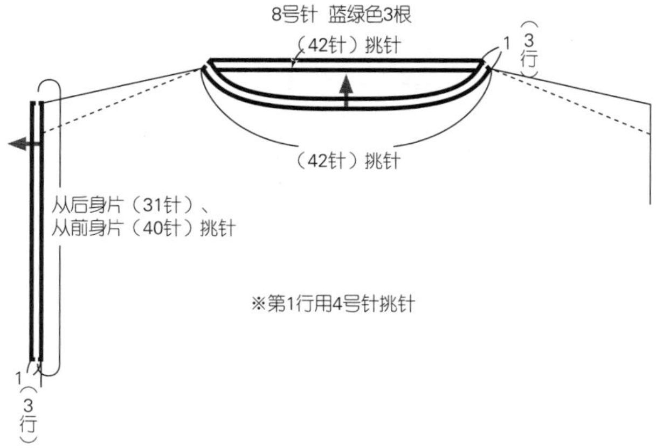

※第1行用4号针挑针

起伏针（下摆）

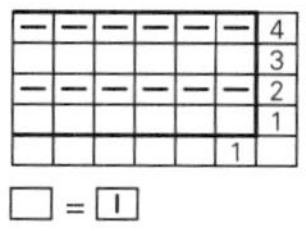

起伏针（衣领、袖口）

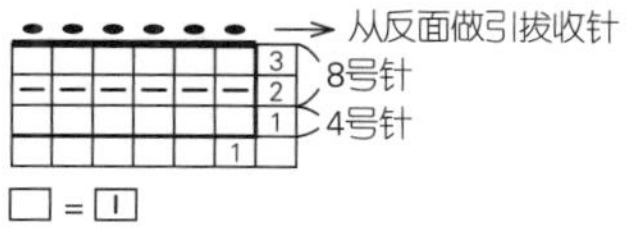

条纹花样

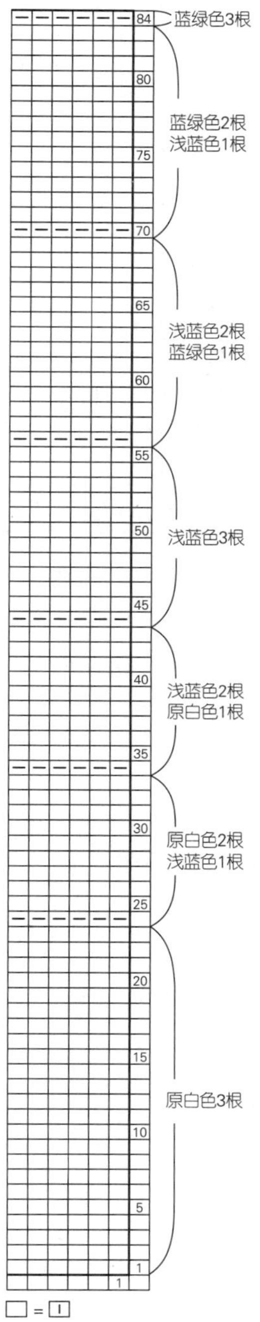

材料

手织屋 Silky Cotton 藏青色(07) 125g；Wata Gima ST 藏青色(16) 50g、青色(02) 25g；直径15mm的纽扣6颗

工具

棒针7号、6号

成品尺寸

胸围102.5cm，衣长50.5cm，连肩袖长27.5cm

编织密度

10cm×10cm面积内：下针条纹25针，26.5行；条纹花样23针，26.5行

编织要点

●身片…另线锁针起针，左后身片和右前身片编织条纹花样，右后身片和左前身片编织下针条纹。领窝减针时，2针及以上时做伏针减针，1针时立起侧边1针减针。条纹花样由挂针和2针并1针组成。减针时一边遇到缺针的情况，另一边也不要编织。

●组合…后身片中心使用毛线缝针做挑针缝合，下摆挑取指定数量的针目，做边缘编织。编织终点做伏针收针。肩部做盖针接合，右后身片和左前身片2处对齐针目。胁部使用毛线缝针做挑针缝合。衣领、前门襟、袖口挑取指定数量的针目，做边缘编织。右前门襟开扣眼。编织终点和下摆的处理方法相同。缝上纽扣。

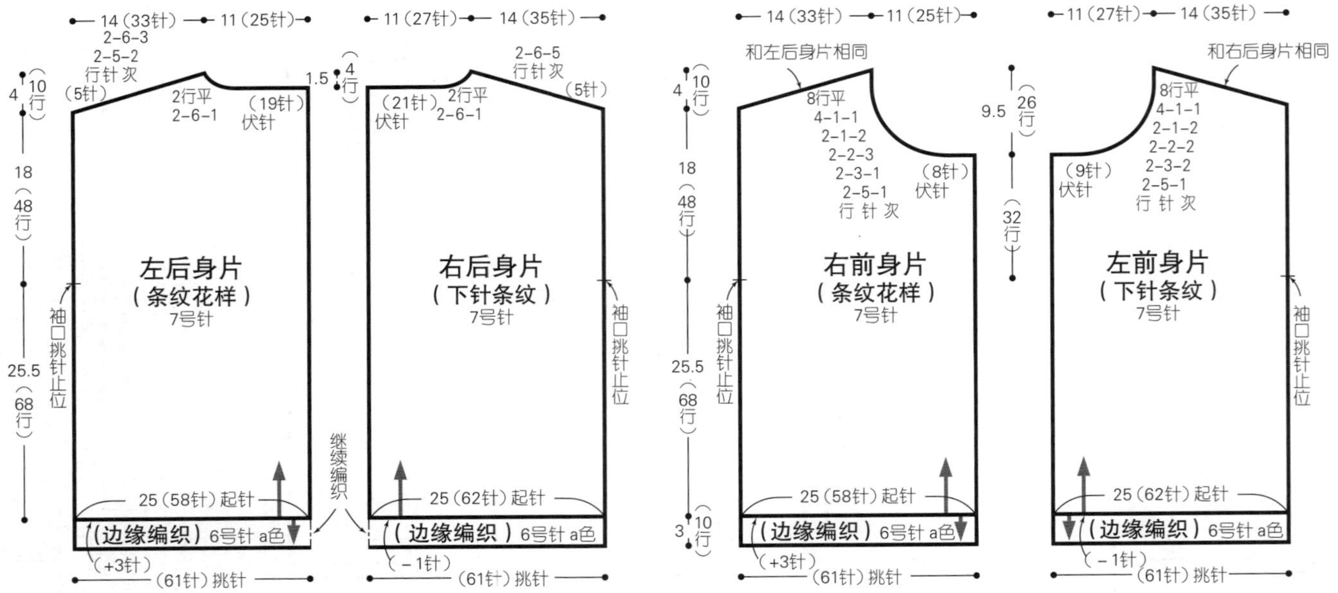

条纹花样

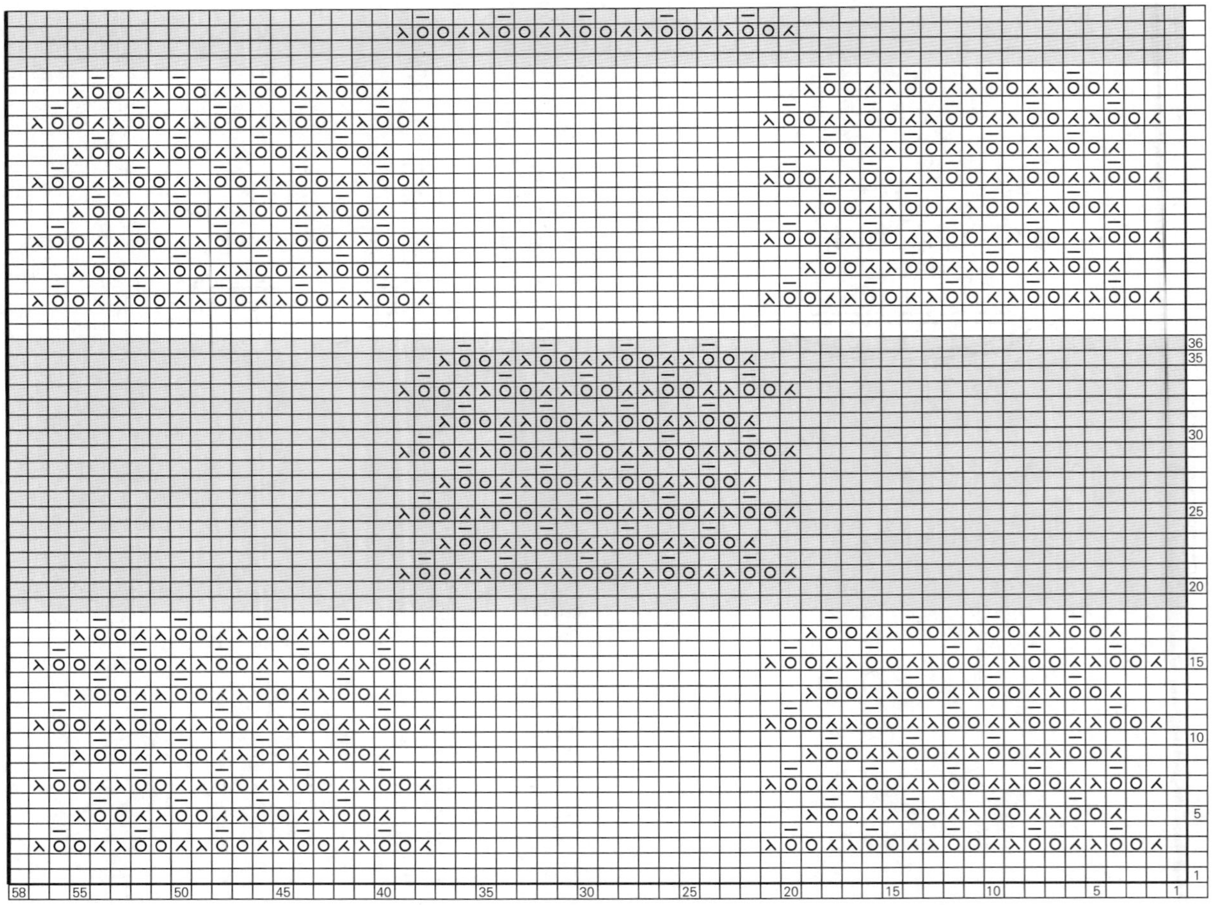

下针条纹的配色

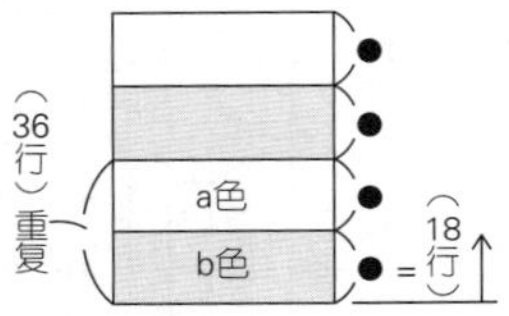

※ a色=取2根Silky Cotton线和1根Wata Gima ST线（藏青色）

※ b色= Silky Cotton、Wata Gima ST（藏青色）、Wata Gima ST线（青色）各取1根

配色 { □=a色 ▒=b色 }

□=□

衣领（边缘编织）
6号针 a色

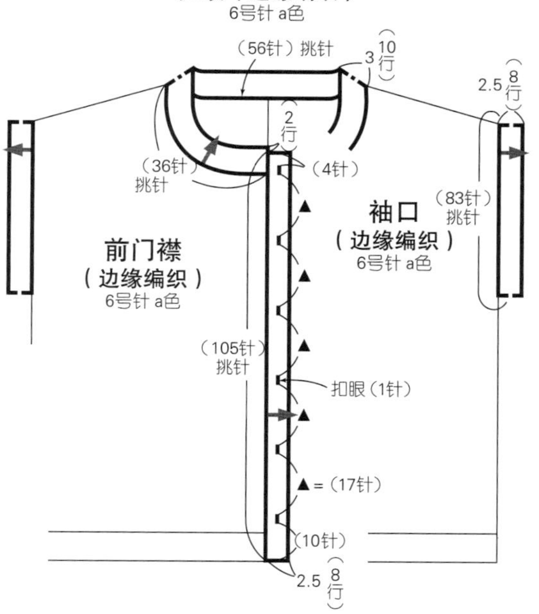

边缘编织（下摆、衣领）

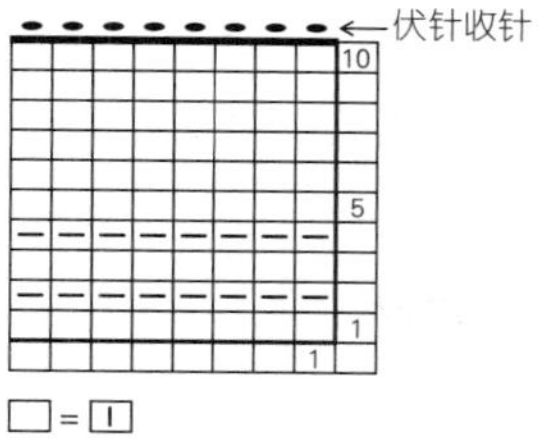

边缘编织（前门襟、袖口）

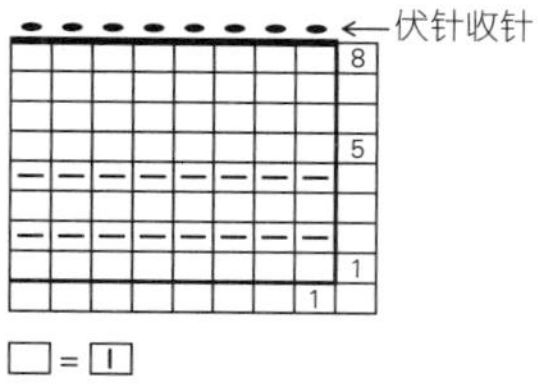

扣眼（右前门襟）

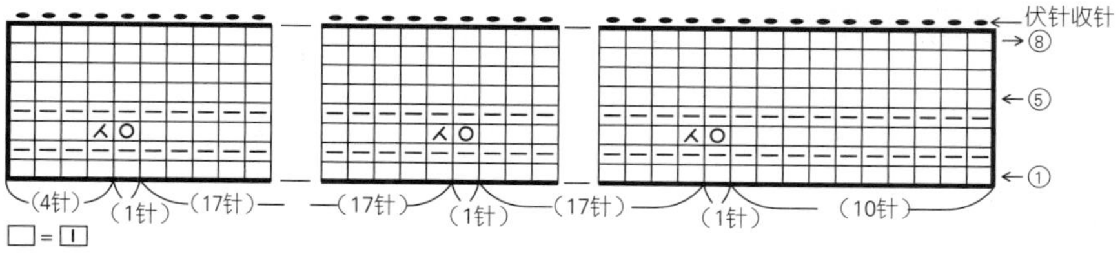

材料

钻石线 DIACIELO 深藏青色（110）110g/4团；DIAPIXY 黄色混染（9305）90g/3团；DIALINDO炭灰色（308）50g/2团

工具

钩针5/0号

成品尺寸

胸围118cm，衣长63cm（不含肩带）

编织密度

花片的大小请参照图示

编织要点

●钩织指定数量的花片，用卷针缝缝合。参照图示钩织边缘。在指定位置系上流苏。

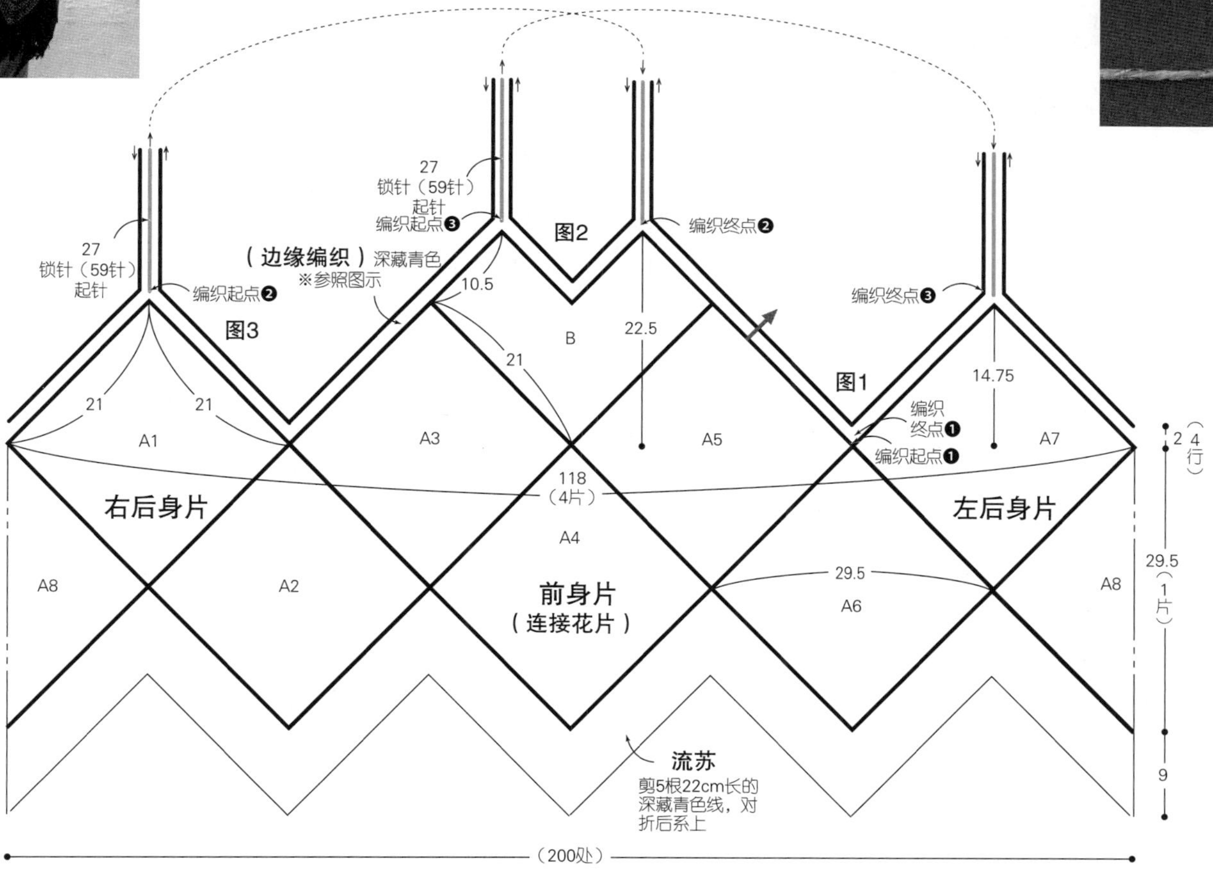

※全部用5/0号针钩织

※边缘编织按❶~❸的顺序钩织

—— =锁针起针

花片A 8片

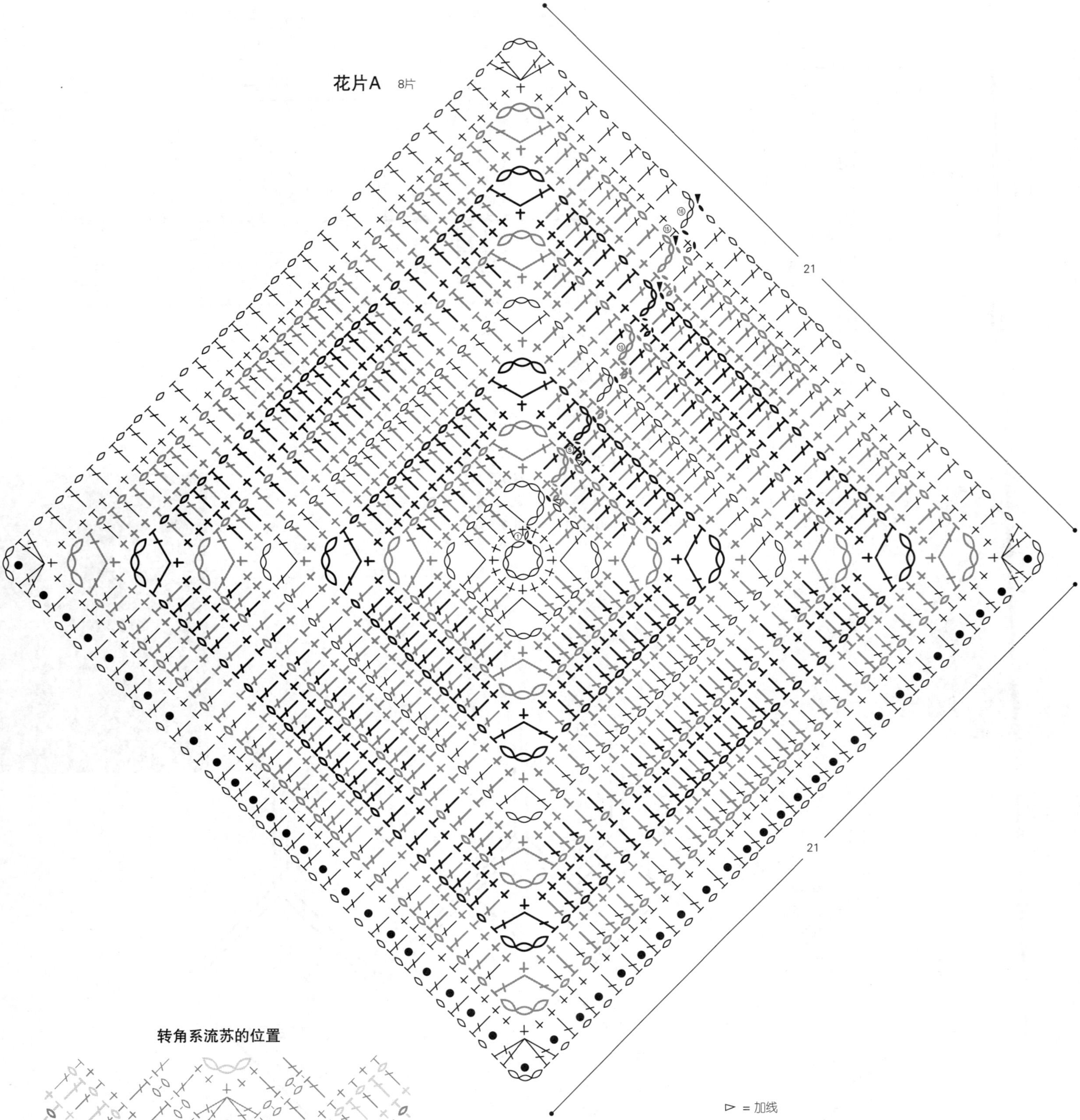

转角系流苏的位置

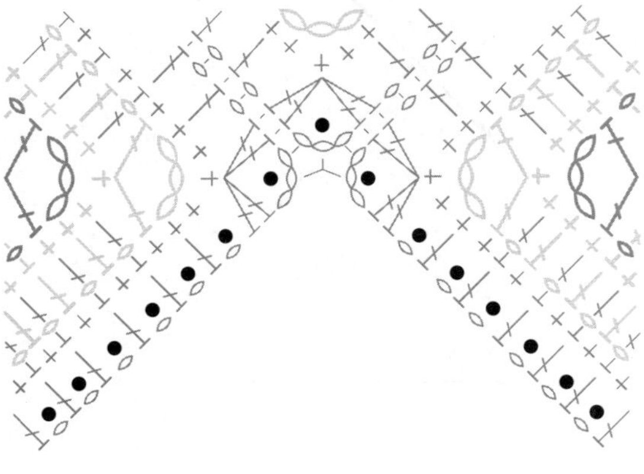

▷ = 加线
▶ = 剪线

配色
——— = 深藏青色
——— = 黄色混染
——— = 炭灰色

= 将前一行倒向前侧，在前2行针目里挑针钩织长针

● = 系流苏位置

花片B

1片

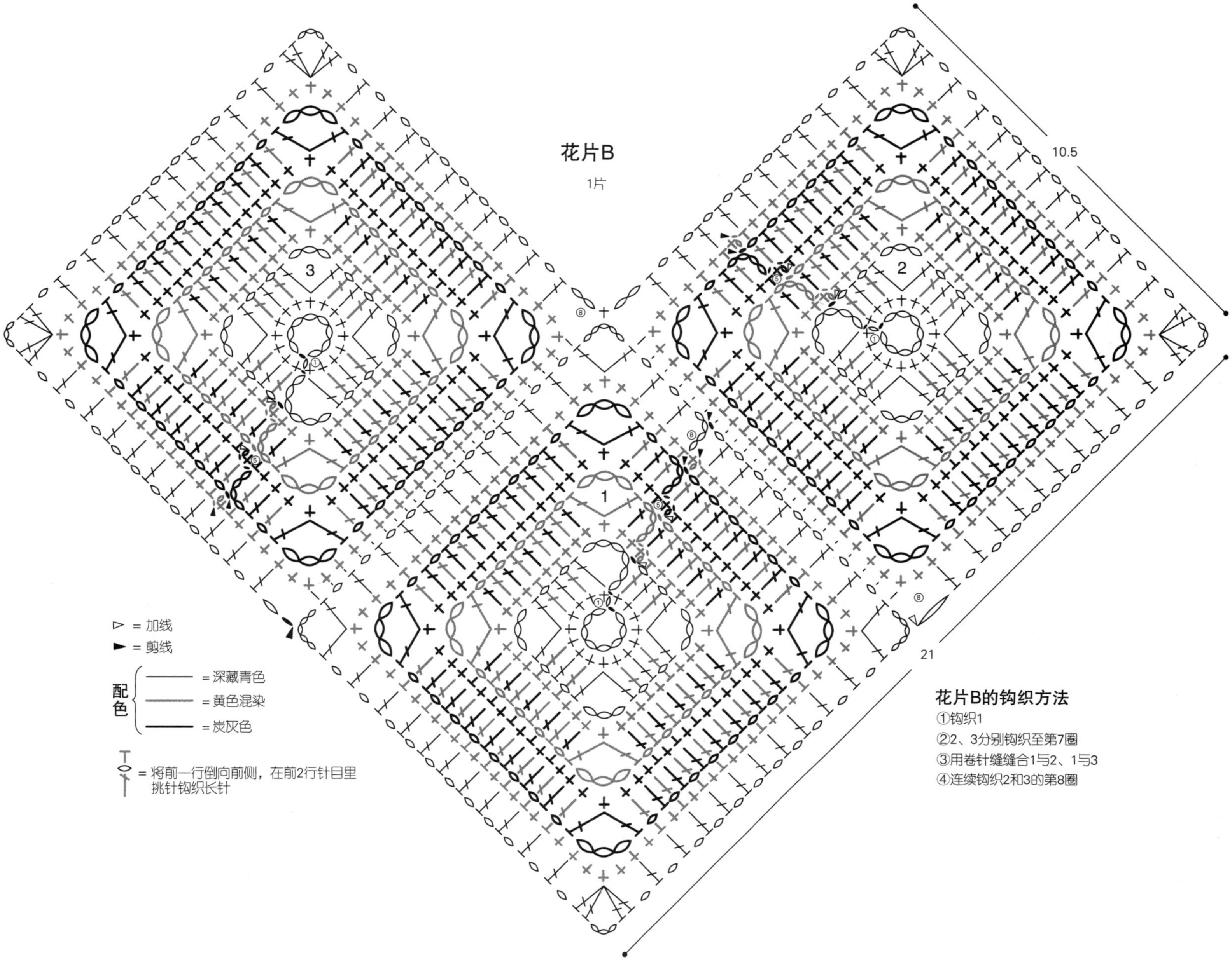

▷ = 加线

► = 剪线

配色
- —— = 深藏青色
- —— = 黄色混染
- —— = 炭灰色

= 将前一行倒向前侧，在前2行针目里挑针钩织长针

花片B的钩织方法

①钩织1

②2、3分别钩织至第7圈

③用卷针缝缝合1与2、1与3

④连续钩织2和3的第8圈

扭针的单罗纹针收针

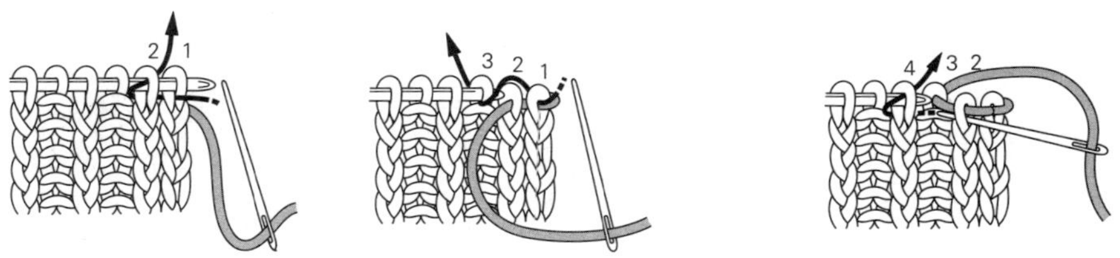

1 如箭头所示，在针目1和2里插入手缝针，扭转针目2。

2 接着，如箭头所示在针目1和3里插入手缝针。

3 如箭头所示在针目2和4里插入手缝针。按此要领，一边扭转下针一边做单罗纹针收针。

卷针

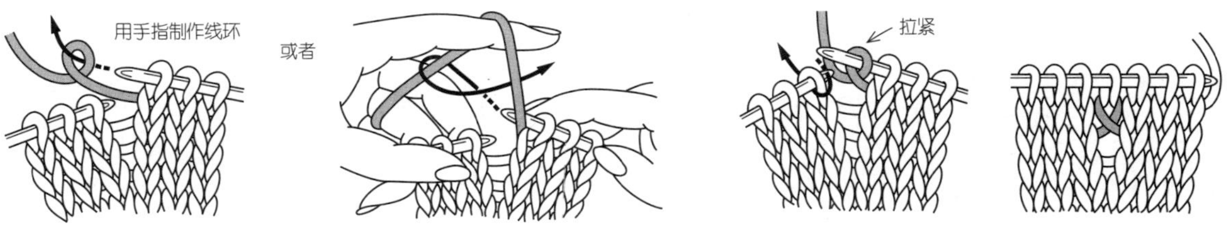

边缘的钩织顺序

❶ 在左肋部加线，钩织第1、2行
❷ 在右后身片加线，钩织59针锁针
❸ 在前身片加线，钩织59针锁针。
接着钩织第3、4行

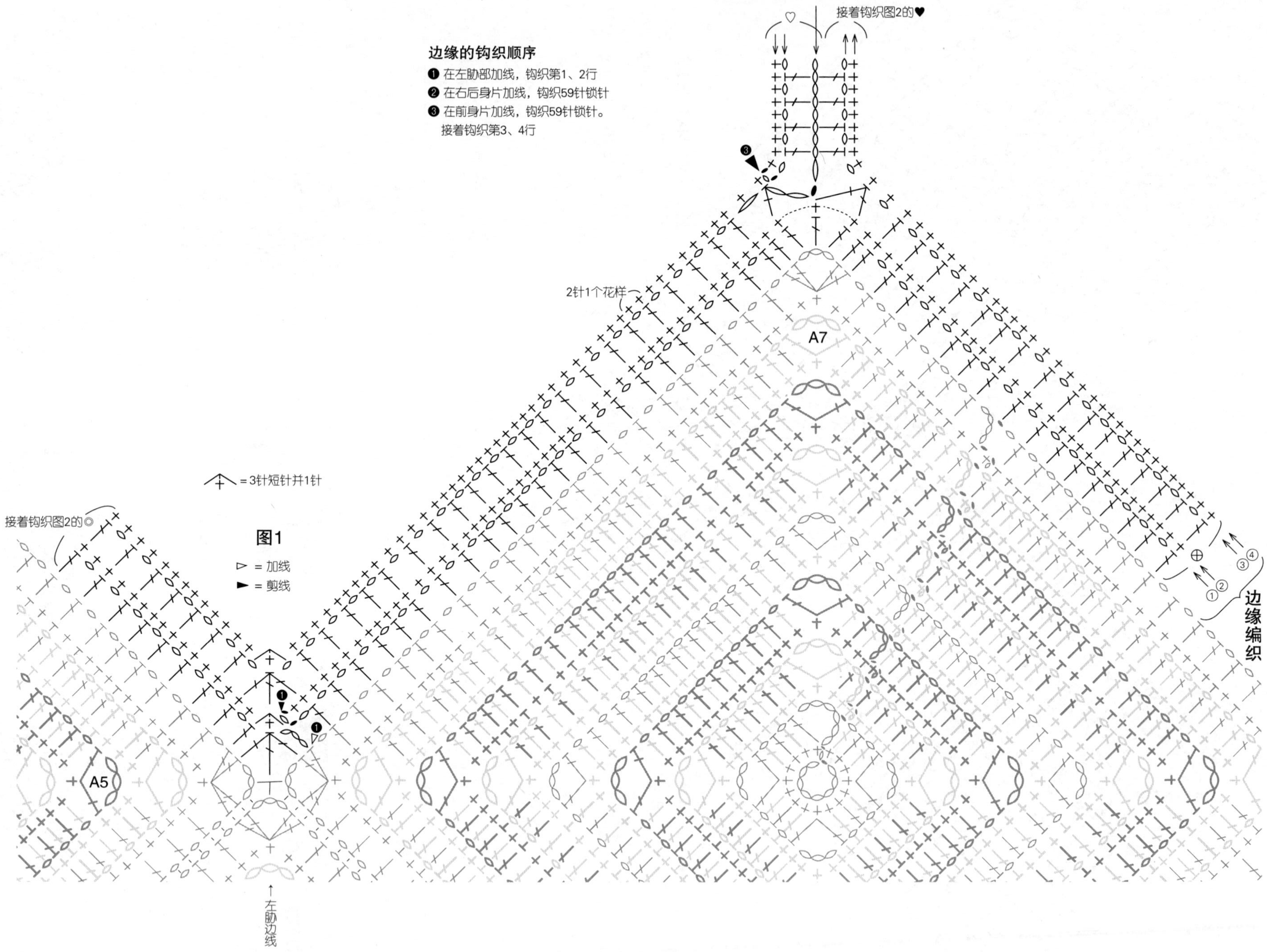

图2

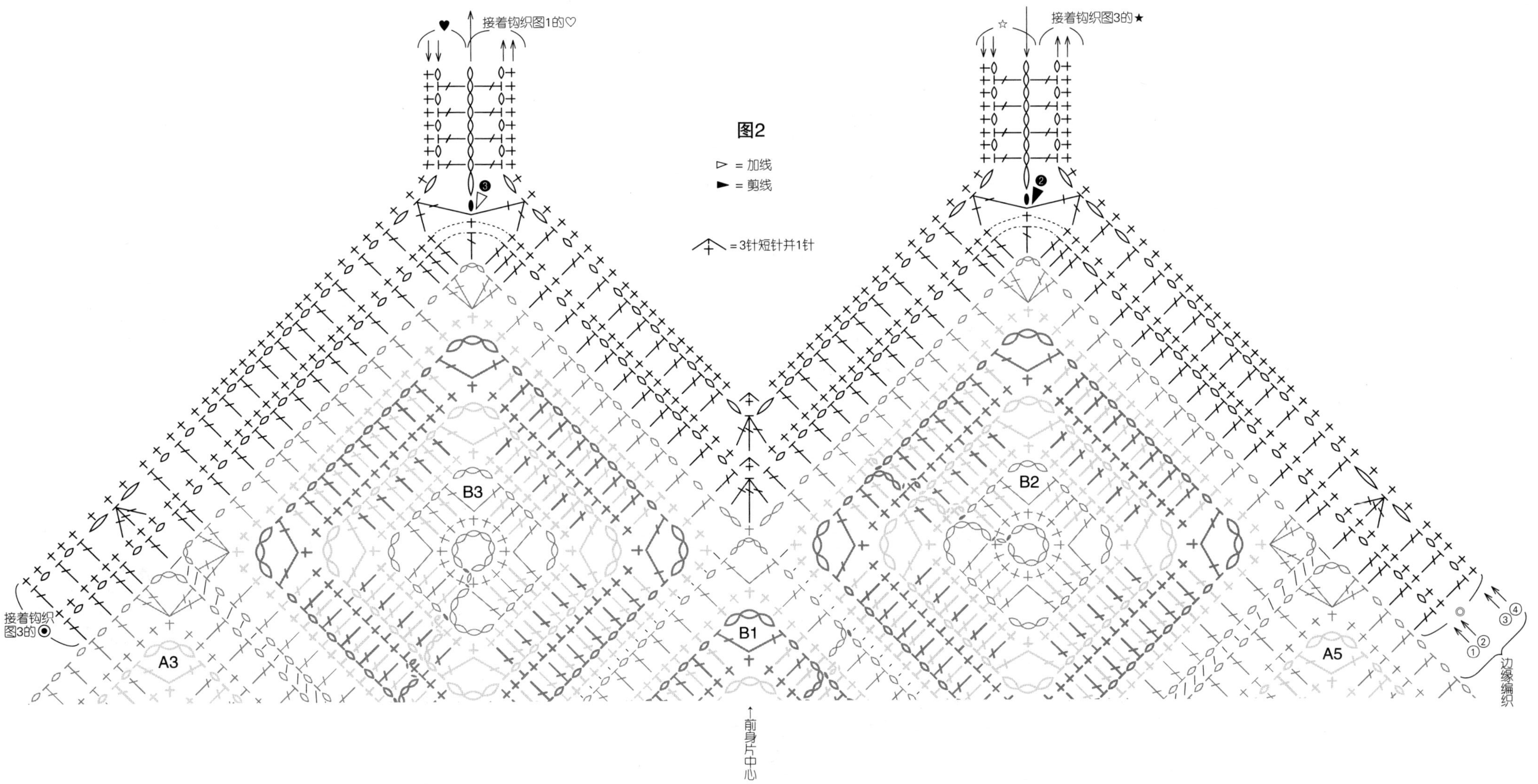

▷ = 加线
▶ = 剪线
= 3针短针并1针
接着钩织图1的♡
接着钩织图3的★
接着钩织图3的◉
B1
B2
B3
A3
A5
边缘编织
前身片中心

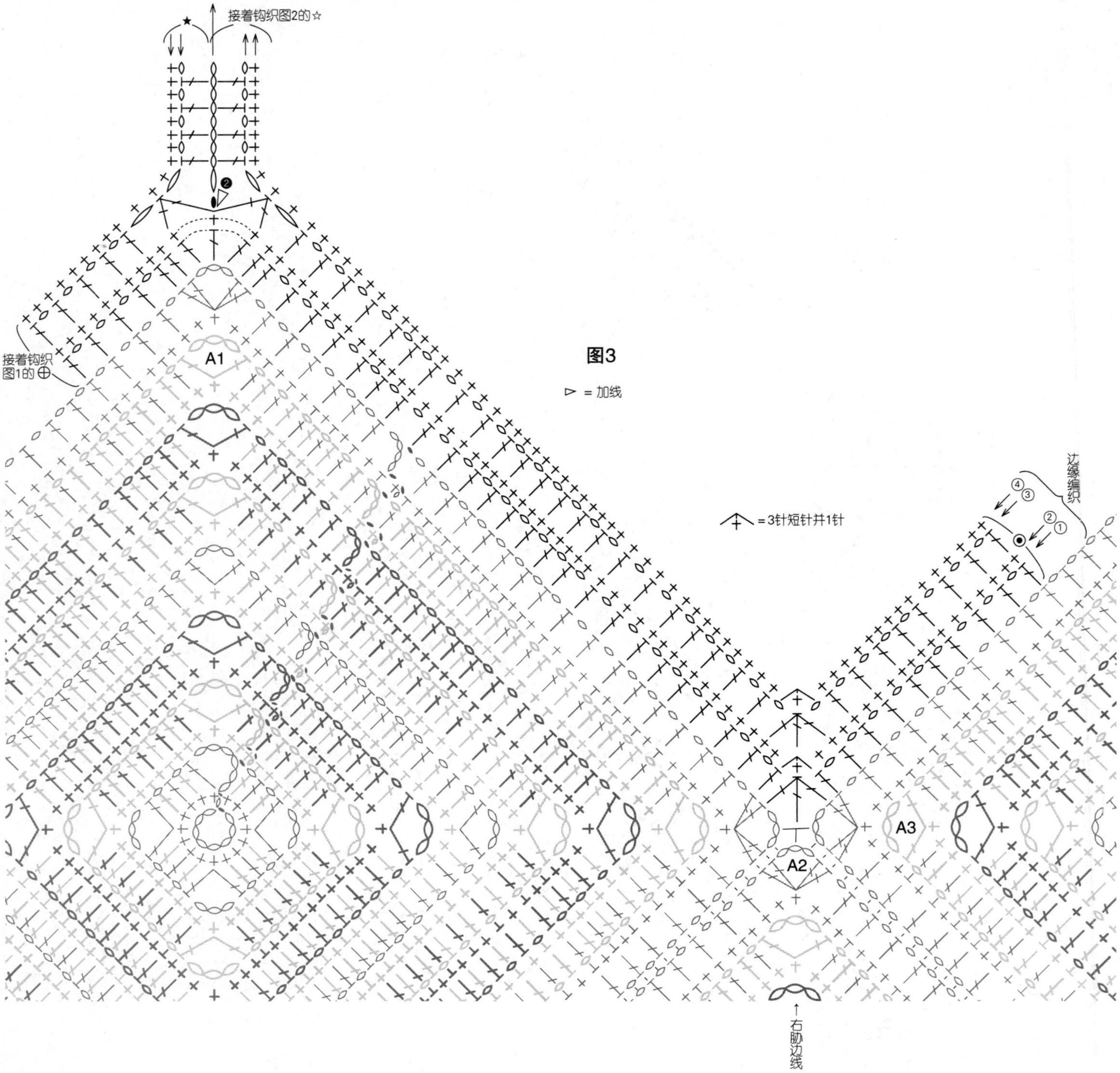

右加针

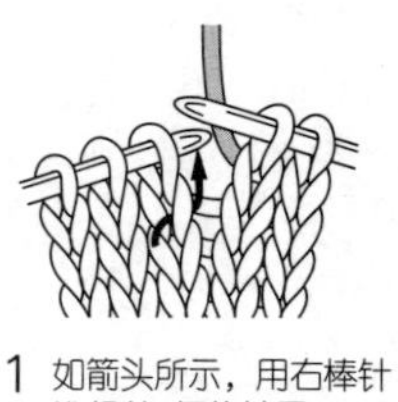

1 如箭头所示，用右棒针挑起前2行的针目。

2 编织下针。左棒针上的下一针也编织下针。

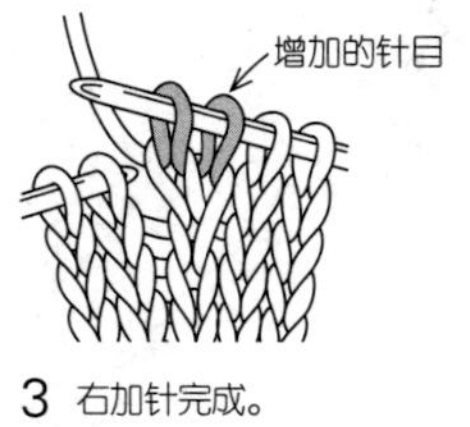

3 右加针完成。

左加针

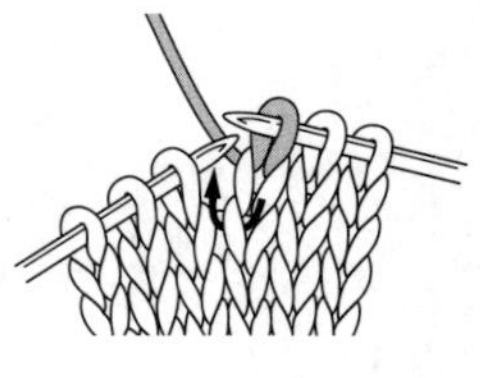

1 编织1针下针，如箭头所示用右棒针挑起前2行的针目。

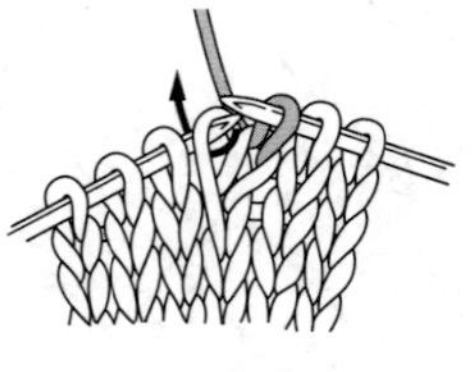

2 将该针目挂到左棒针上，编织下针。

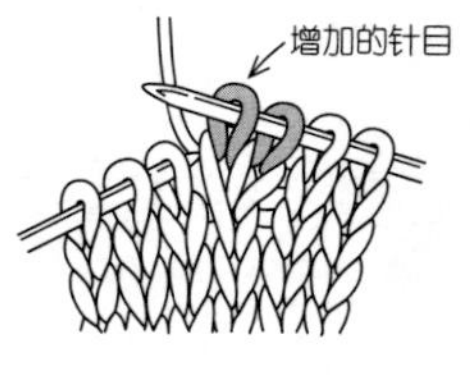

3 左加针完成。

材料

DMC Natura 粉色(N404) 350g/7团，朱红色(N18) 15g/1团

工具

棒针3号

成品尺寸

胸围96cm，肩宽37cm，衣长58cm，袖长37.5cm

编织密度

10cm×10cm面积内：编织花样A 27针，35行；编织花样D 27针，42行；编织花样F27针，27.5行

编织要点

●身片、袖子…手指起针，编织单罗纹针、编织花样A、编织花样B、条纹花样C、编织花样D、编织花样E、编织花样F和下针条纹。减针时，2针及以上时做伏针减针，1针时立起侧边1针减针。编织花样F由挂针和2针并1针组成。减针时一边遇到缺针的情况，另一边也不要编织。袖下加针时，在1针内侧编织扭加针。

●组合…肩部做盖针接合，胁部、袖下使用毛线缝针做挑针缝合。衣领挑取指定数量的针目，环形编织单罗纹针。编织终点做下针织下针、上针织上针的伏针收针。衣袖钩织引拔针和身片接合。

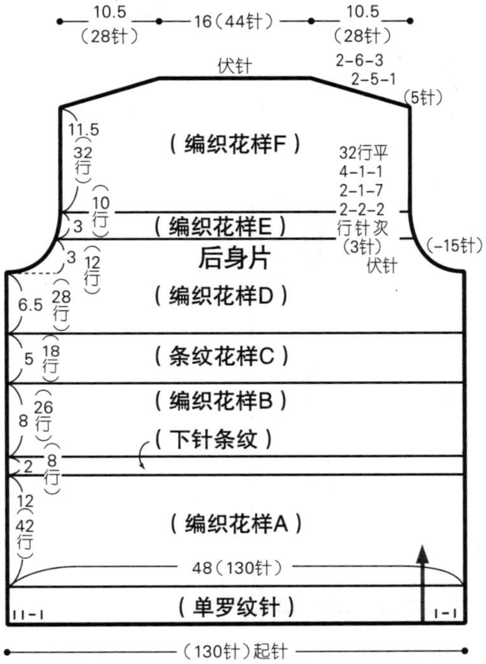

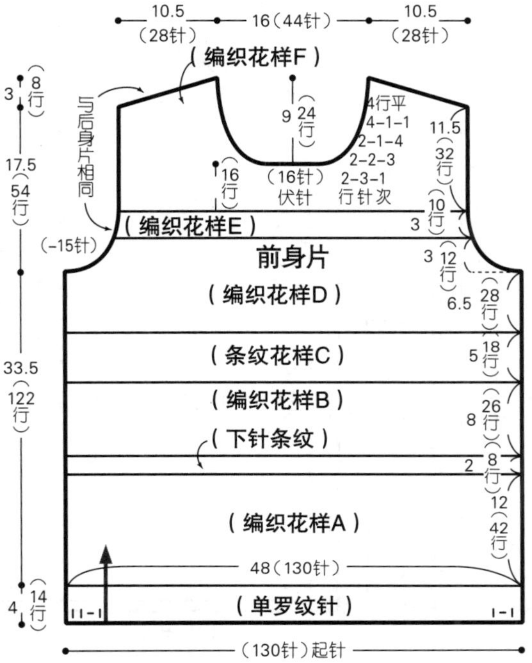

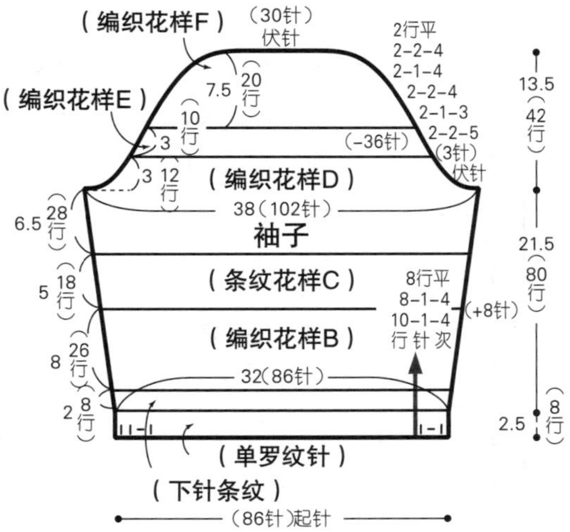

衣领(单罗纹针)

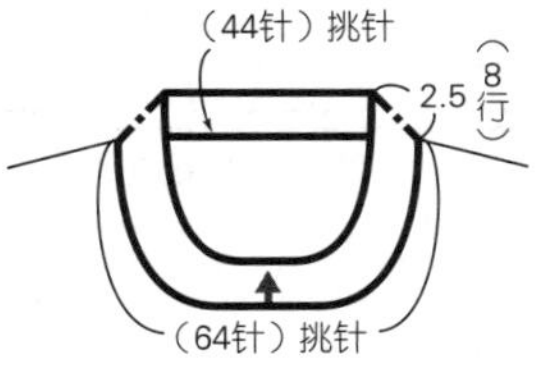

※ 全部使用3号针编织

※ 除指定以外均用粉色线编织

单罗纹针

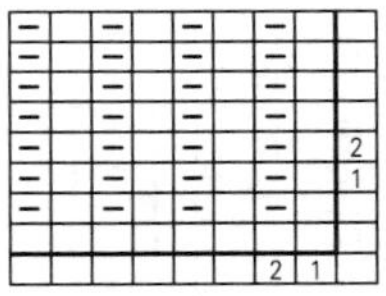

□=□

编织花样A

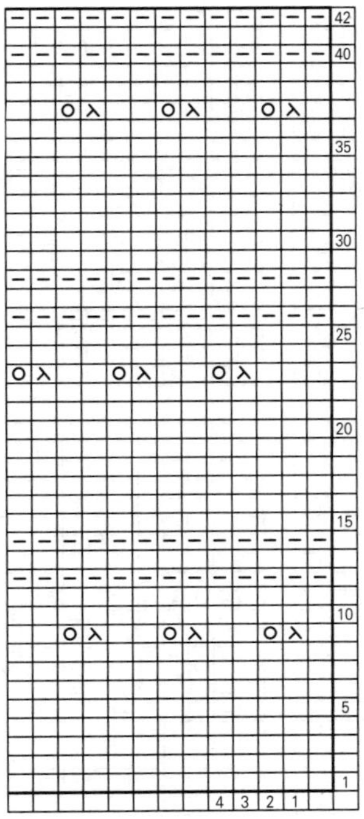

□=□

编织花样B

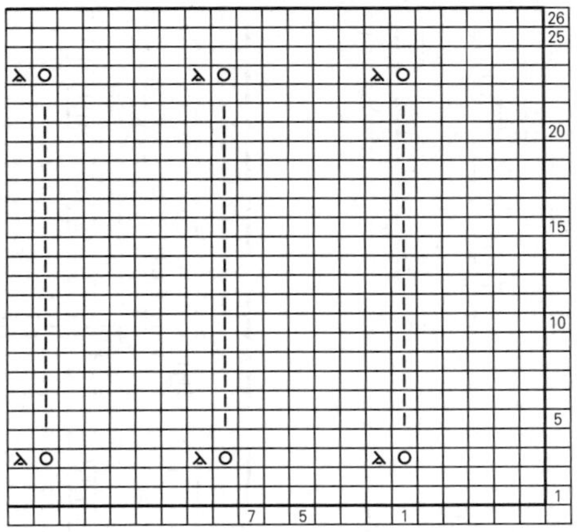

□=□

编织花样D

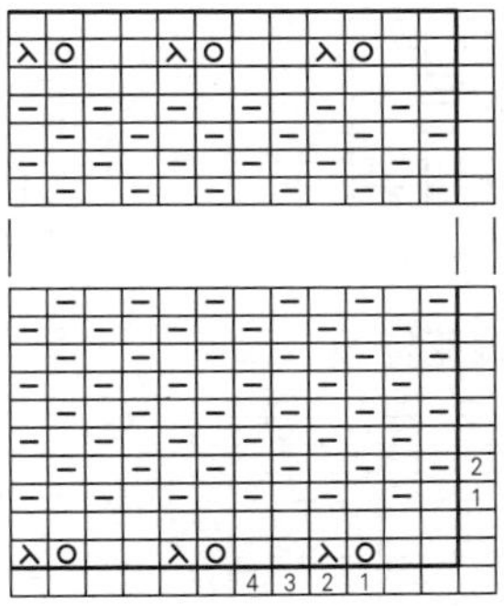

□=□

条纹花样C

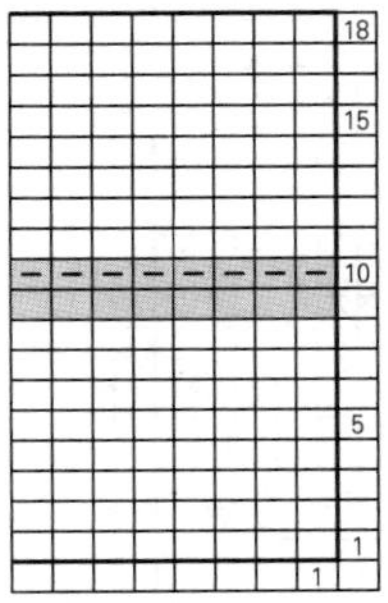

□=□

配色 □=粉色 ▨=朱红色

编织花样F

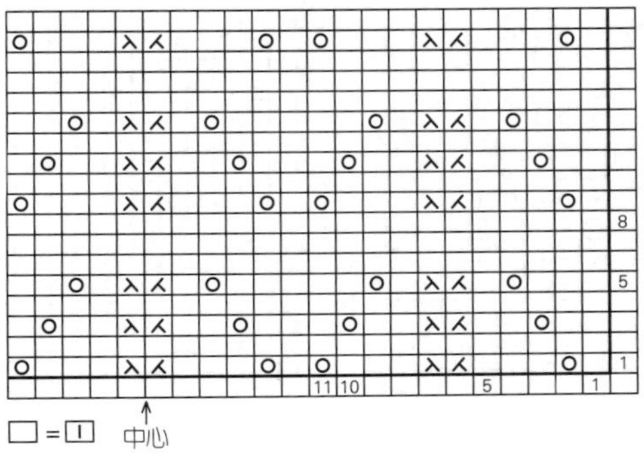

□=□

下针条纹

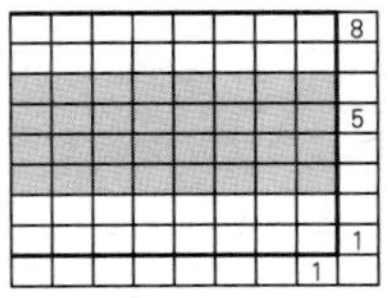

□=□

配色 □=粉色 ▨=朱红色

编织花样E

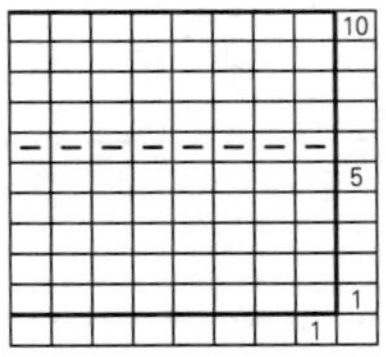

□=□

材料

手织屋 Cotton Linen KS 青色、绿色、黄色系段染(02) 145g；French Linen 灰色(10) 90g，褐色(01) 75g

工具

棒针4号、3号

成品尺寸

胸围122cm，衣长60cm，连肩袖长34cm

编织密度

10cm×10cm面积内：下针编织21针，33行

编织要点

●身片…全部取指定颜色的线编织。手指起针，后身片做编织花样A、编织花样B、下针编织、上针编织。前身片做编织花样A、编织花样B和下针编织。后领窝减针时，2针及以上时做伏针减针，1针时将侧边第4针和第5针编织2针并1针。前领窝参照图示减针。

●组合…肩部做盖针接合，胁部使用毛线缝针做挑针缝合。袖口环形做编织花样C。编织终点做伏针收针。领带穿入口做下针编织，编织终点和袖口的处理方法相同，缝在前身片指定位置。编织领带，参照组合方法图组合。

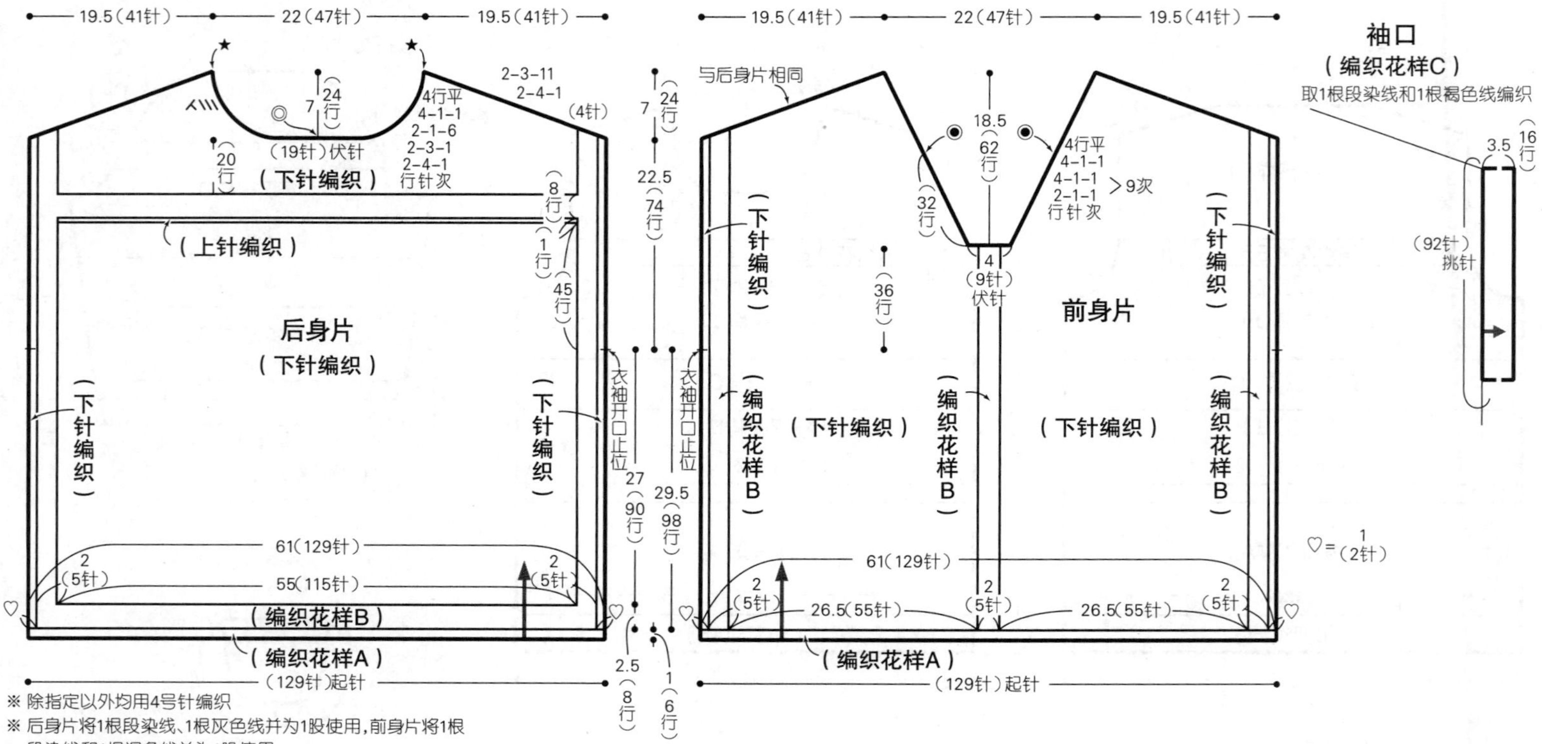

※ 除指定以外均用4号针编织

※ 后身片将1根段染线、1根灰色线并为1股使用，前身片将1根段染线和1根褐色线并为1股使用

※ ◎、★、◉=领带的对齐标记

编织花样 A

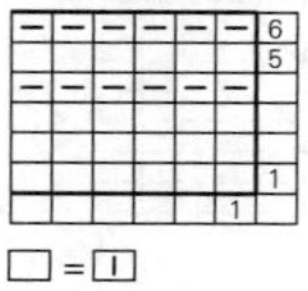

编织花样 B

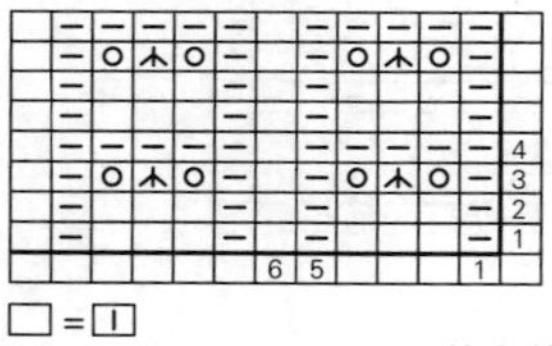

编织花样 C

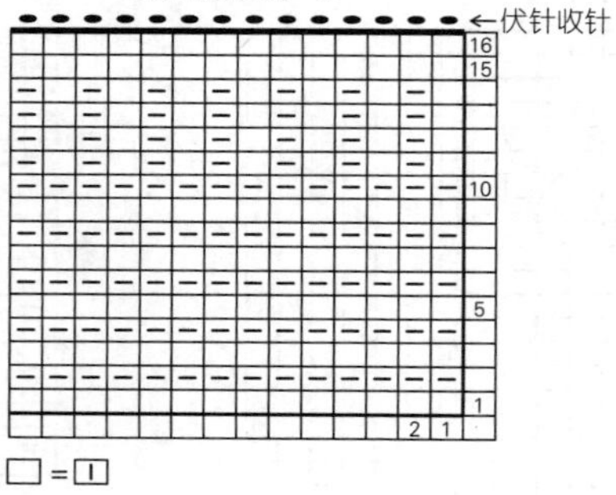

前身片的编织方法

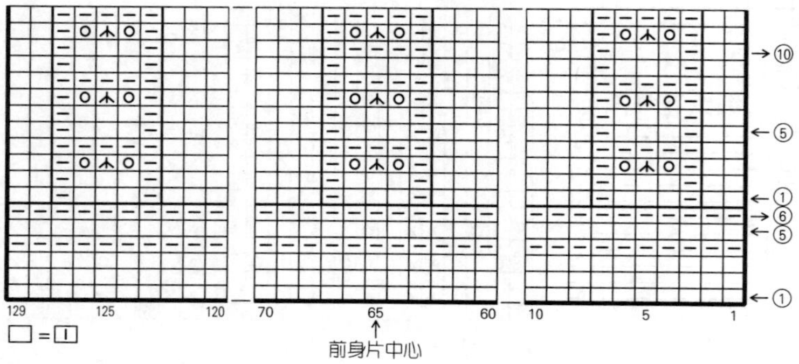

后身片的编织方法

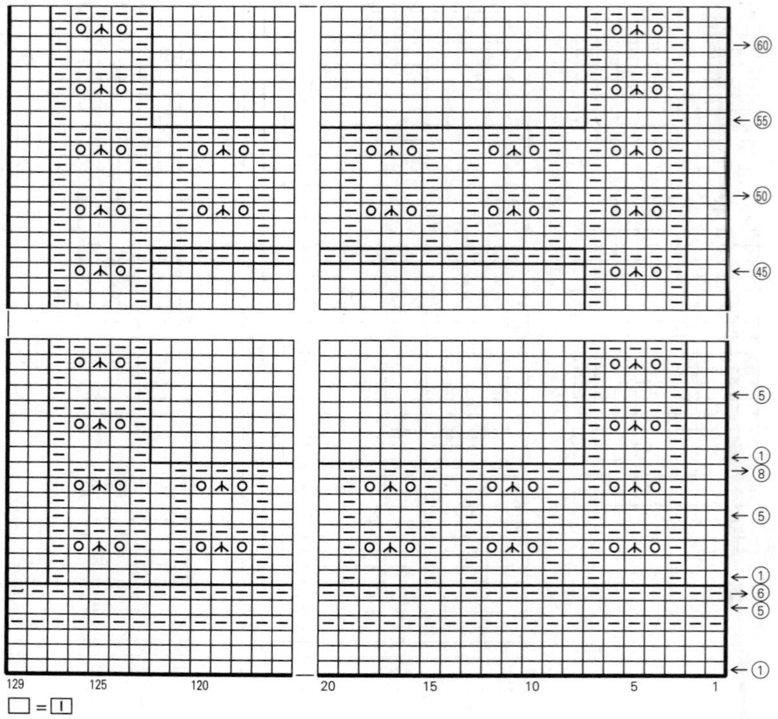

领带的编织方法

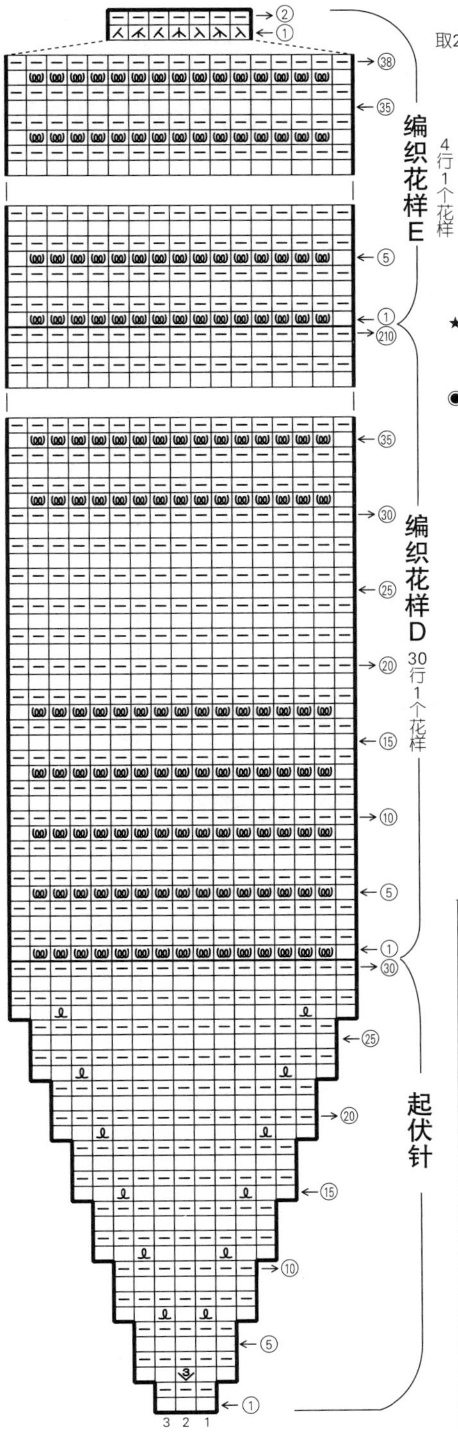

□ = |

=绕2圈的卷针

※ 编织方法请参照第145页

领带 2片

3 号针

取2根灰色线和1根褐色线编织

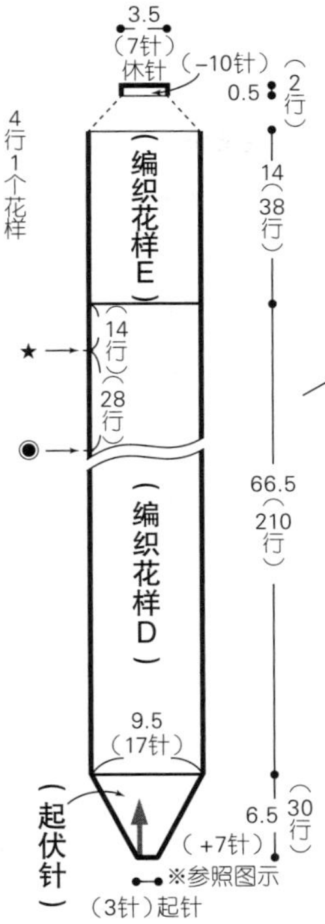

领带的组合方法

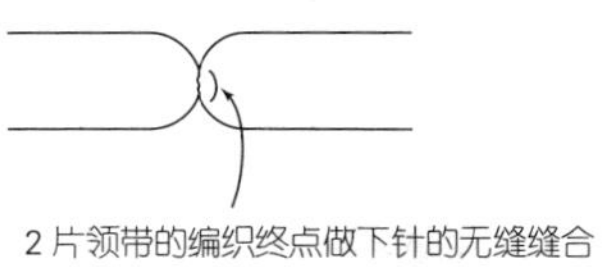

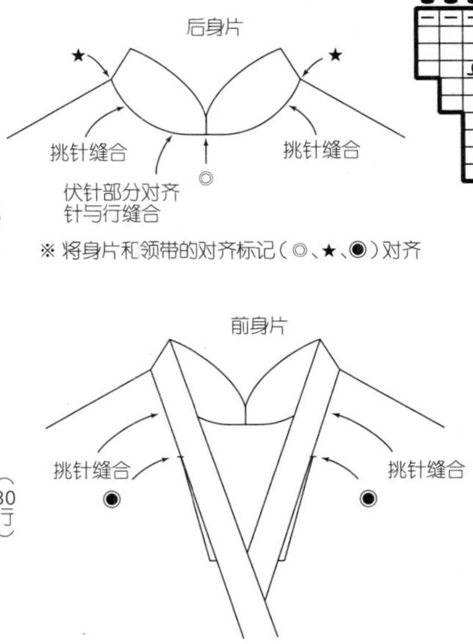

领带穿入口(下针编织)

取1根段染线和1根褐色线编织

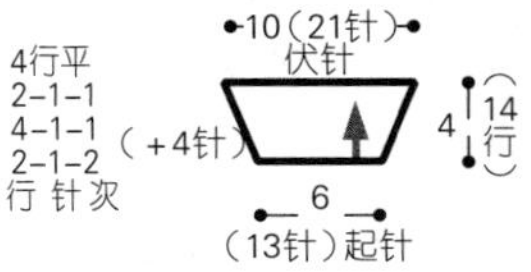

领带穿入口的编织方法

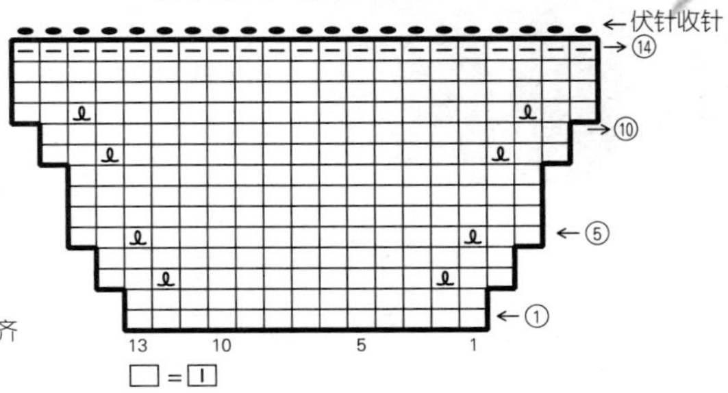

□ = |

领带穿入口的连接方法

前领窝的减针

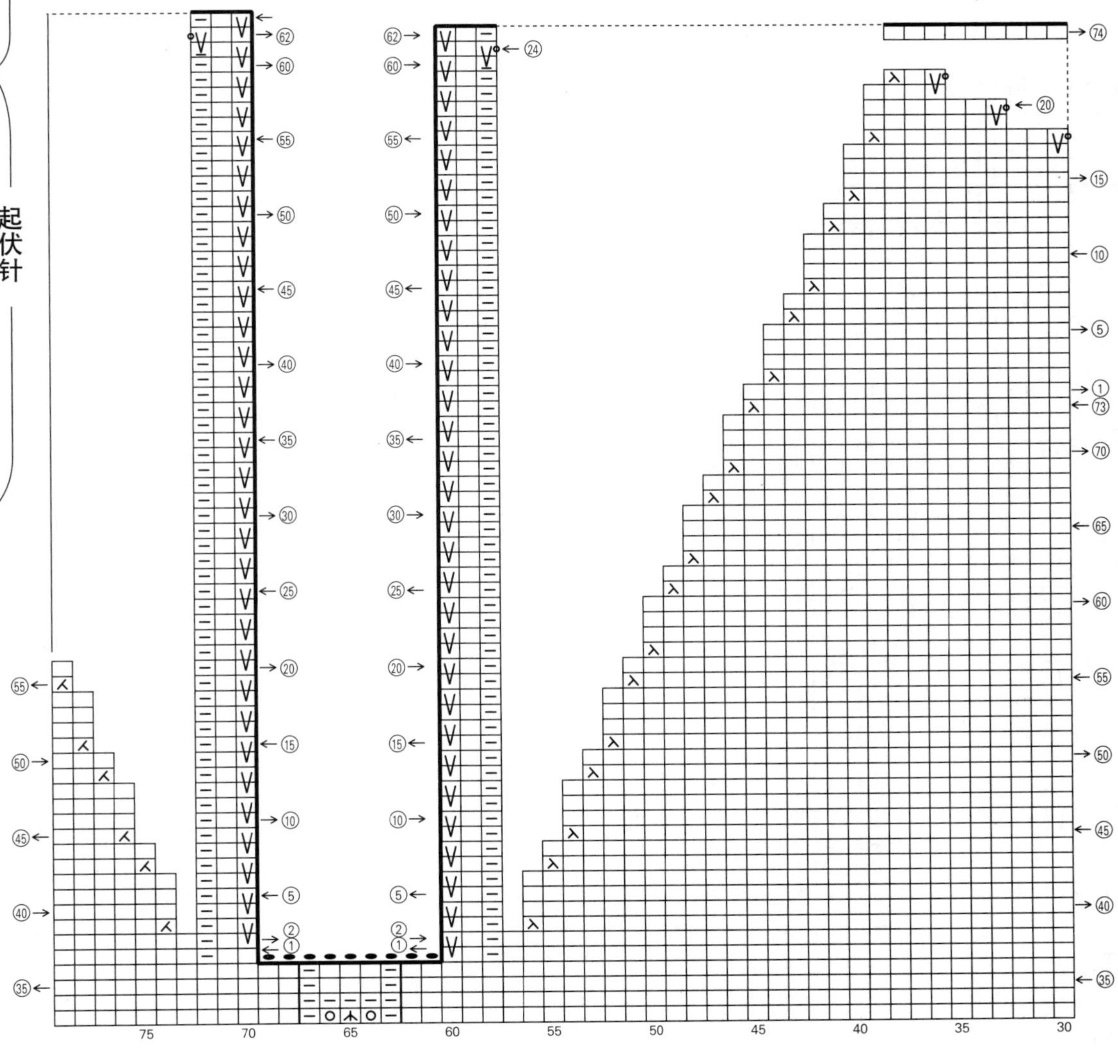

□ = |

材料

PIERROT YARNS♪　Chanvre 淡紫色(12) 260g/7团

工具

钩针4/0号

成品尺寸

胸围98cm，衣长54cm，连肩袖长55cm

编织密度

10cm×10cm面积内：编织花样A 20针，9行；编织花样B 20针，7.5行

编织要点

●袖子、身片…取指定根数的线钩织。袖子钩织锁针起针后，按编织花样A环形钩织。参照图示加针。身片从袖子上挑针，接着按编织花样A、B一边加针一边钩织。钩织2片相同的织物。

●组合…后背中心正面相对做引拔接合。在袖口、下摆、前门襟和领窝钩织1行短针调整形状。

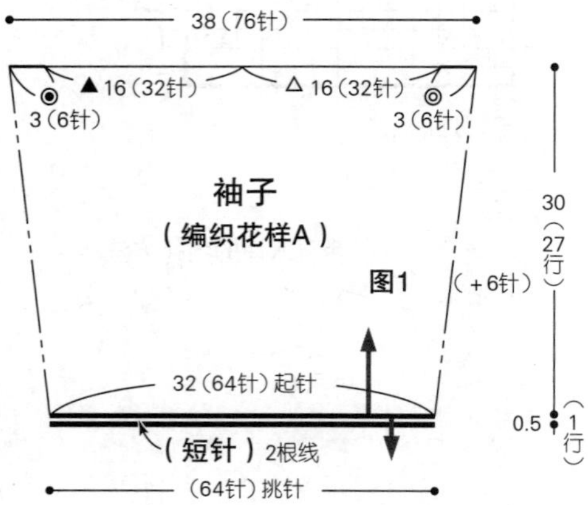

※ 全部用4/0号针钩织

※ 取指定根数的线钩织

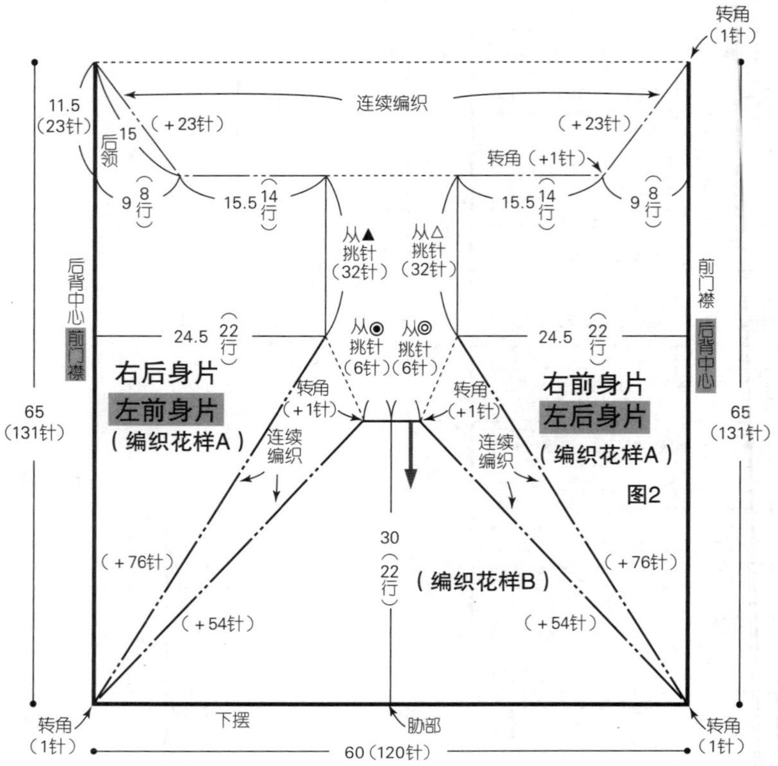

※ 钩织2片相同的织物。▇ 为第2片

编织花样A

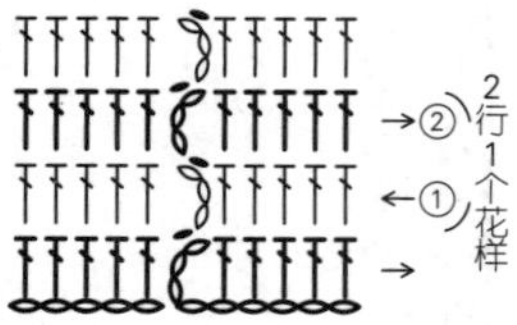

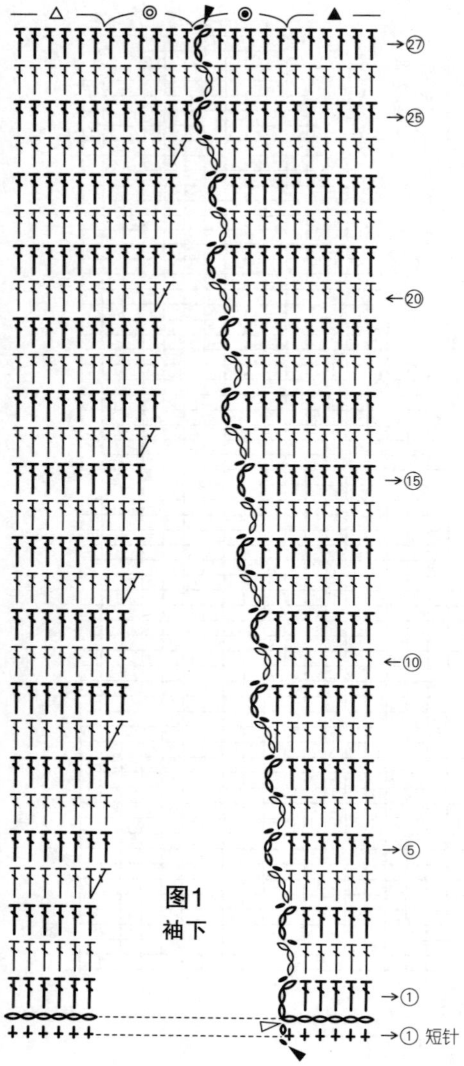

短针

▷ =加线

▶ =剪线

{ — =2根 / — =1根 }

下摆、前门襟、领窝

(短针) 2根线

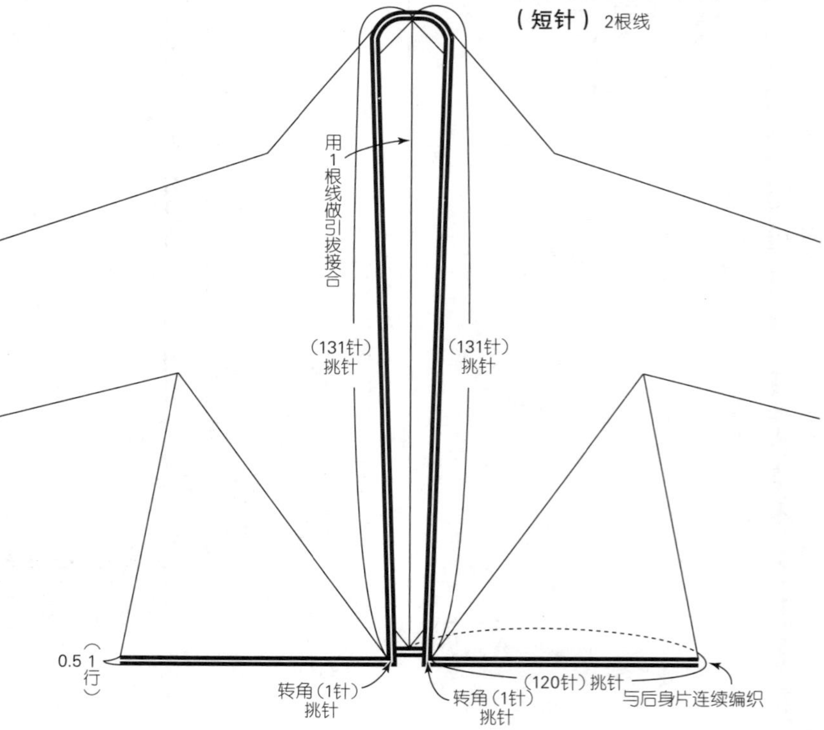

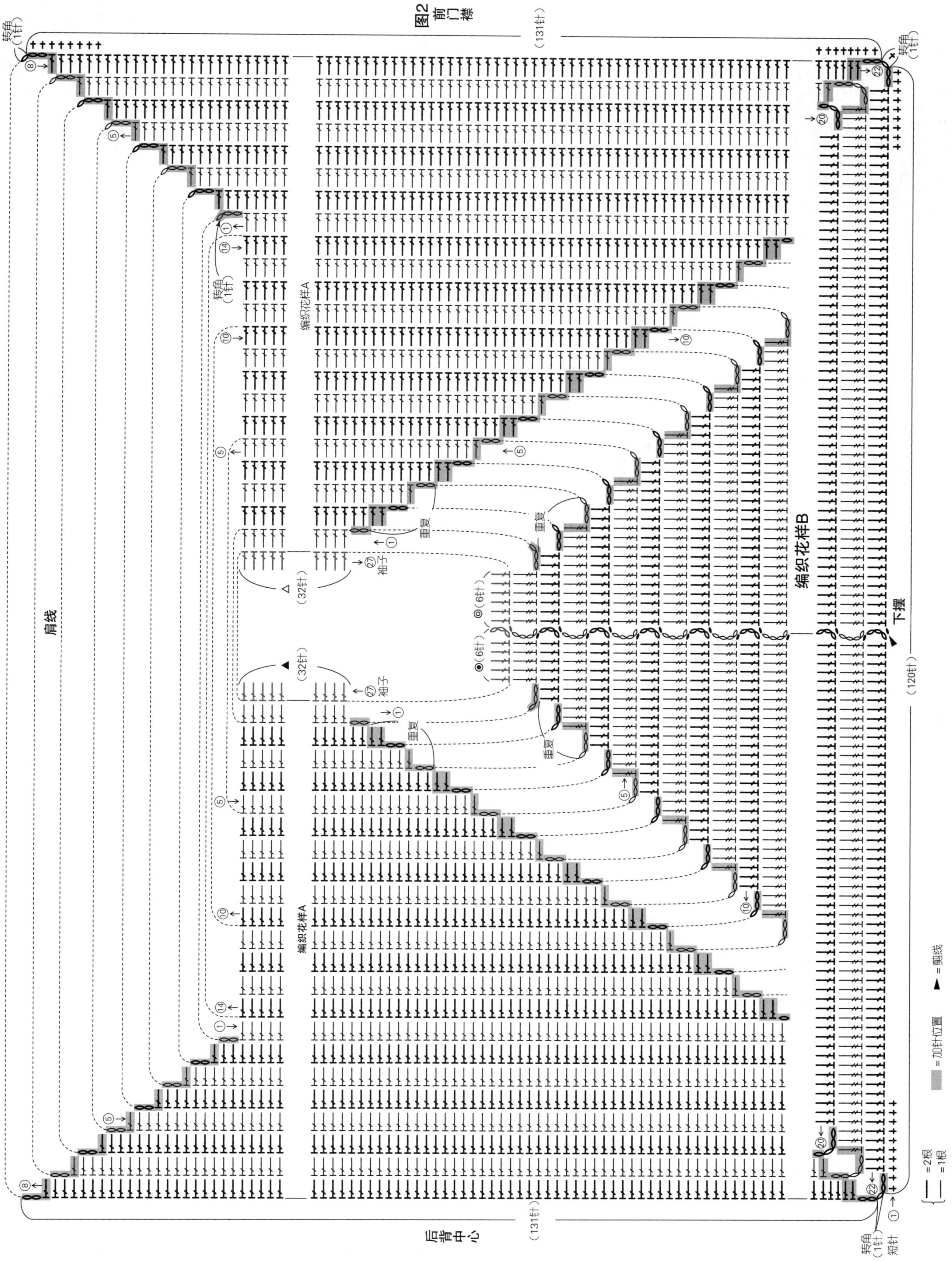
图2 前门襟
（131针）
转角（1针）
肩线
编织花样A
编织花样B
袖子
（32针）
（6针）
重复
下摆
（120针）
后背中心
短针
=2根
=1根
=加针位置
=剪线

材料

钻石线 DIASKETCH 橙色和蓝色系段染(205) 165g/6团；DIACIELO 深红色(109) 95g/4团

工具

钩针5/0号

成品尺寸

胸围105cm，衣长59cm，连肩袖长48cm

编织密度

花片的大小请参照图示

编织要点

●钩织并连接花片。从第2片花片开始，一边钩织一边在最后一圈与相邻花片连接。衣领挑取指定数量的花样，按编织花样钩织。在衣领一周、下摆、袖口环形钩织边缘。

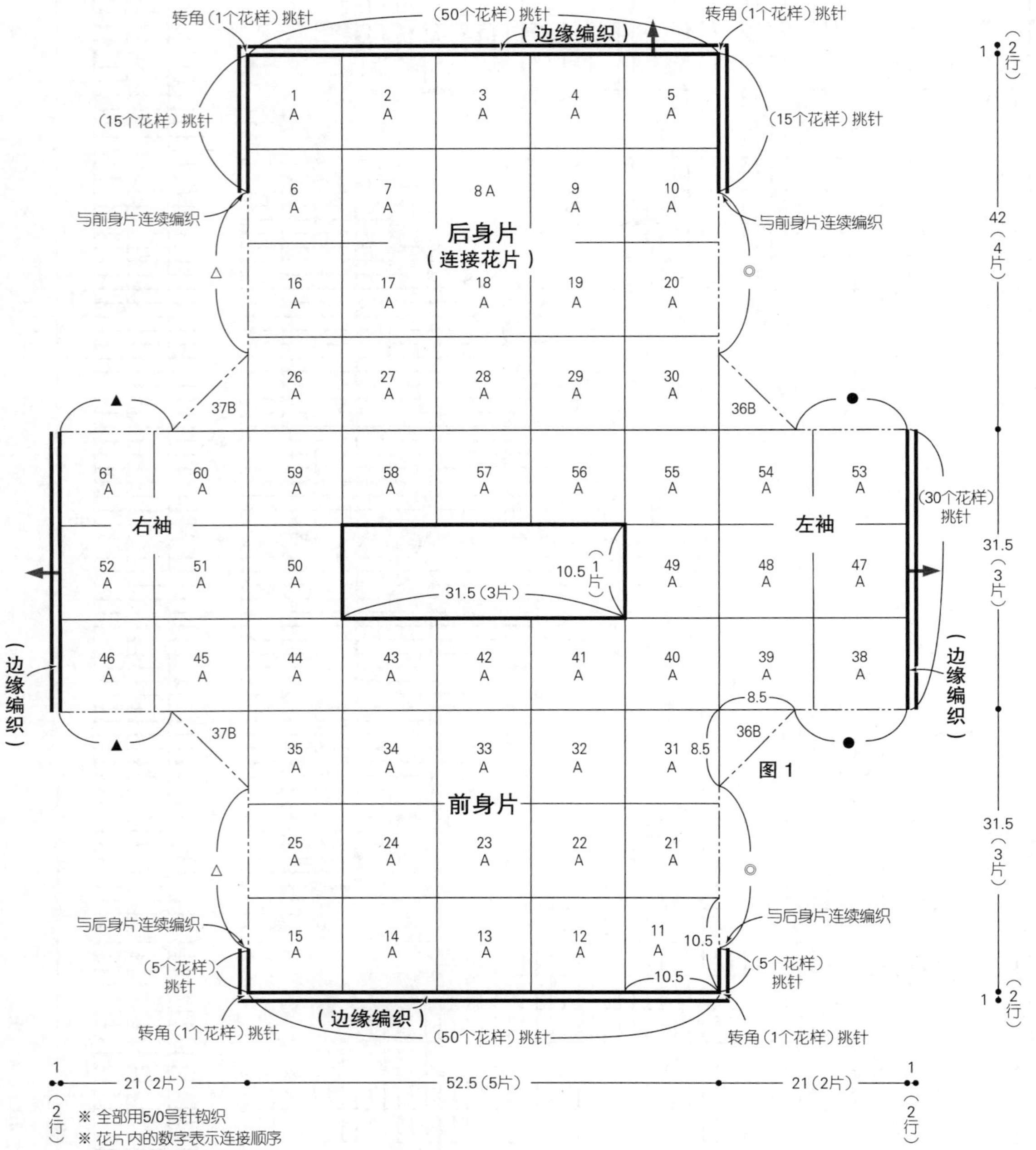

※ 全部用5/0号针钩织
※ 花片内的数字表示连接顺序
※ 对齐相同标记做连接

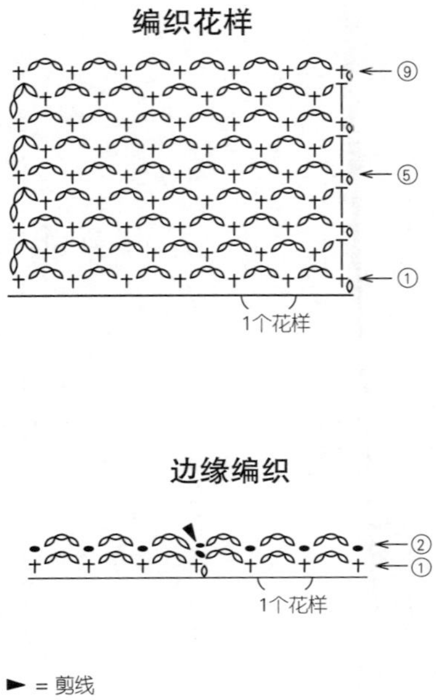

衣领(编织花样)深红色

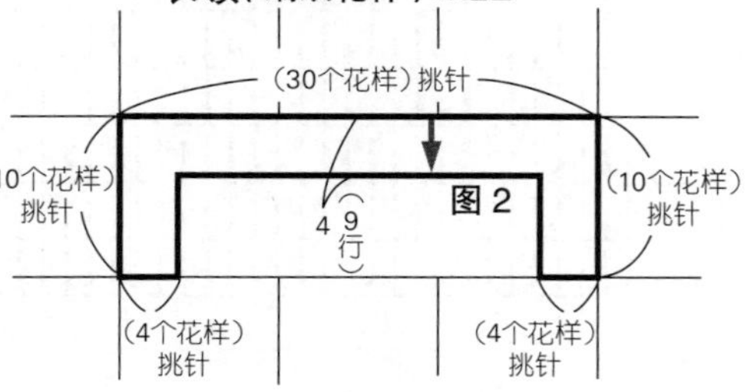

衣领一周(边缘编织)深红色

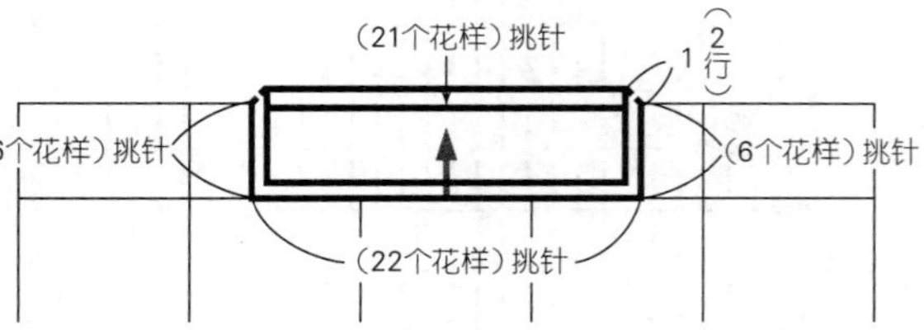

▷ = 加线
► = 剪线

花片A 59片

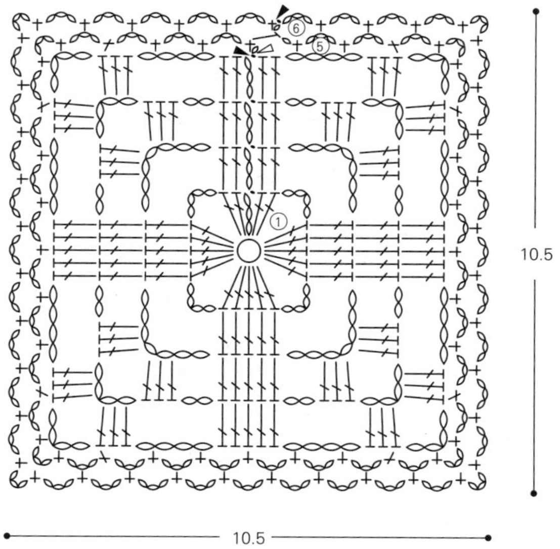

配色 { 第5、6圈 = 深红色
第1~4圈 = 段染

花片B

深红色 2片

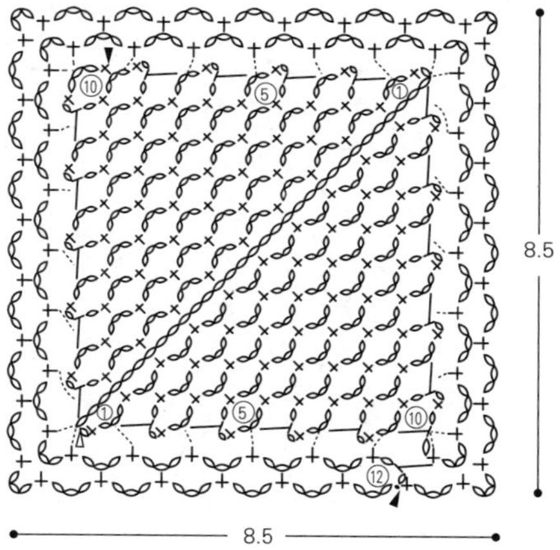

花片的连接方法

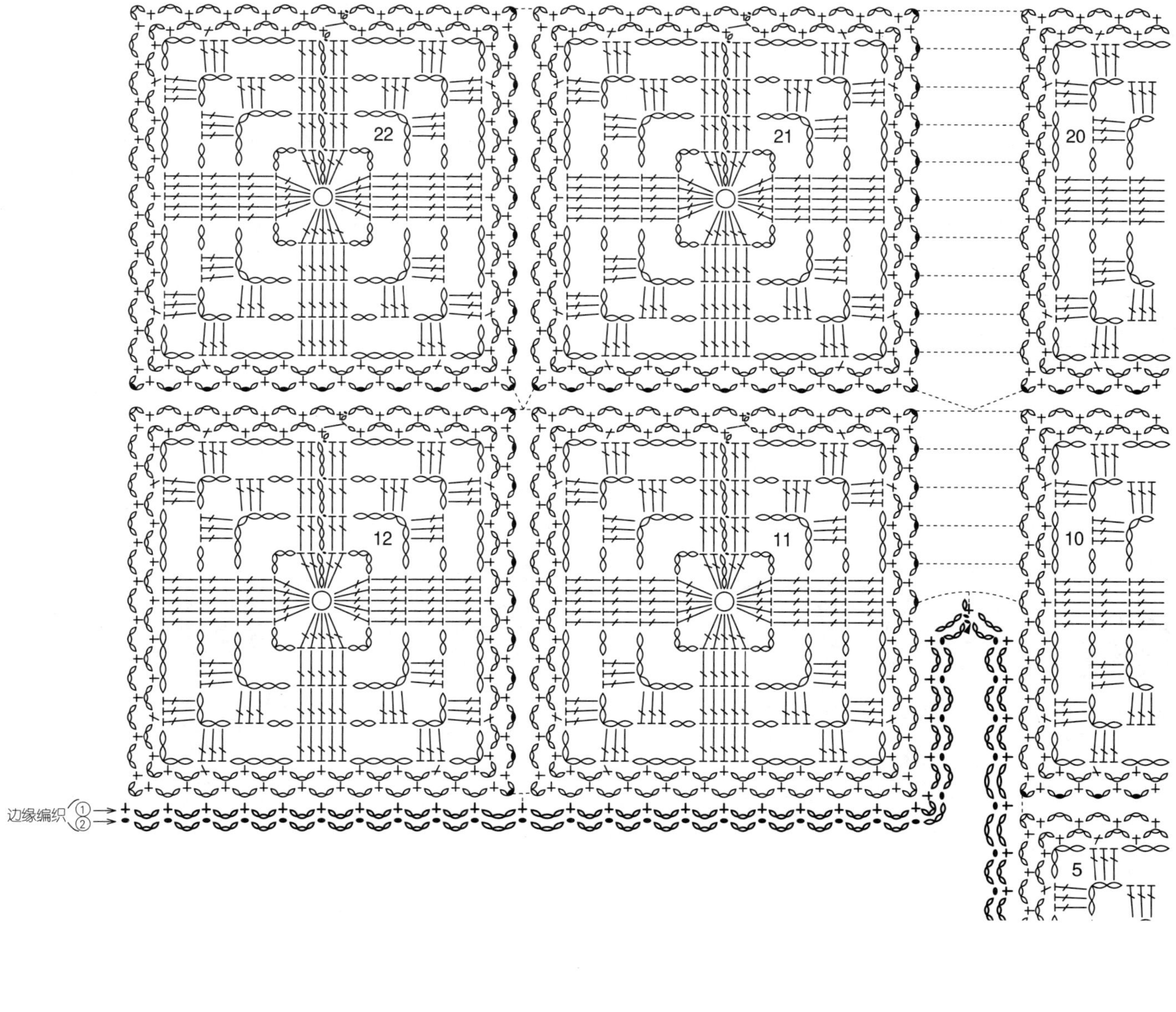

图 1 胁部

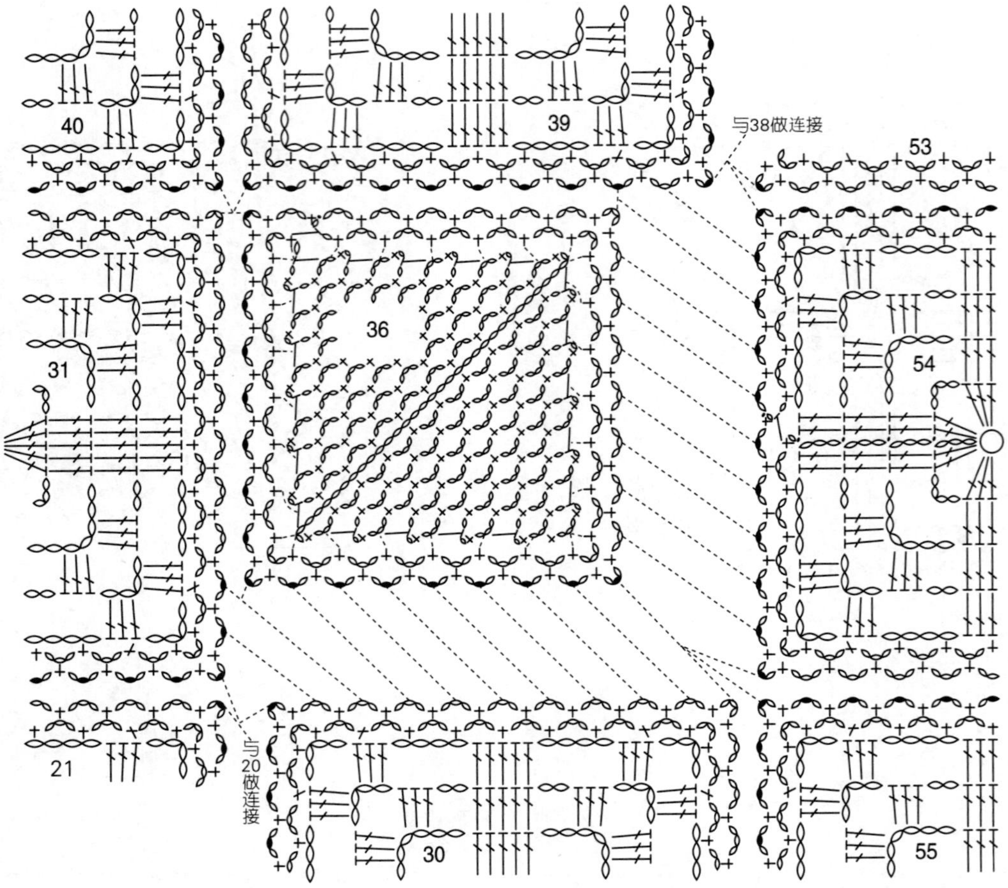

卷针加针（2针以上）

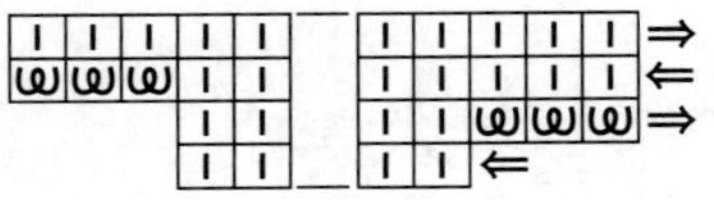

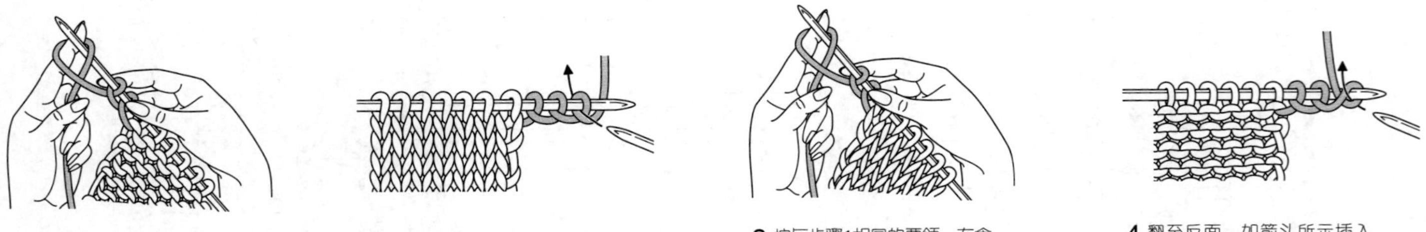

1 在食指上绕线，将棒针插入所绕线圈后抽出手指。重复此操作加至所需针数。

2 翻至正面，如箭头所示插入棒针编织下针。剩下的2针也按相同的要领编织，继续编织至末端。

3 按与步骤1相同的要领，在食指上绕线后插入棒针加针。

4 翻至反面，如箭头所示插入棒针编织上针。剩下的2针也按相同的要领编织。

图 2 衣领

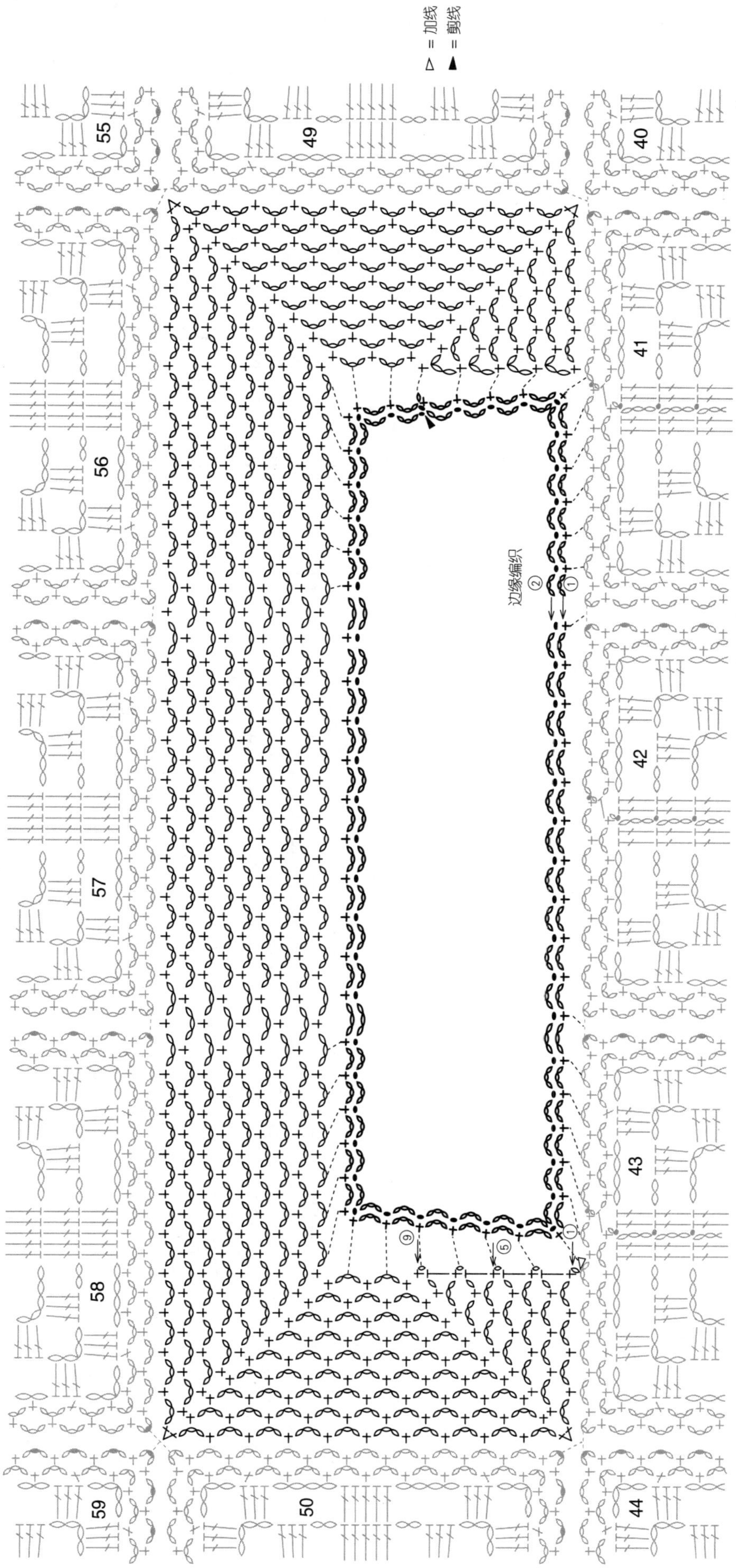

长针的正拉针

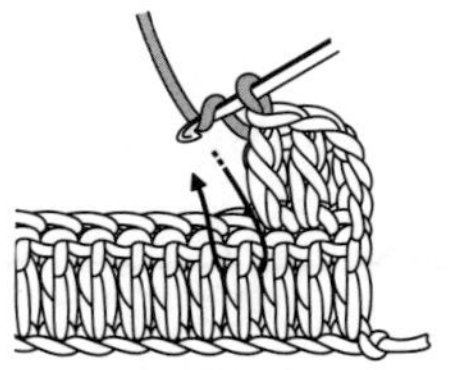

1 针上挂线，如箭头所示从前面将钩针插入前一行长针的根部，将线拉出。

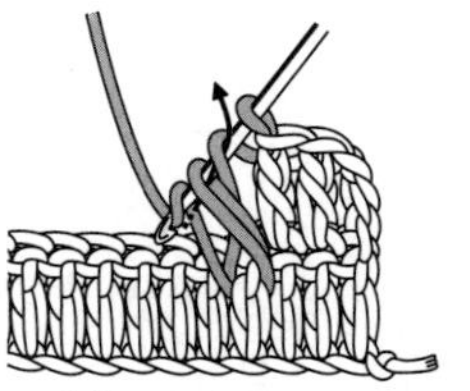

2 挂线后引拔穿过钩针上的2个线圈。

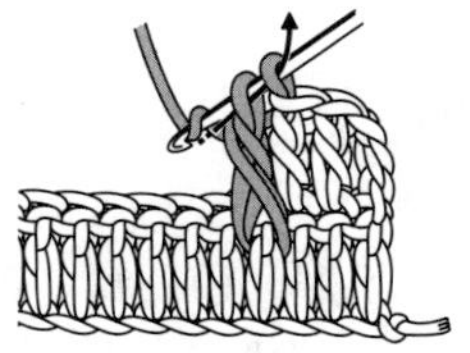

3 再次挂线，引拔穿过钩针上的2个线圈。

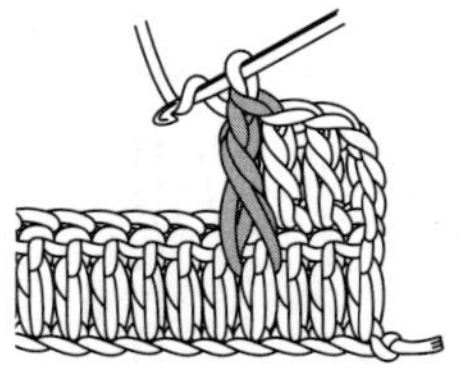

4 1针长针的正拉针完成后的状态。

材料

PIERROT YARNS♪ Beauty Silk Cotton UV 白色(01) 205g/7团，银灰色(14)、橘黄色(22)各30g/各1团；直径15mm的纽扣6颗

工具

钩针5/0号、3/0号、6/0号(用于起针)

成品尺寸

胸围92cm，衣长55.5cm，连肩袖长39.5cm

编织密度

10cm×10cm面积内：编织花样、条纹花样均为23针，18行

编织要点

●身片、袖子…钩织锁针起针后，按编织花样和条纹花样钩织。参照图示加减针。

●组合…肩部做引拔接合，胁部、袖下钩织引拔针和锁针缝合。下摆、前门襟、衣领挑取指定针数后环形钩织短针。在右前门襟留出扣眼。袖子与身片做引拔接合。最后缝上纽扣。

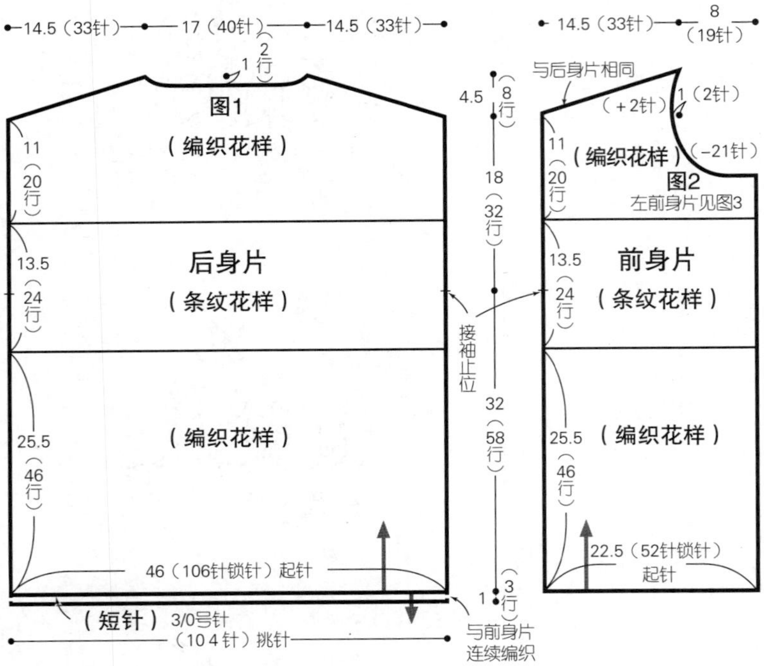

※ 用6/0号针起针，除指定以外均用5/0号针钩织

※ 除指定以外均用白色线钩织

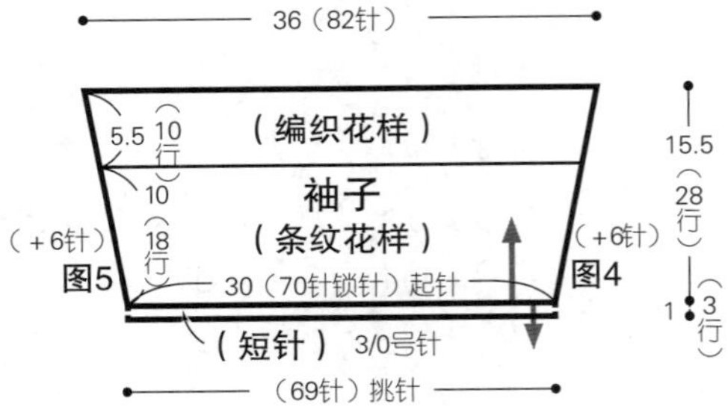

下摆、前门襟、衣领

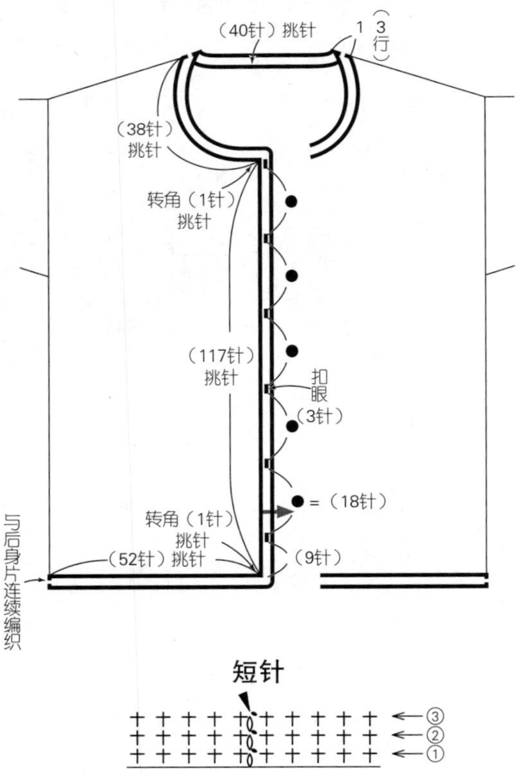

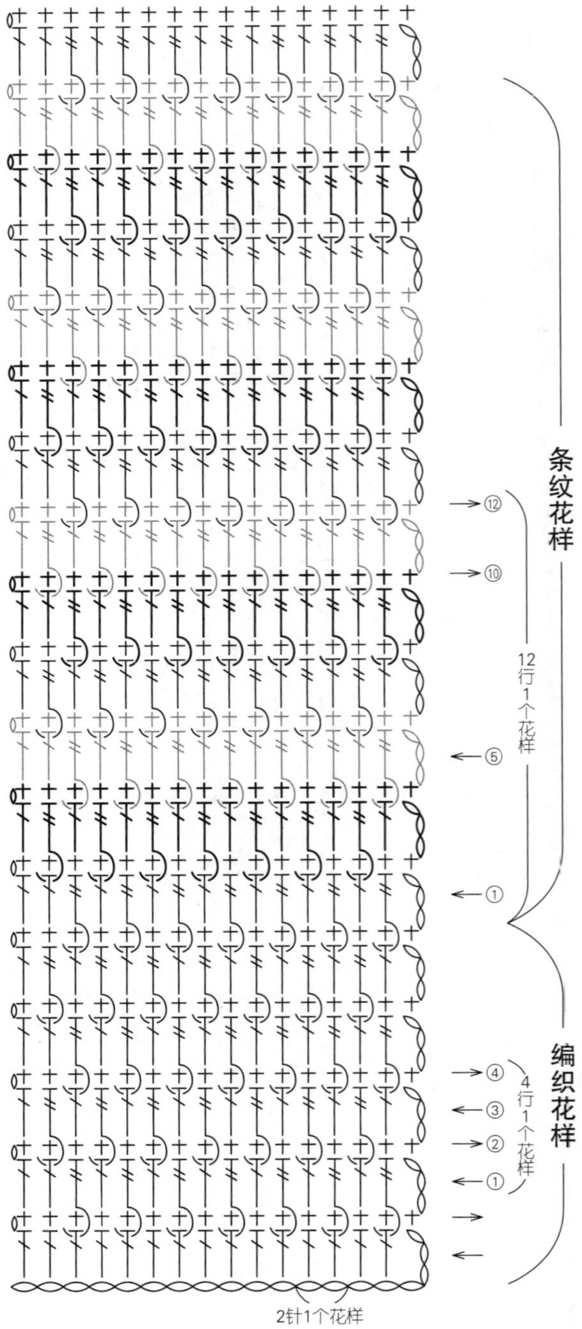

配色：—— = 白色　—— = 银灰色　—— = 橘黄色

► = 剪线

= 在前2行的长针里插入钩针，钩织长长针的正拉针

※长针的正拉针的钩织方法请参照第141页

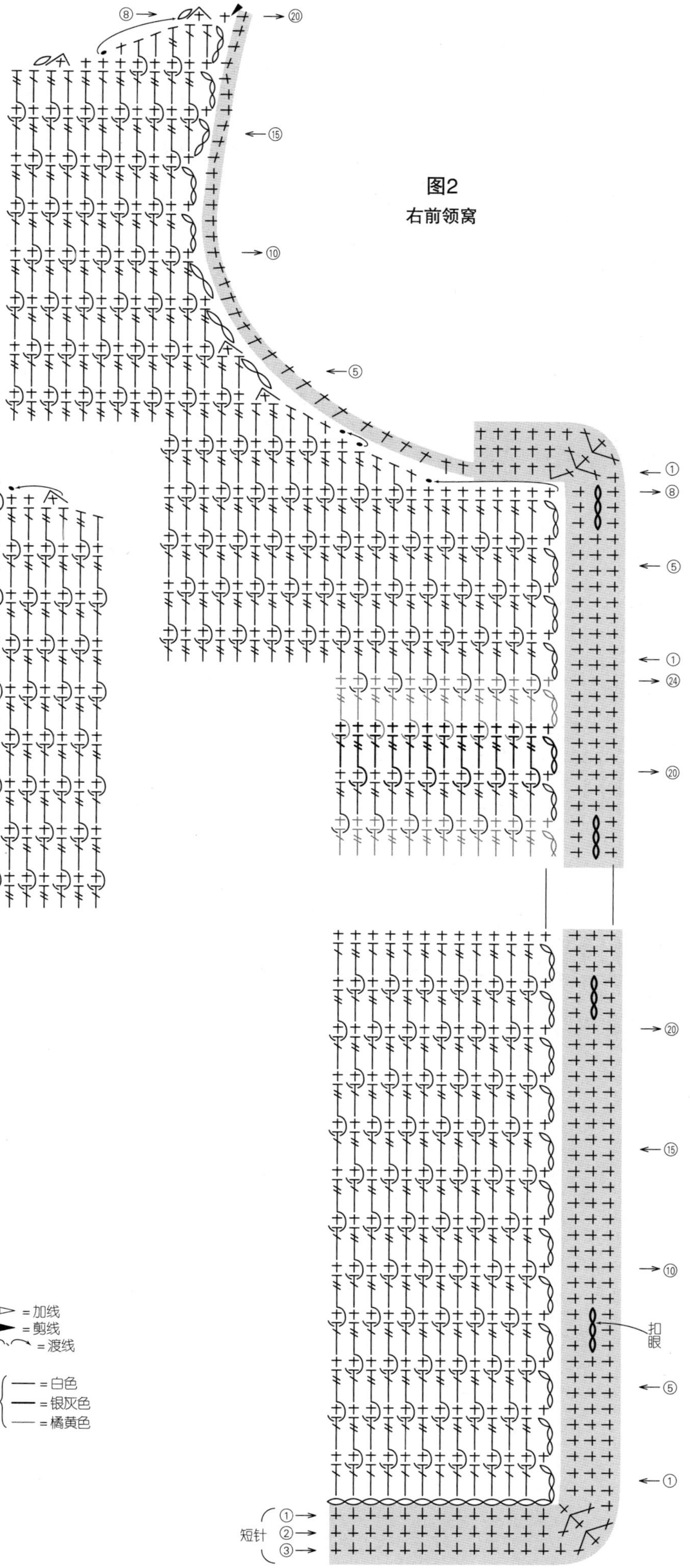

图2
右前领窝

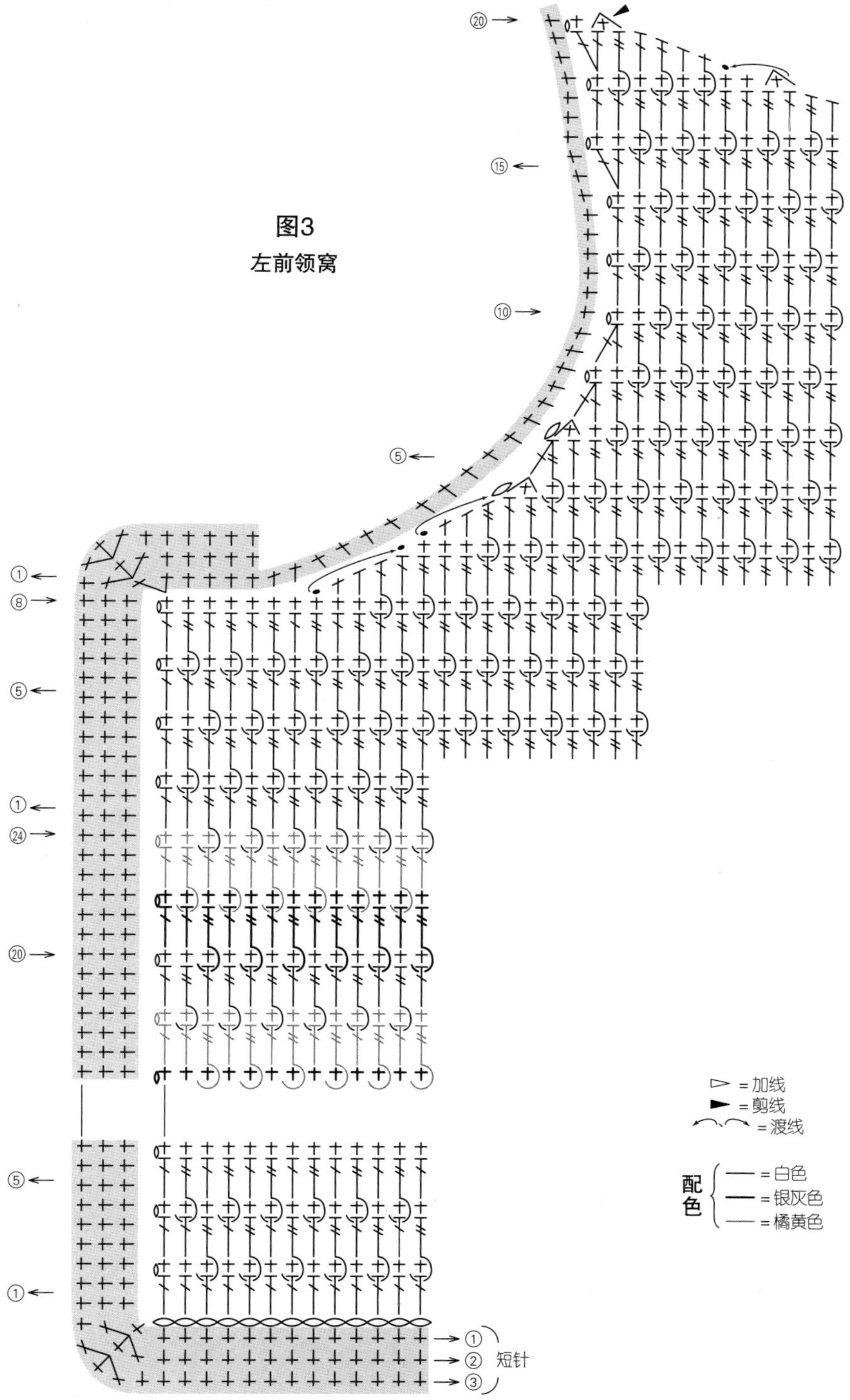

图3
左前领窝

▷ = 加线
◀ = 剪线
⌒ = 渡线

配色
— = 白色
— = 银灰色
— = 橘黄色

图1　后领窝

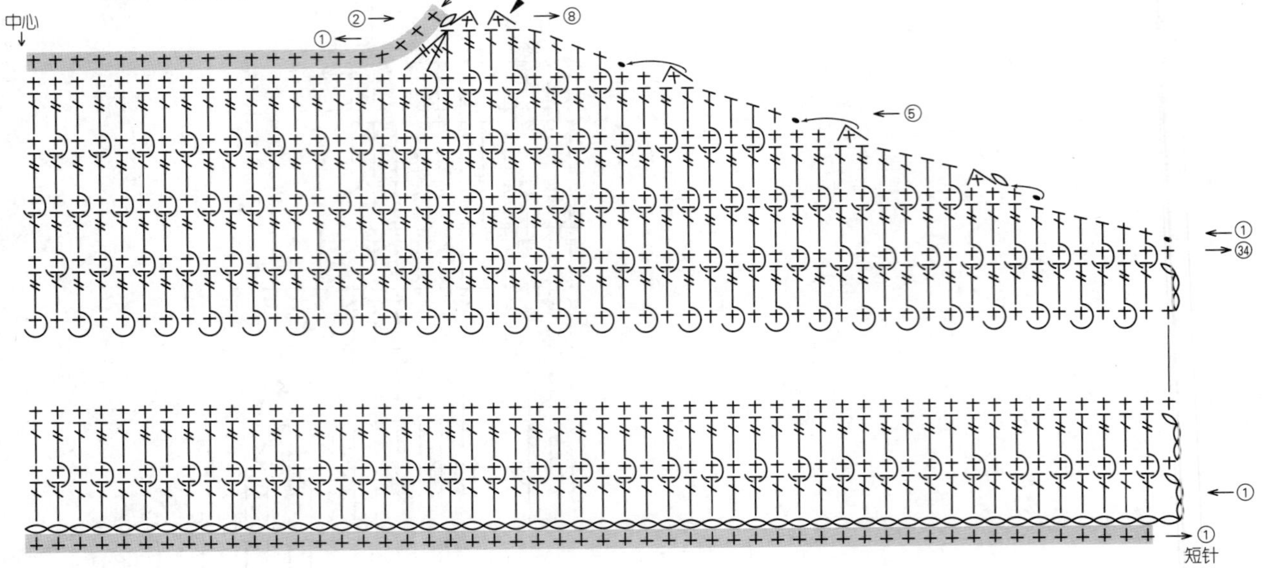

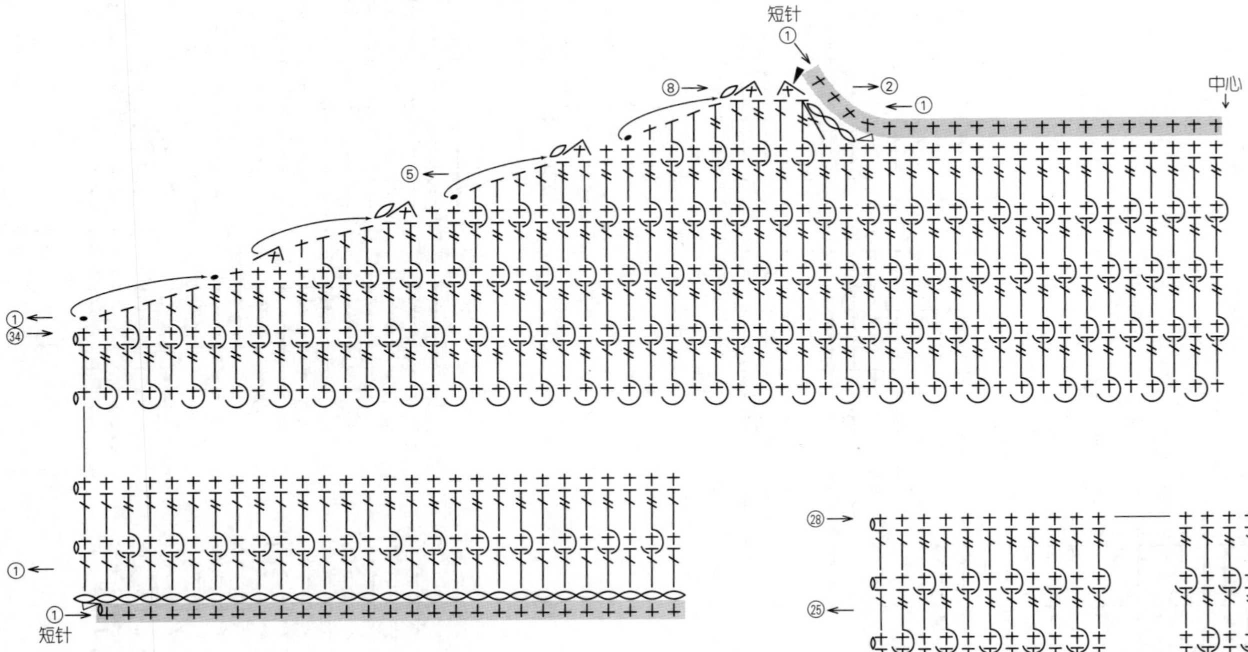

▷ = 加线
▶ = 剪线
⌒ = 渡线

配色
—— = 白色
—— = 银灰色
—— = 橘黄色

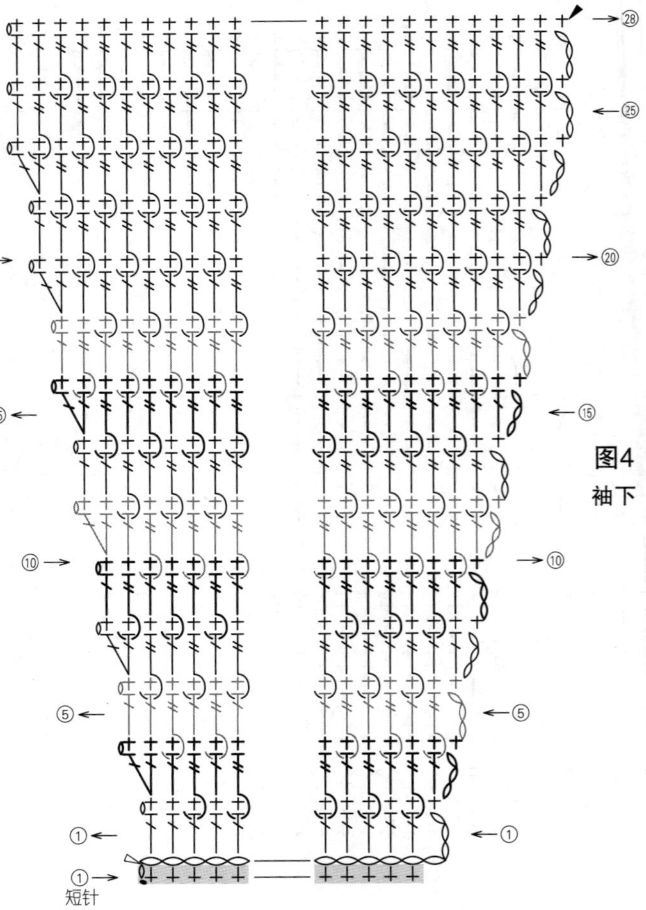

图5
袖下

图4
袖下

材料

FEZA ALP NATURAL 原白色系(701) 90g/1桄；LANA GATTO CABLE' 5 橙色(6570) 45g/1团，灰蓝色(7835) 40g/1团

工具

钩针 12mm

成品尺寸

宽 164cm，长 52cm

编织密度

10cm×10cm 面积内：条纹花样 7 针，7.5 行

编织要点

●钩织锁针起针后，按条纹花样钩织。

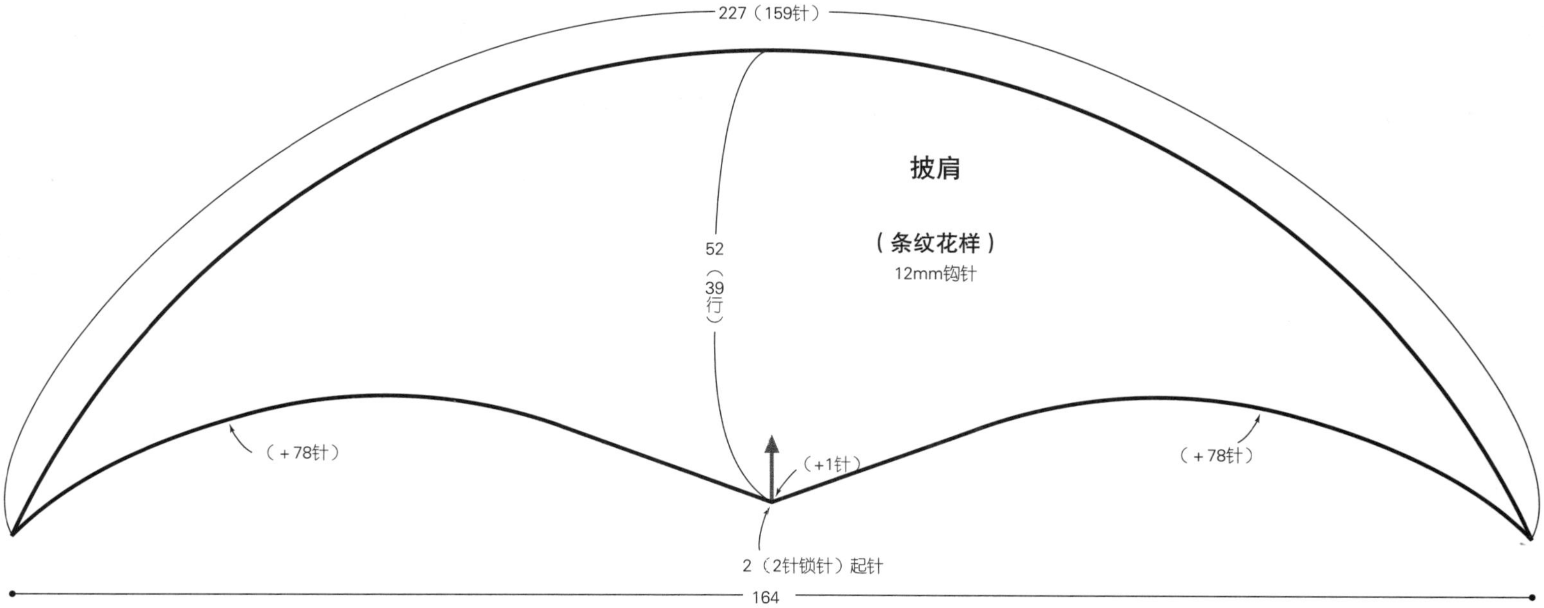

条纹花样

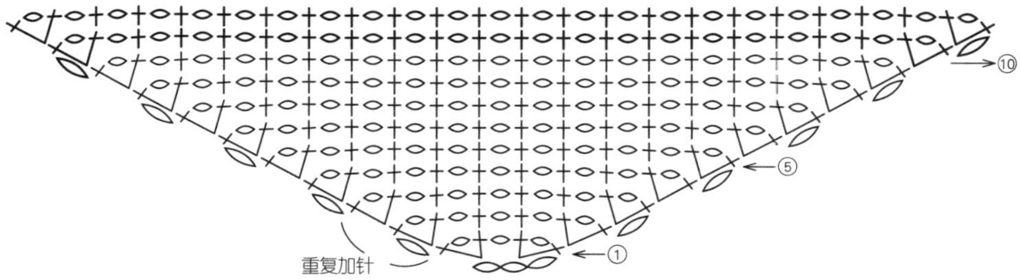

条纹花样的配色

配色	行数
橙色和灰蓝色线各取1根合股编织	★
原白色系和灰蓝色线各取1根合股编织	★
原白色系 1根	★
原白色系和橙色线各取1根合股编织	（13行）
原白色系 1根	（5行）
原白色系和灰蓝色线各取1根合股编织	（9行）

★=（4行）

合计（39行）

绕3圈的卷针

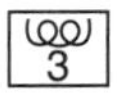

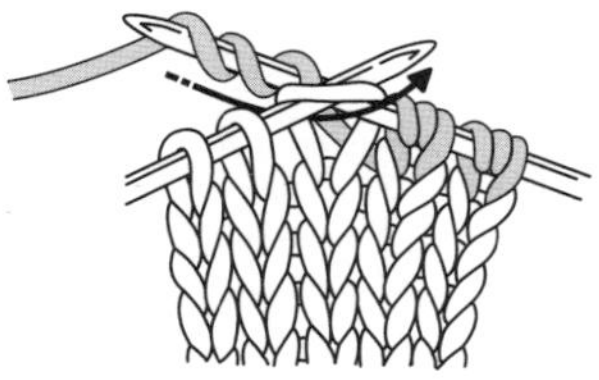

1 在针目里插入右棒针，在针上绕3圈线后拉出。

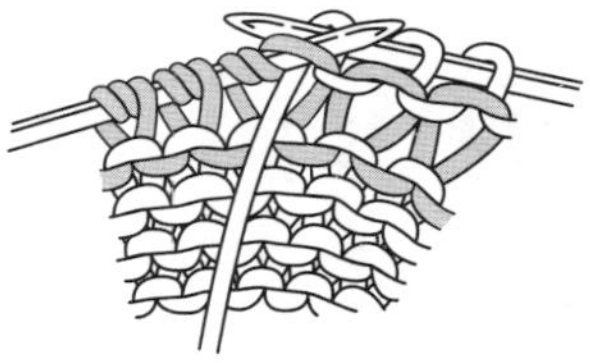

2 在下一行一边编织一边取下所绕线圈。

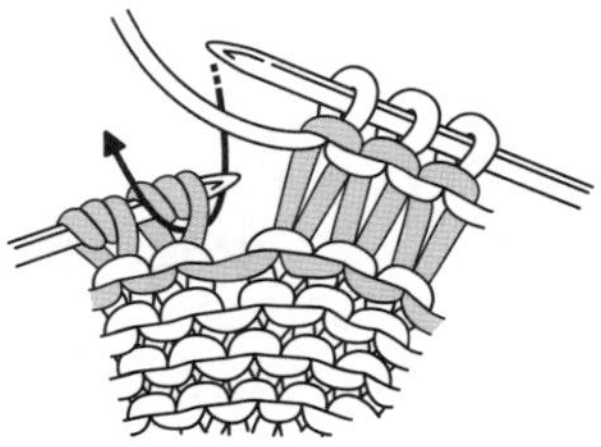

3 绕3圈的卷针完成。

材料

FEZA ALP NATURAL 灰色和浅蓝色系（712）180g/2 桄

工具

棒针 8mm

成品尺寸

胸围 132cm，衣长 44cm，连肩袖长 36.5cm

编织密度

10cm×10cm 面积内：编织花样 13 针，12 行

编织要点

●身片…手指挂线起针后，按下针编织和编织花样编织。编织结束时，将肩部的针目休针备用，将剩下的针目做伏针收针。

●组合…肩部做盖针接合，胁部做挑针缝合。衣领、袖口挑取指定针数后环形编织下针，编织结束时做伏针收针。

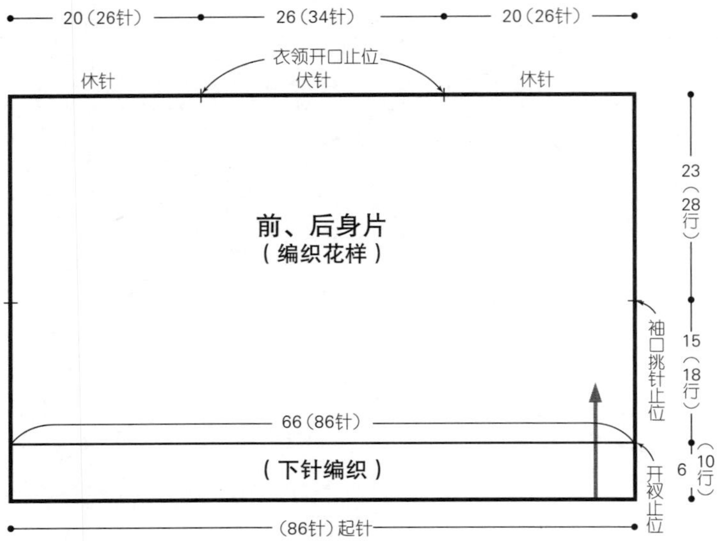

※ 全部用8mm针编织

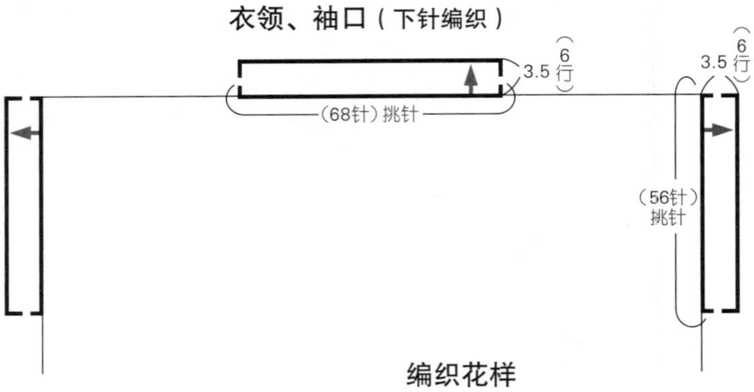

编织花样

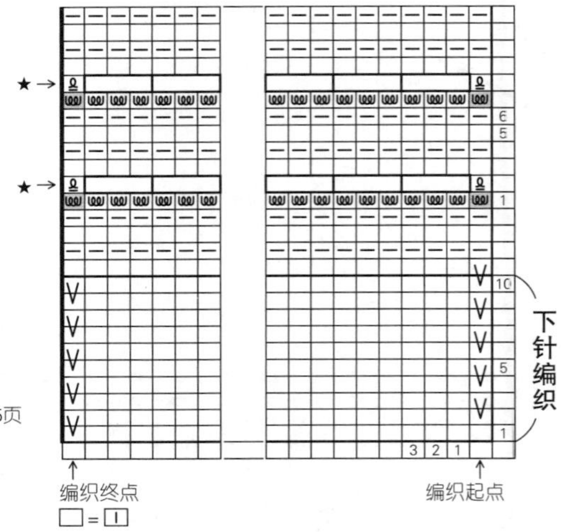

V = 滑针（1行）

= 绕2圈的卷针

= 绕3圈的卷针

※编织方法请参照第145页

▭ = 参照下图

□ = Ⅰ

★行的编织方法

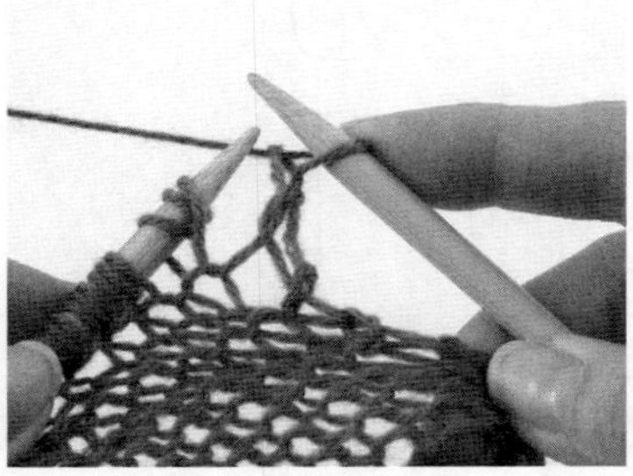

1 一边解开前一行卷针缠绕的线圈，一边在第1针里编织扭针，将后面的3针移至右棒针上。

2 将刚才移过去的3针移回左棒针上。

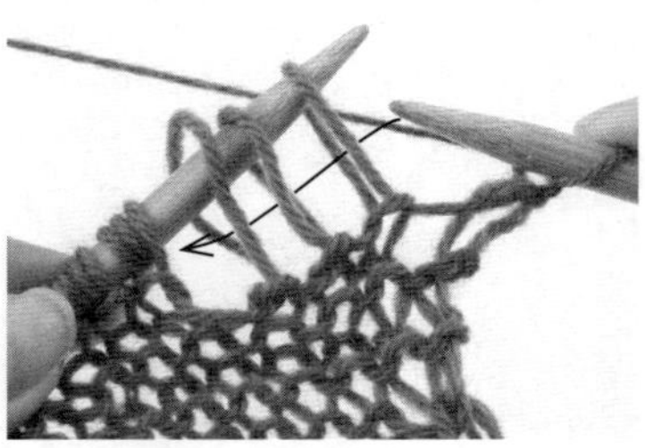

3 如箭头所示插入棒针，编织下针。

4 不要取下左棒针上的针目，继续编织挂针、下针。

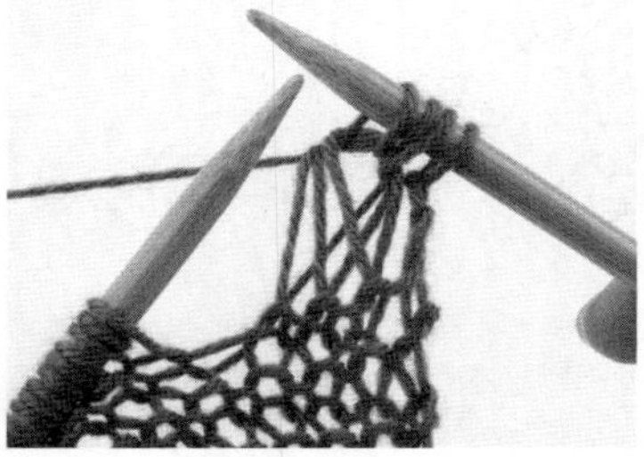

5 取下左棒针上的3针，完成。

6 编织完1行后的状态。

材料

奥林巴斯线　Honnete 浅灰色(102) 90g/3团

工具

梭针5号

成品尺寸

宽17.5cm，长148.5cm

编织密度

花片的大小请参照图示

编织要点

● 参照第82页，按花片A、B的顺序编织。花片编织结束后，在周围编织边缘。最后上浆定型。

围巾（连接花片）

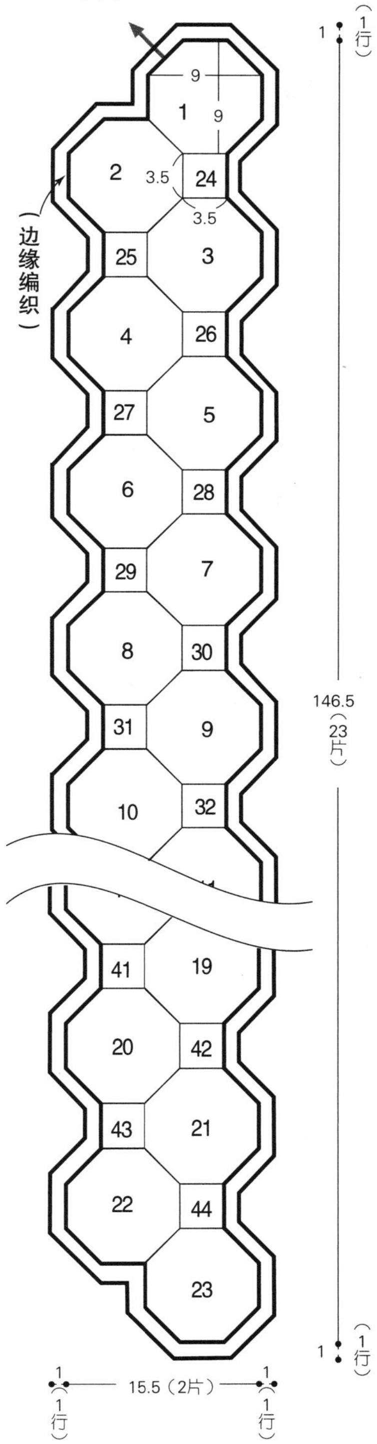

※全部用5号梭针编织
※花片内的数字表示连接顺序

符号图的看法

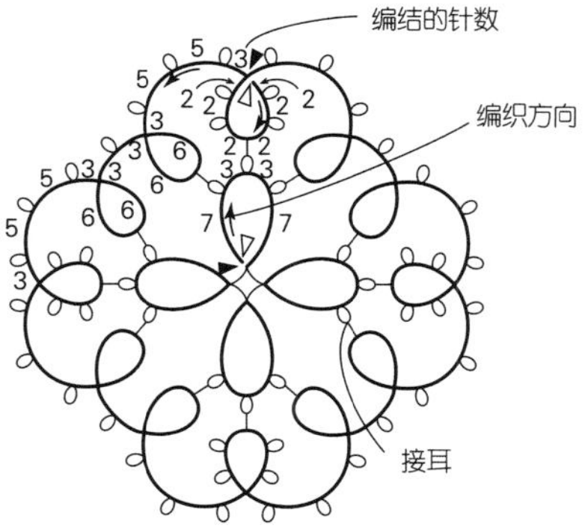

▷ = 编织起点
▶ = 编织终点

花片A　23片

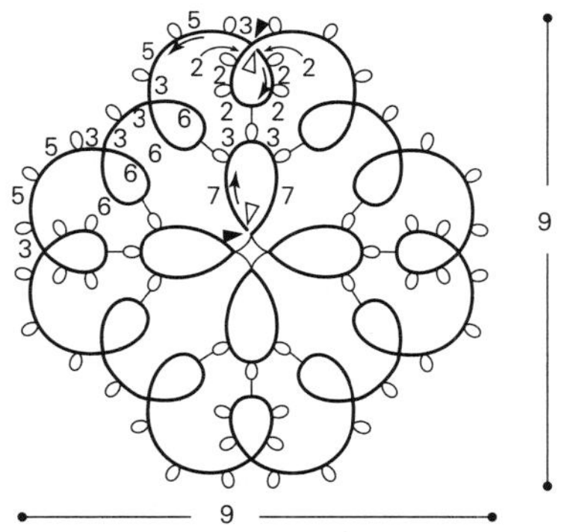

※富余线量（约40cm）+芯线的长度（1片的用量）
第1圈…58cm
第2圈…108cm

花片B　21片

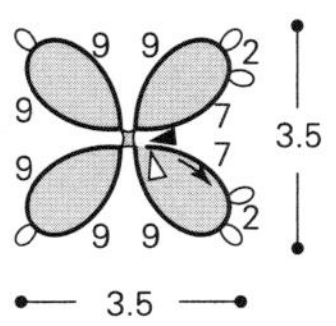

※富余线量（约40cm）+芯线的长度=57cm（1片的用量）

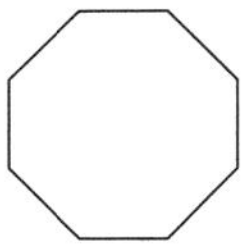 = 花片A

 = 花片B

花片的连接方法

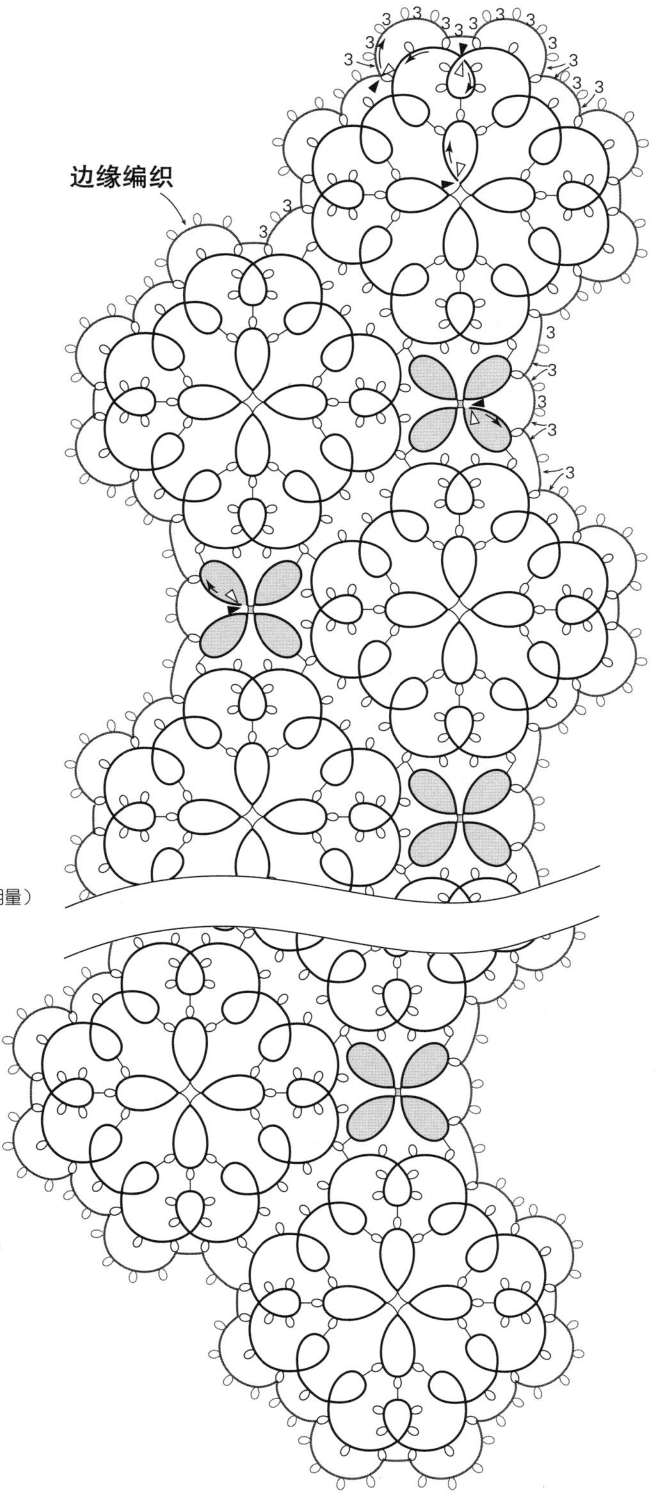

材料

[吊坠项链] 奥林巴斯线 梭编蕾丝线<中> 浅紫色(T208) 5.2m/1团；直径6mm的珍珠1颗，小号圆形串珠60颗；38cm长的链子；直径3mm的小圆环1个，直径2mm的小圆环2个；项链金属配件1组

[手链] 奥林巴斯线 梭编蕾丝线<中> 浅紫色(T208) 9.2m/1团；大号圆形串珠9颗，小号圆形串珠36颗；2cm长的链子、1.5cm长的链子各1条；直径3mm的小圆环2个，直径2mm的小圆环2个；弹力卡扣1组

工具

梭针7号

成品尺寸

参照图示

编织要点

●参照第82页开始编织。一边编织花片，一边在指定位置编入串珠。最后参照图示进行组合。

吊坠项链

※全部用7号梭针编织

花片 第1圈

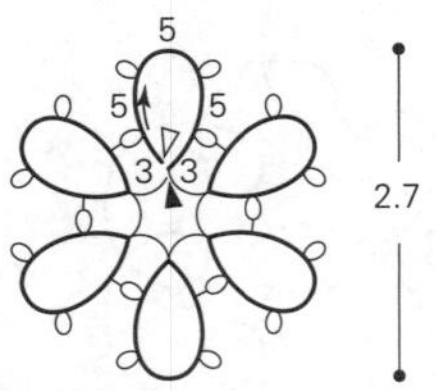

※富余线量（约40cm）+芯线的长度 =52cm

花片 第2圈

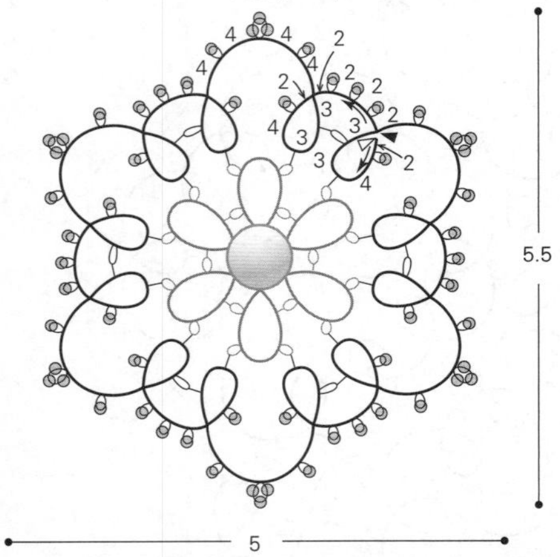

※富余线量（约40cm）+芯线的长度 =72cm ● = 编入串珠的位置

※在线中穿入60颗小号圆形串珠

※以花片的第1圈为中心，在周围编织第2圈

加入珍珠的方法

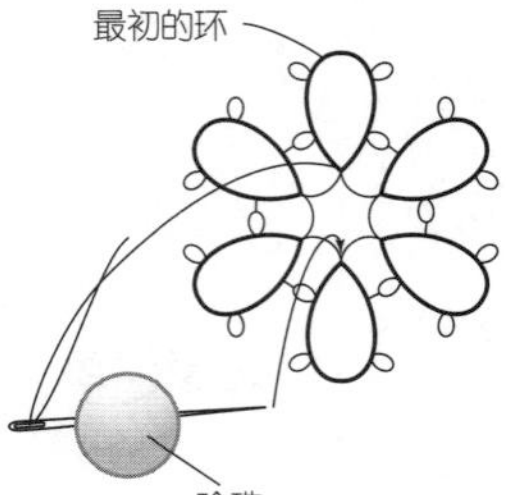

①149页的步骤6完成后，在最初的环的线结里将梭针从后面穿至前面，穿入珍珠，再在箭头所示位置的线结里从后往前穿针。

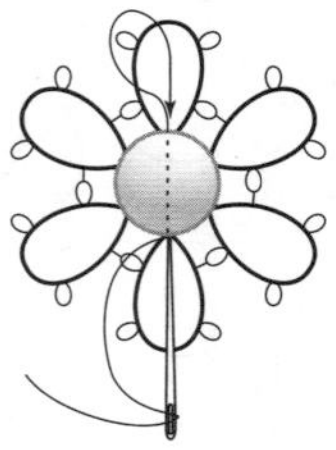

② 再次将针穿过珍珠，在最初的环的线结里将针穿至反面。

符号图的看法

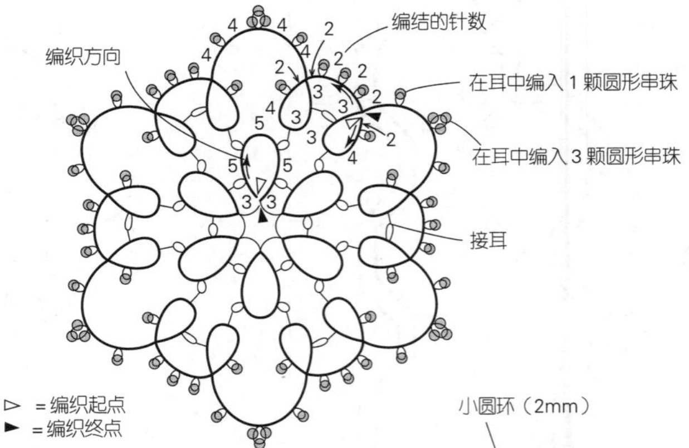

组合方法

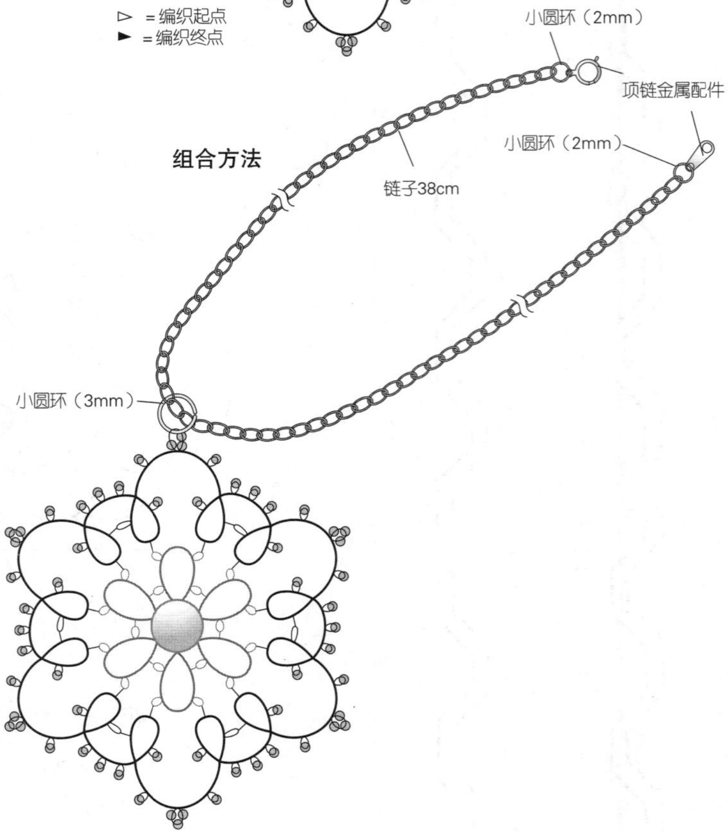

手链

※全部用7号梭针编织

● = 编入小号圆形串珠的位置

※富余线量(约40cm) +芯线的长度 =46cm（1个花片的用量）

※在线中穿入36颗小号圆形串珠

※参照吊坠项链中加入珍珠的方法，在花片中心缝上大号圆形串珠

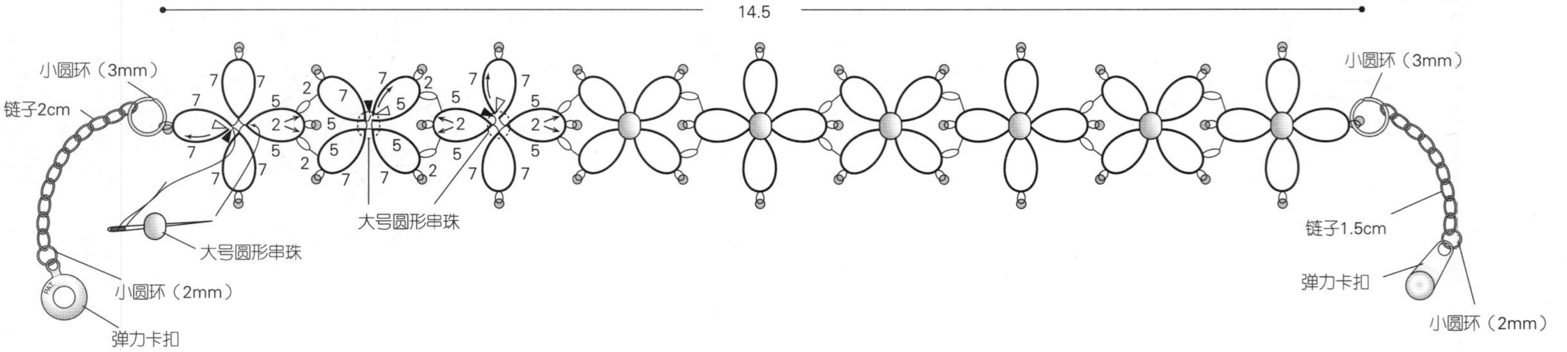

花片第1圈的编织方法

1 编织至最后1个接耳位置的前一针时抽出梭针,拉动线,留出少许线环。

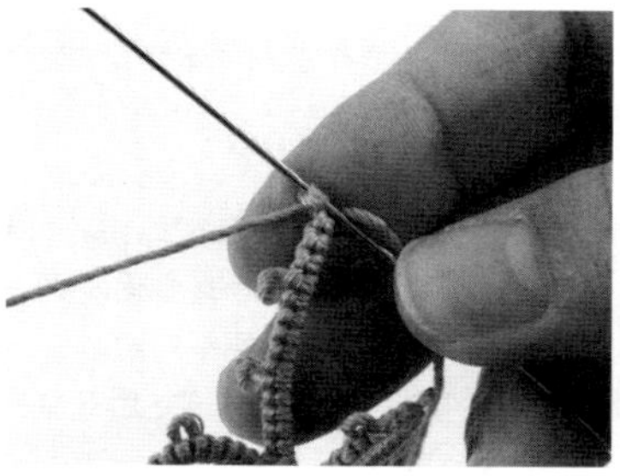

2 编织剩下的1针。

3 确认线环和线都在花片上方,与最初的环上的耳做连接。

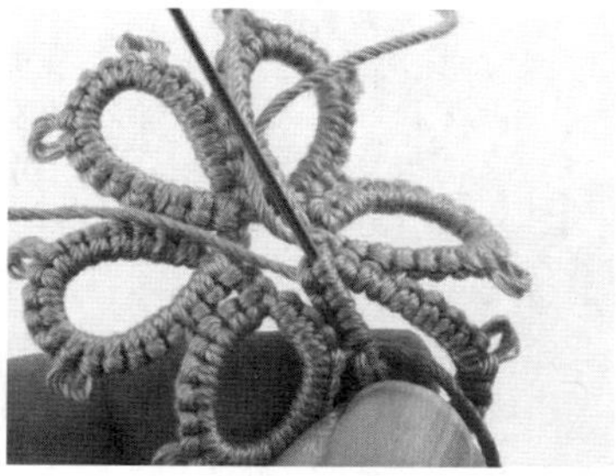

4 编织环上剩下的针目后抽出梭针,拉动线,留出步骤1的线环。

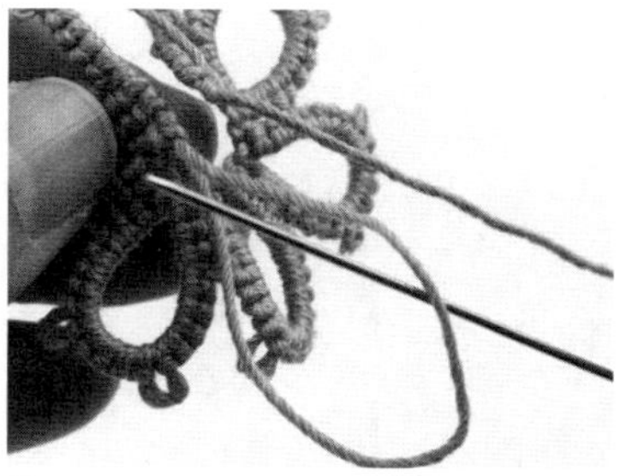

5 在步骤1留出的线环里插入梭针。

6 参照第82页打2次正结。（作品中紧接着参照加入珍珠的方法缝上珍珠）

7 在最初的环的线结里将梭针穿至反面。（不加珍珠完成花片的情况）

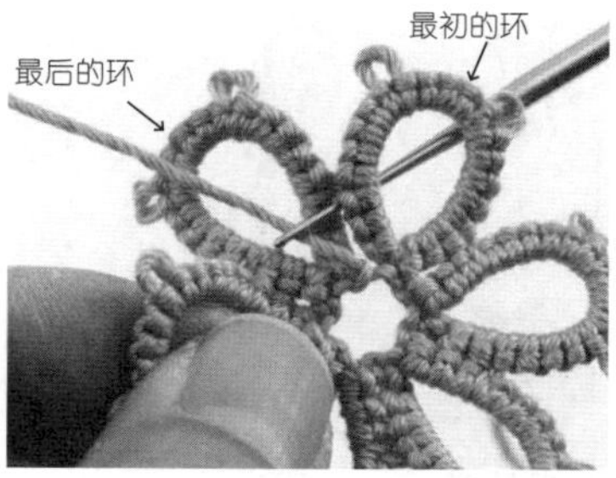

8 将线团一侧的线留出大约25cm后剪断。用蕾丝钩针将线头从最后的接耳位置与步骤7的穿针位置之间挑至后侧。

9 参照第83页的步骤20~22,打1次反结和1次正结。

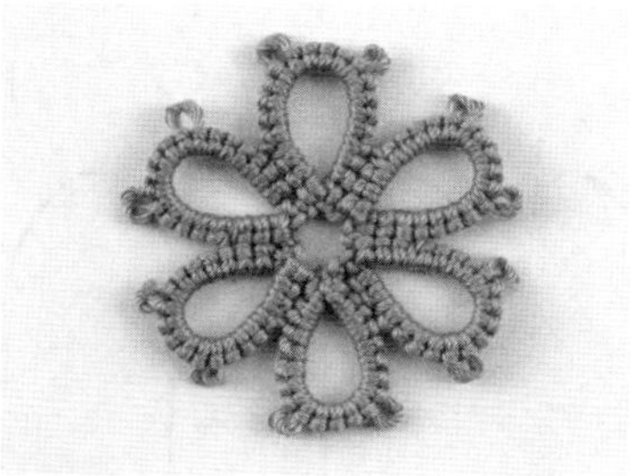

10 做好线头处理,完成。

编入串珠的方法

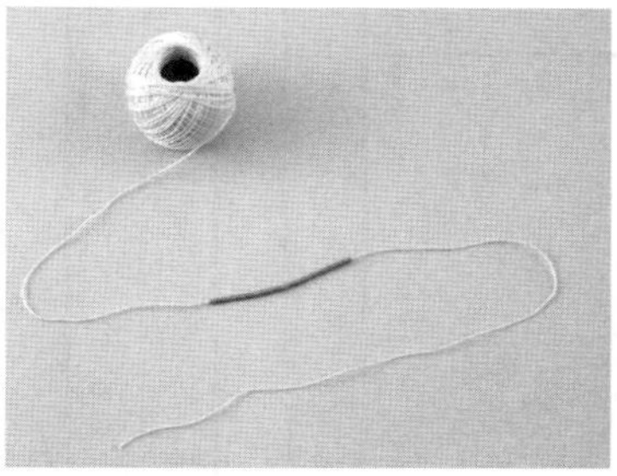

1 在线中穿入所需数量的串珠。

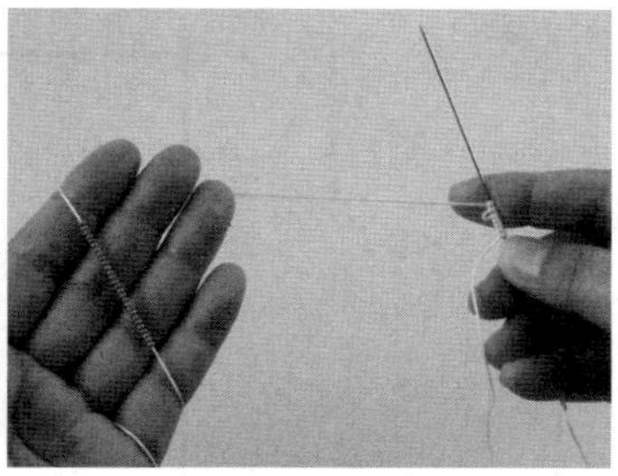

2 编织时将串珠握在左手。

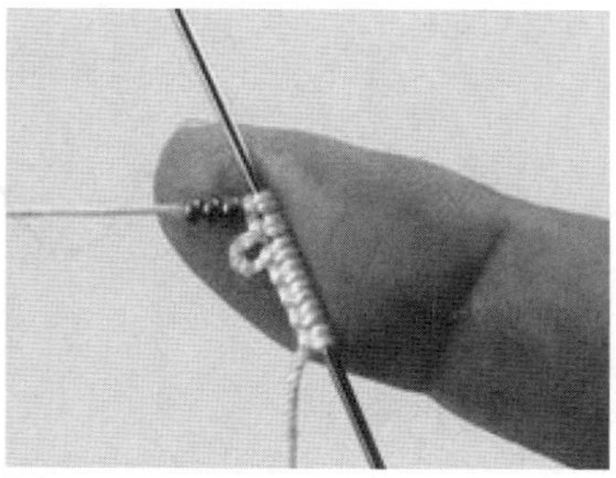

3 编织至需要加入串珠的耳的位置时,将串珠移至针目边上。

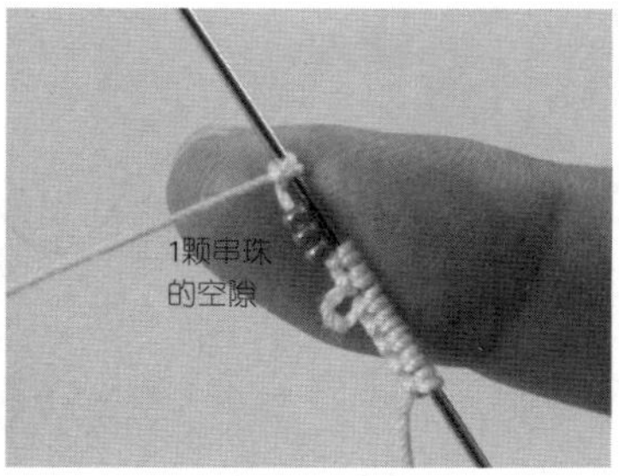

4 留出1颗串珠的空隙编织下个针目。

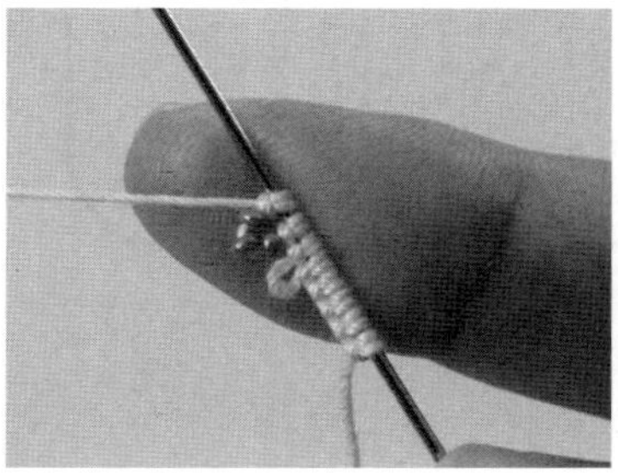

5 并拢步骤4的针目,编入串珠的耳完成。

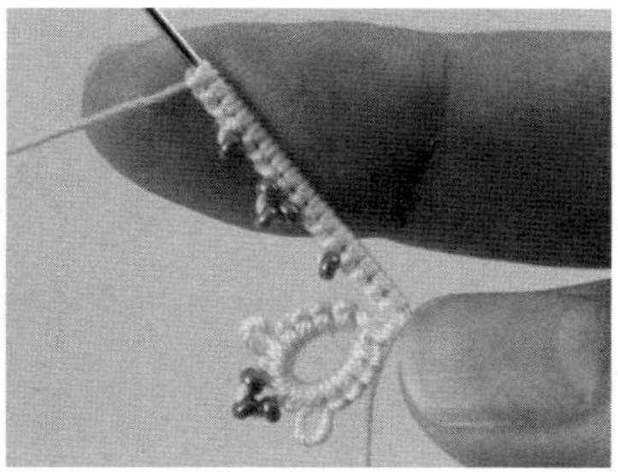

6 编入1颗串珠时也同样留出空隙编织。按与第82页相同的要领将耳拉紧调整针目。

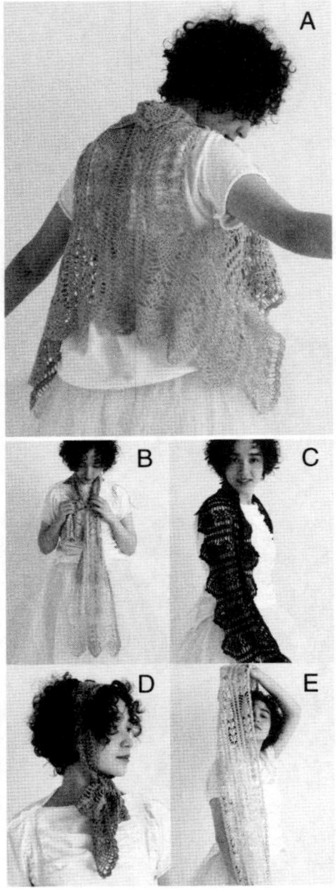

材料

奥林巴斯线 SA·LA·LA

[A] 灰蓝色(4) 205g/7团

[B] 粉红色(3) 150g/5团

[C] 藏青色(6) 155g/6团

[D] 浅棕色(5) 45g/2团

[E] 灰白色(1) 150g/5团

工具

钩针4/0号

成品尺寸

[A] 胸围78cm，衣长56.5cm

[B、E] 宽30cm，长149cm

[C] 宽32cm，长150cm

[D] 宽8cm，长149cm

编织密度

[A、B、C、E] 编织花样的1个花样为10cm，10cm内11行

[D] 编织花样的1个花样为8cm，10cm内11行

编织要点

●通用…钩织锁针起针后按编织花样钩织，注意编织终点的1个花样有变化。另一侧从起针处挑针后也按相同要领钩织。

●[A] …在指定行数之前，前、后身片是分开编织的，请参照图示钩织。

披肩 （A）4/0号针

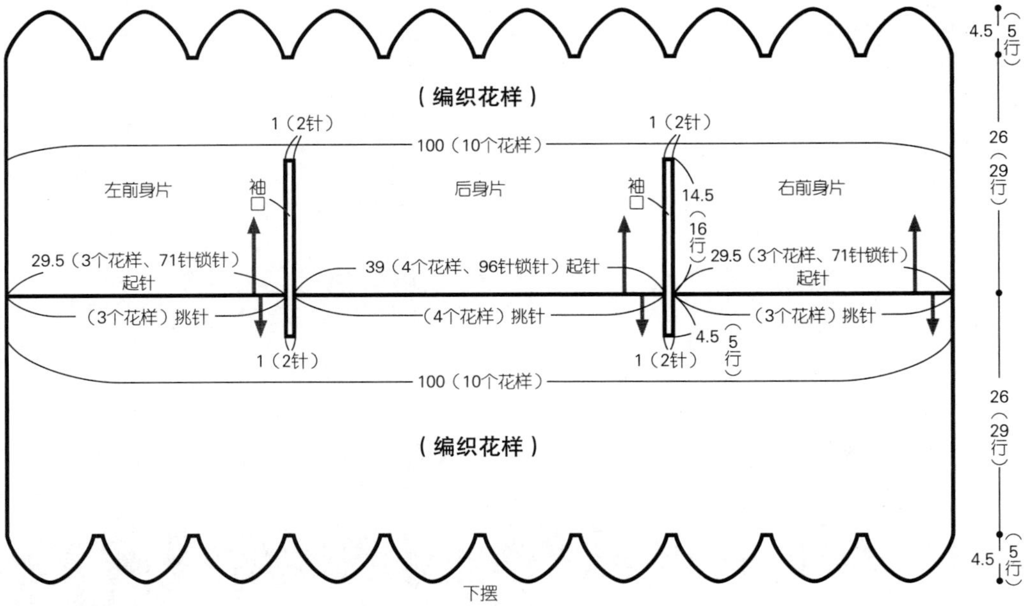

披肩 （C）4/0号针

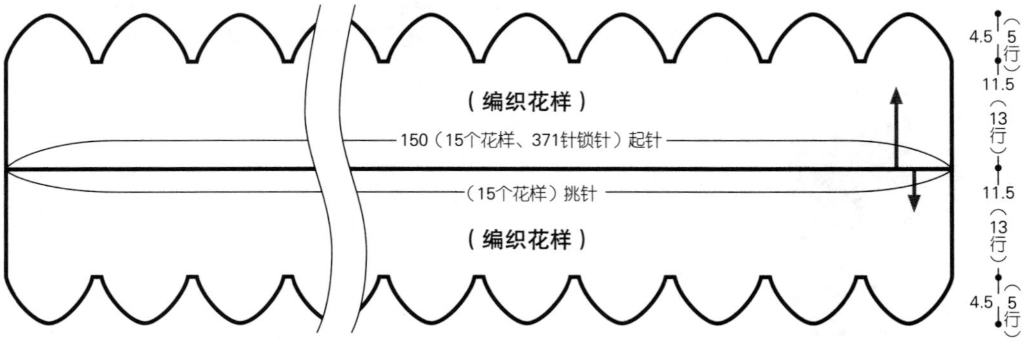

披肩 （B、E）

4/0号针

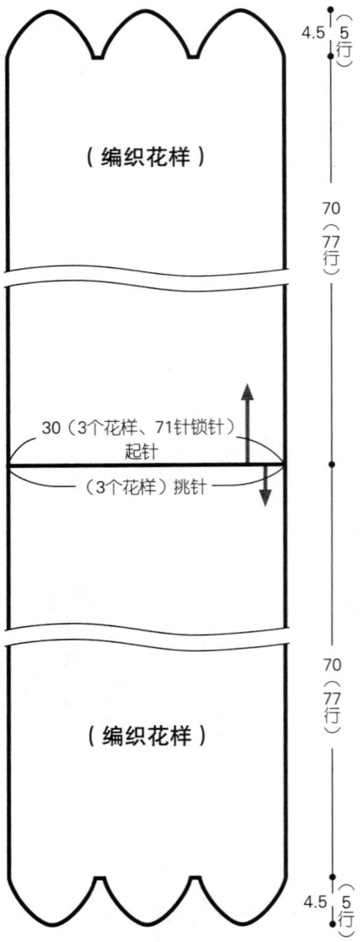

披肩 （D）

4/0号针

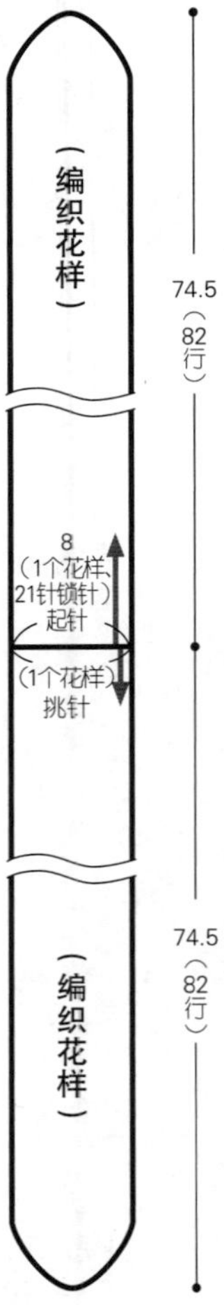

编织花样（A、B、E）

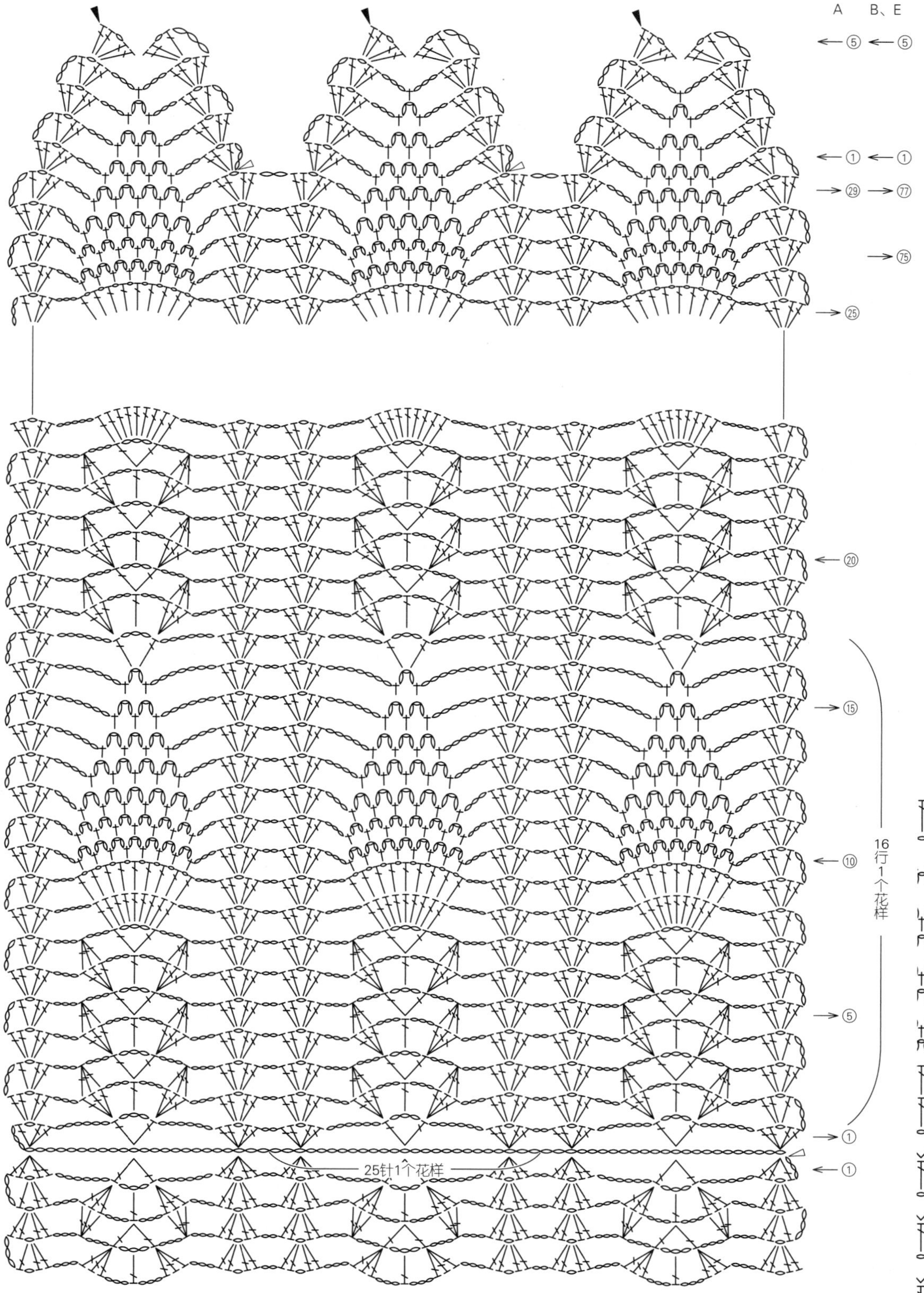

袖口的钩织方法（A）

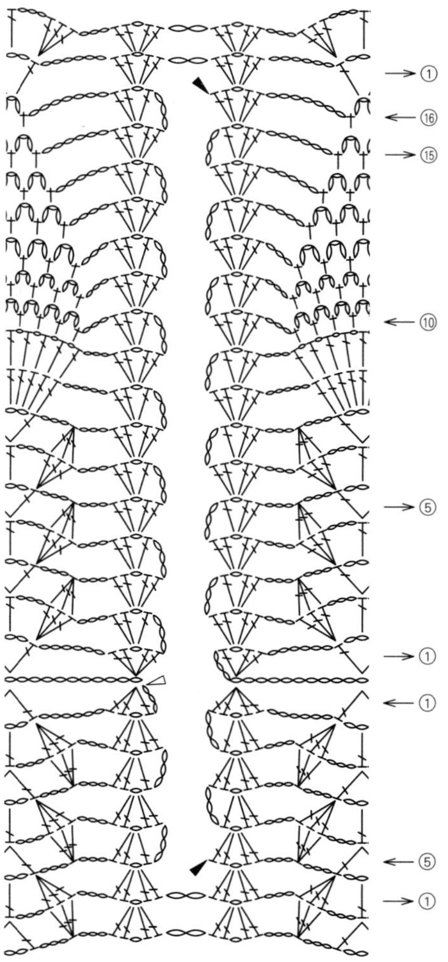

= 加线
= 剪线

编织花样（C）

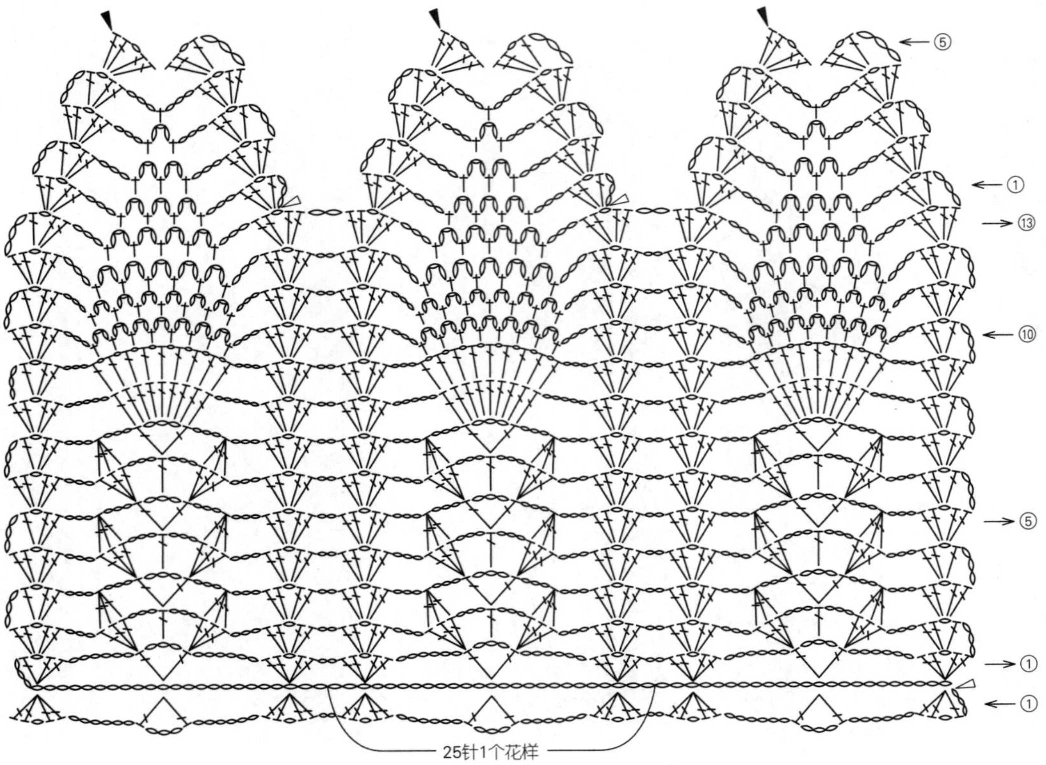

▷ =加线
► =剪线

编织花样（D）

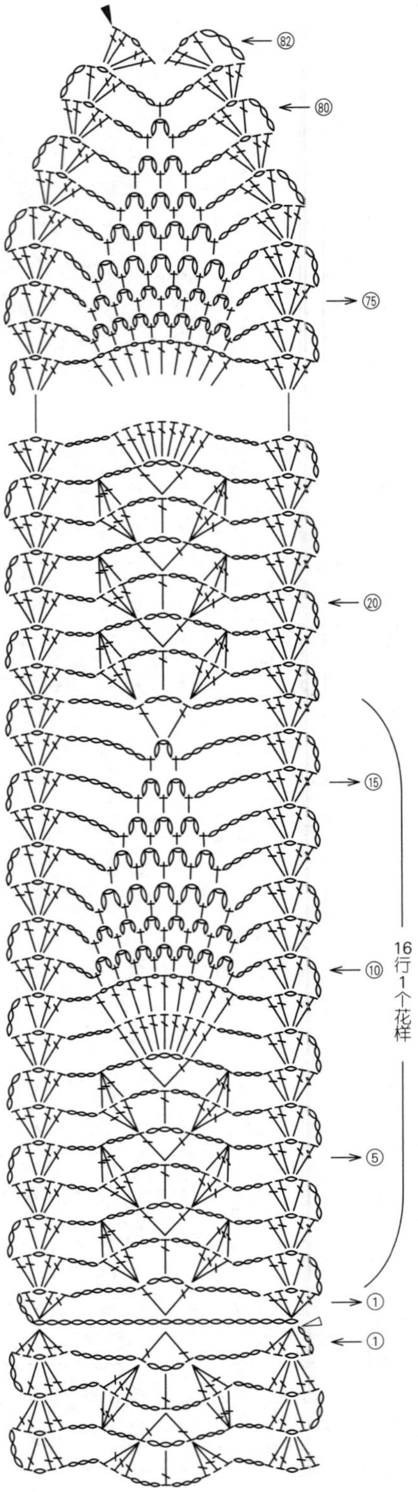

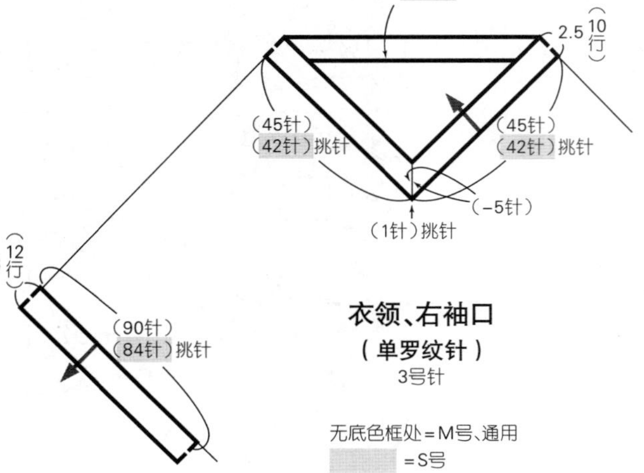

衣领、右袖口
（单罗纹针）
3号针

无底色框处=M号、通用
=S号

V 领尖的编织方法
（M 号）

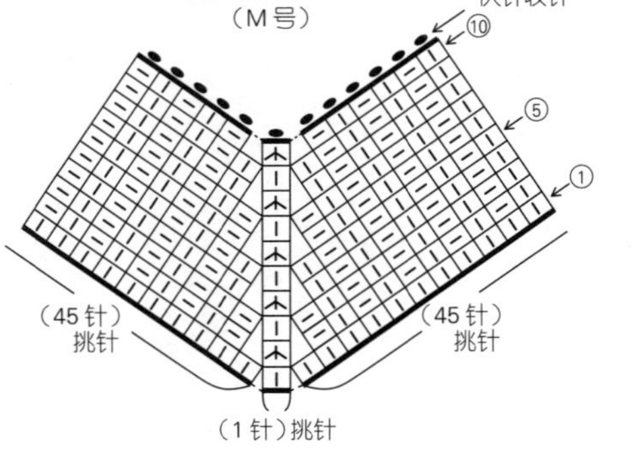

※ S、L、XL号也按相同要领编织

接第154页 ▶

材料

奥林巴斯线 FGS 原白色(swan) 145g

[S号] 180g/2桄

[M号]200g/2桄

[L号] 220g/3桄

[XL号] 250g/3桄

工具

棒针6号、3号

成品尺寸

[S号] 胸围100cm，衣长54cm

[M号] 胸围106cm，衣长55.5cm

[L号] 胸围114cm，衣长58cm

[XL号] 胸围123cm，衣长61cm

编织密度

10cm×10cm面积内：下针编织20.5针，29行

编织要点

●身片…手指起针，编织单罗纹针、下针编织。参照图示加减针。

●组合…对齐★标记，钩织引拔针接合。胁部使用毛线缝针做挑针缝合。左袖从指定位置挑针，环形做下针编织、单罗纹针。编织终点做下针织下针、上针织上针的伏针收针。衣领、右袖口挑取指定数量的针数，环形编织单罗纹针。编织终点和左袖相同。

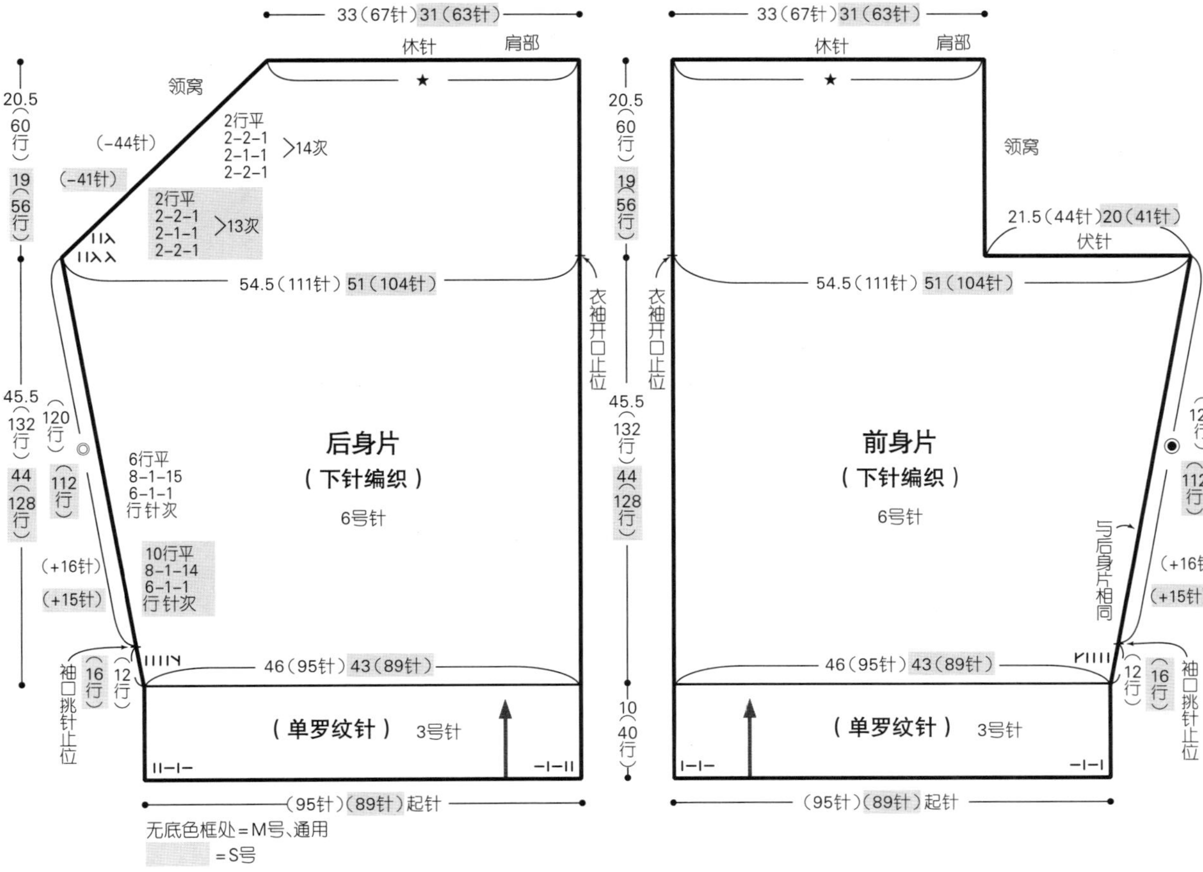

后胁的加针(M号)

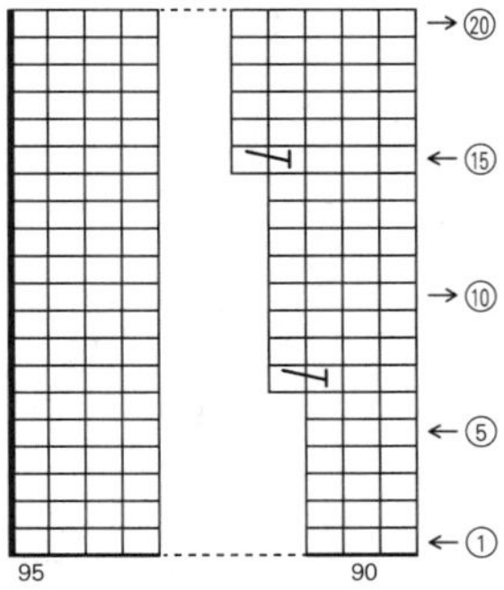

□=□
= 左加针
※ 编织方法请参照第132页
※ S、L、XL号按照相同要领编织

前胁的加针(M号)

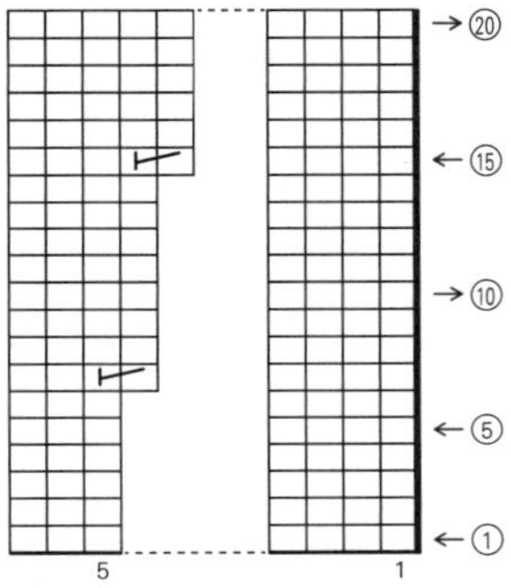

□=□
= 右加针
※ 编织方法请参照第132页
※ S、L、XL号按照相同要领编织

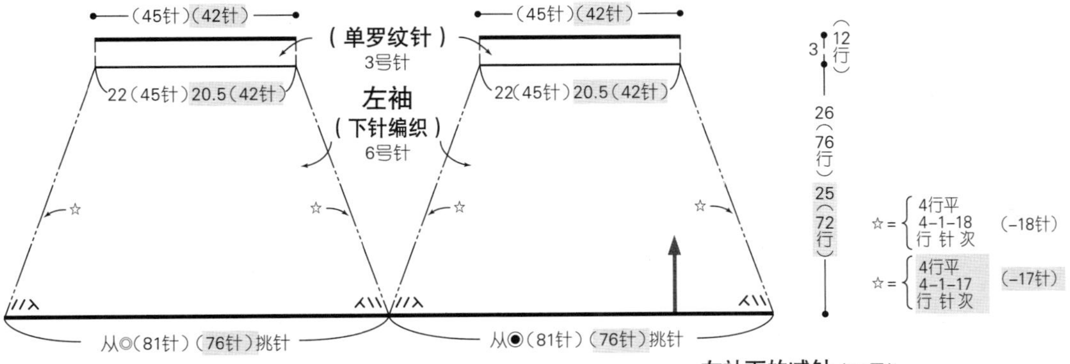

※ 全部(162针)(152针)挑针

后领口的减针(M号)

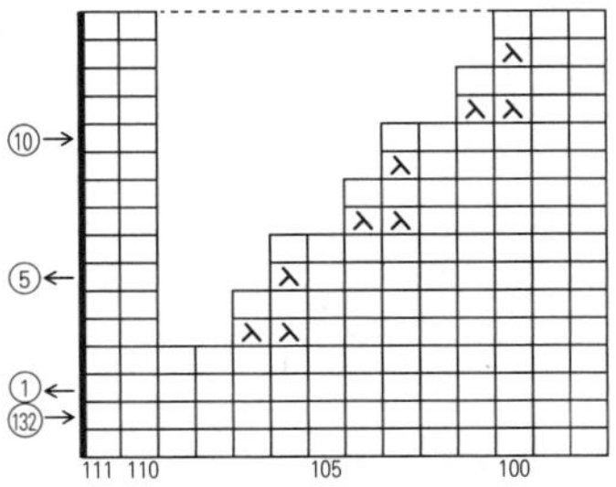

□=□
※ S、L、XL号按照相同要领编织

左袖下的减针(M号)

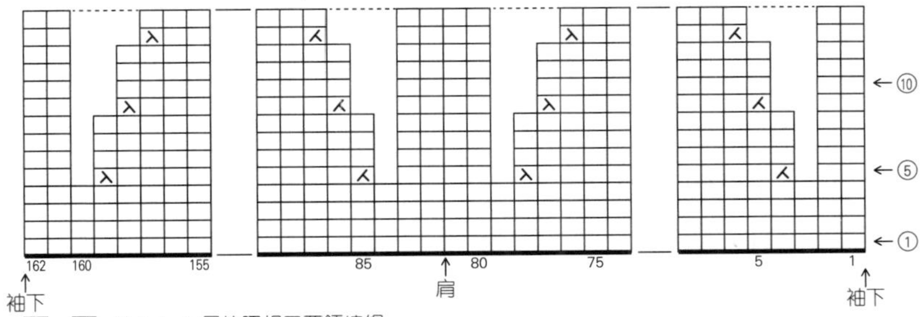

□=□ ※ S、L、XL号按照相同要领编织

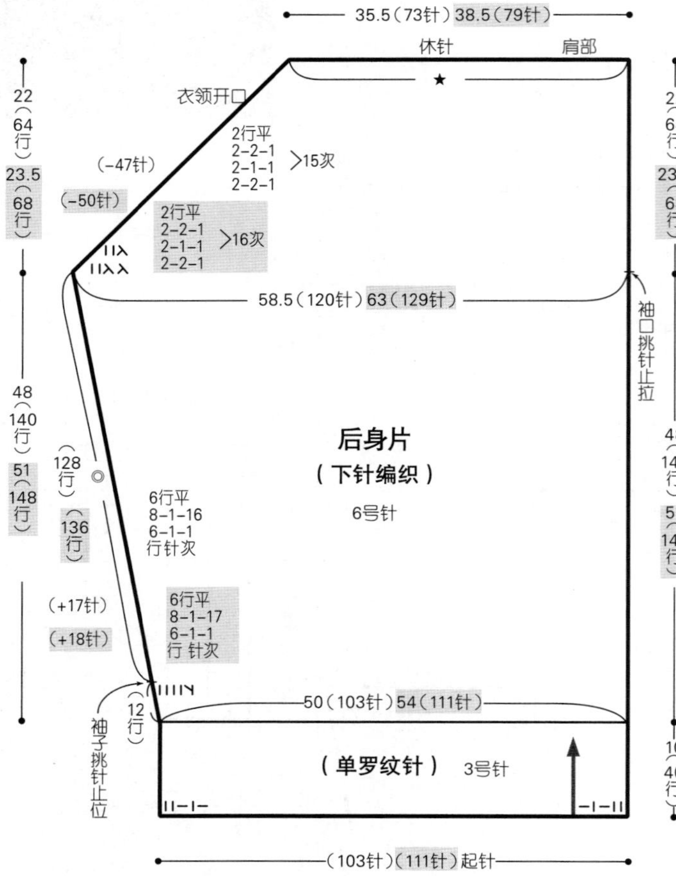

无底色框处=L号、通用

=XL号

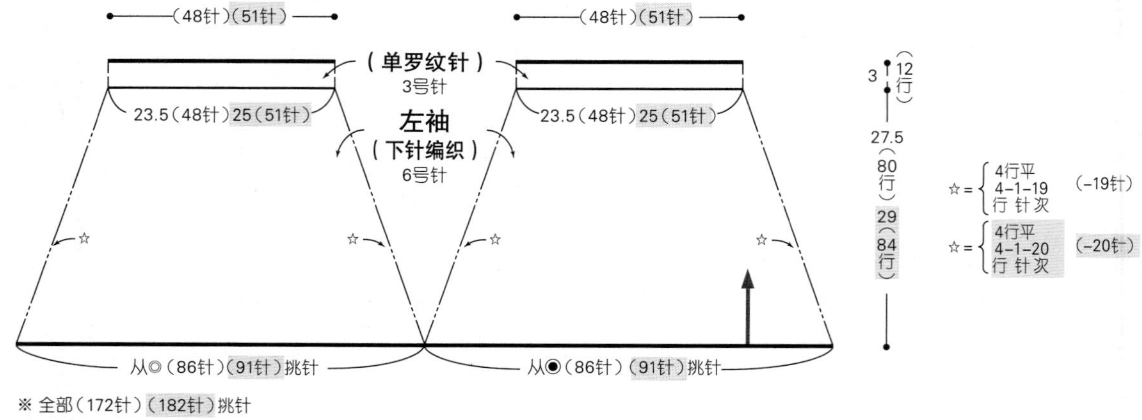

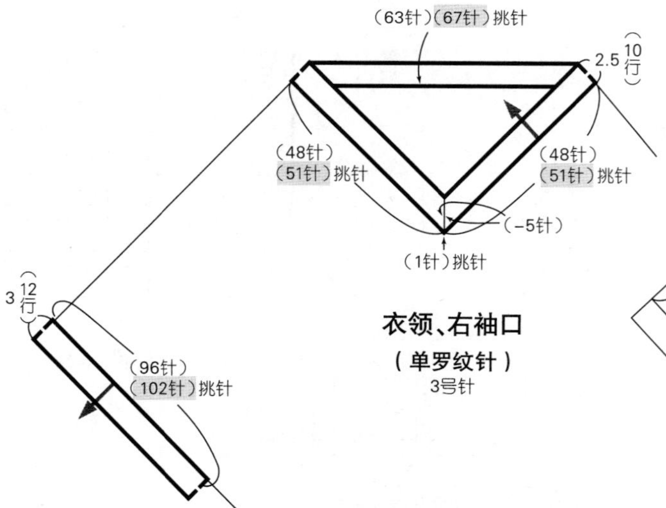

※V领领尖的编织方法请参照第152页

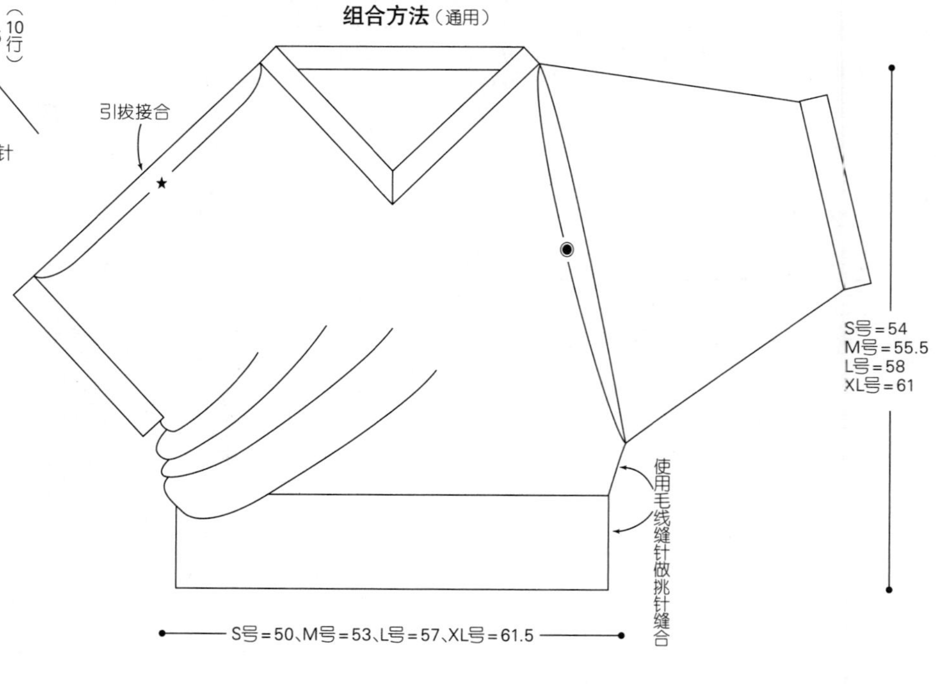

材料

芭贝 Leafy 绿色(739) 110g/3团

工具

钩针6/0号

成品尺寸

宽36cm，深27cm

编织密度

10cm×10cm面积内：短针19.5针，20行；中长针、编织花样均为19.5针，16.5行

编织要点

●底部钩织锁针起针后开始钩织短针。主体从底部挑针，按中长针和编织花样环形钩织。提手钩织锁针起针后，一边钩织短针，一边在指定位置连接。

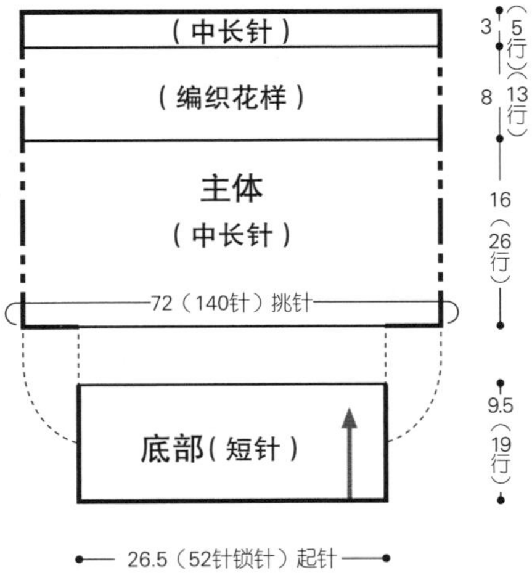

※ 全部用6/0号针钩织

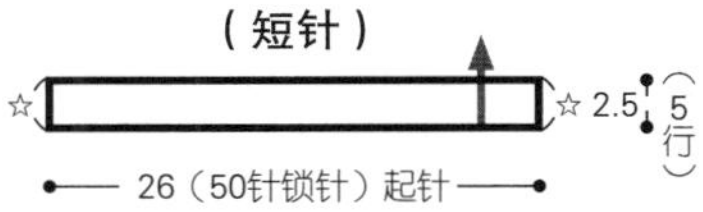

☆＝一边钩织，一边在指定位置连接

钩织提手的位置

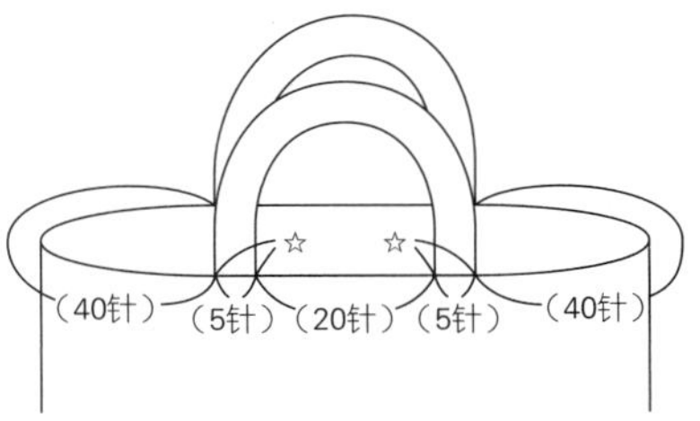

接第156页 ▶

接第170页 ▶

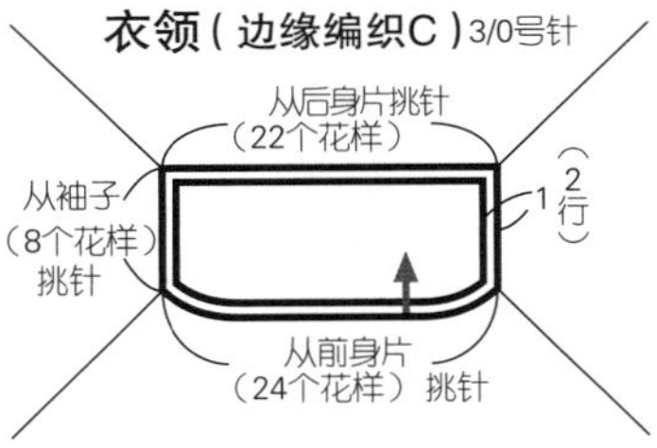

▷ ＝加线
▶ ＝剪线
⌒ ＝渡线

边缘编织C

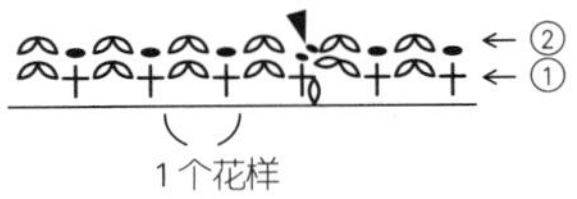

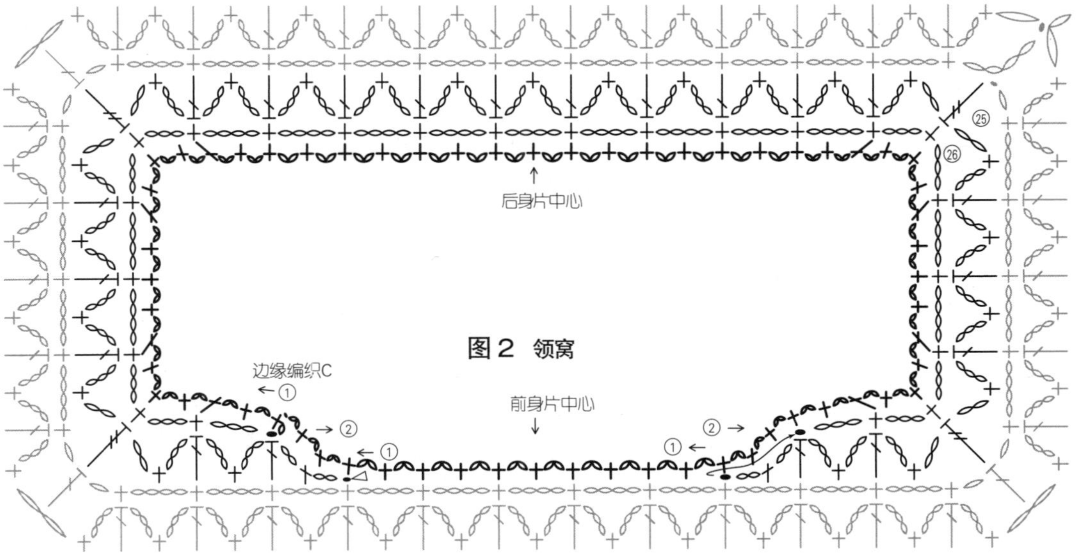

图2 领窝

手拎包的钩织方法

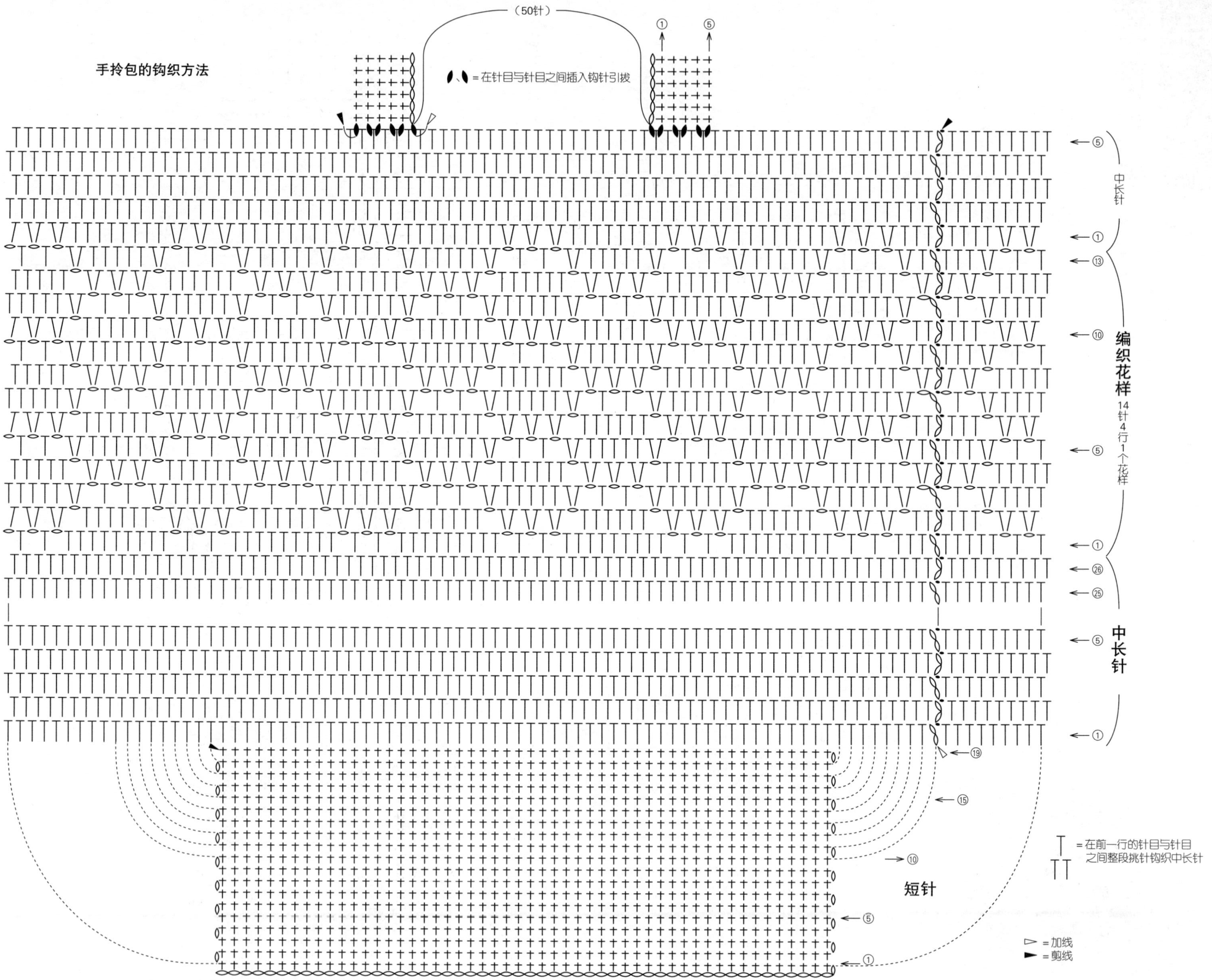
(50针)
= 在针目与针目之间插入钩针引拔
中长针
编织花样 14针4行1个花样
中长针
短针
= 在前一行的针目与针目之间整段挑针钩织中长针
= 加线
= 剪线

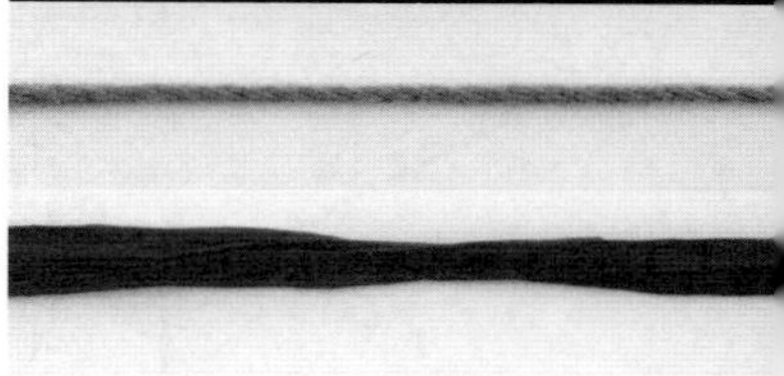

材料

和麻纳卡 Cotton Nottoc、Eco Andaria <crochet> 线的色名、色号、使用量和辅料请参照图表所示

工具

钩针3/0号、4/0号

成品尺寸

[挂件] 参照图示

[帽子] 头围57cm，深10cm

[仙人掌] 参照图示

编织密度

10cm×10cm面积内：长针22针，9.5行

编织要点

●装饰绳、A、B…参照图示钩织各部分。最后参照组合方法进行缝合。

●帽子…环形起针后钩织短针和长针。参照图示加针。在指定位置钩织穿绳孔。钩织细罗纹绳作装饰绳，穿两圈后打上蝴蝶结。

●C~E…参照图示钩织各部分。最后参照组合方法进行缝合。

装饰绳、A、B

※全部用4/0号针钩织

装饰绳和A、B的使用量一览表

	装饰绳		A		B	
Cotton Nottoc	黄色（12）	10g/1团	黄色（12）	5g/1团	黄绿色（18）	10g/1团
	橄榄色（6）	少量/1团	橄榄色（6）	少量/1团	茶色（8）	少量/1团
辅料	填充棉 适量 直径10mm的小圆环 1个		填充棉 适量 直径10mm的小圆环 1个		填充棉 适量 直径22mm的双圈钥匙扣 1个 直径10mm的小圆环 1个	

蒂部和果实的组合方法

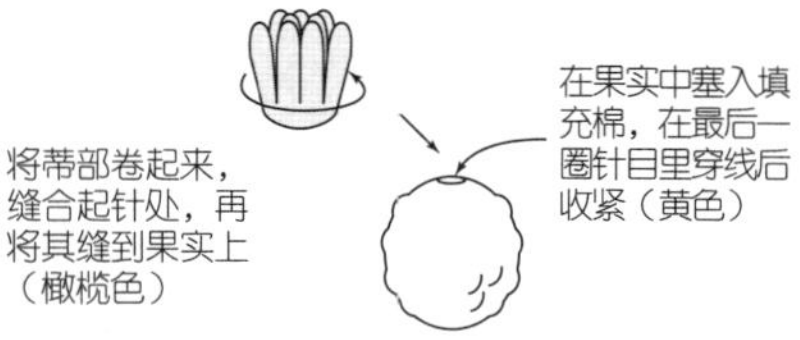

装饰绳和A的组合方法

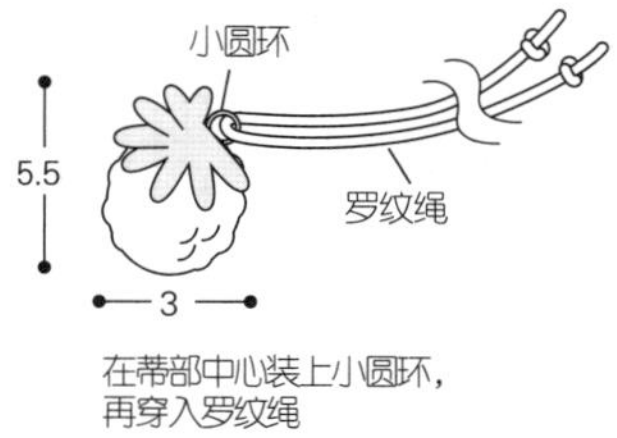

果实 装饰绳、A：黄色

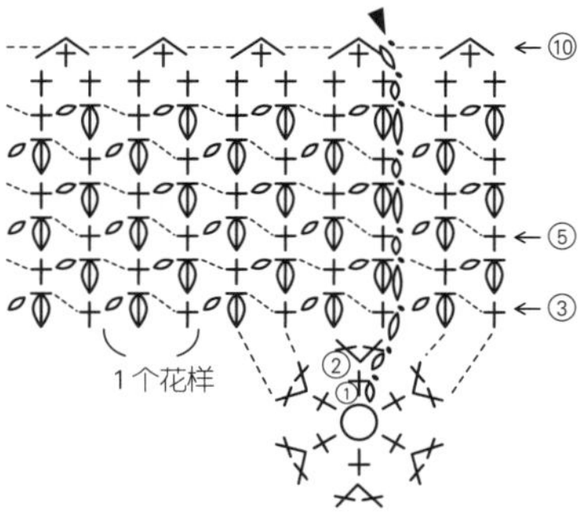

果实的加减针

圈数	针数	
第10圈	6针	（－6针）
第9圈	12针	
第3～8圈	6个花样	
第2圈	12针	（＋6针）
第1圈	6针	

蒂部 装饰绳、A：橄榄色

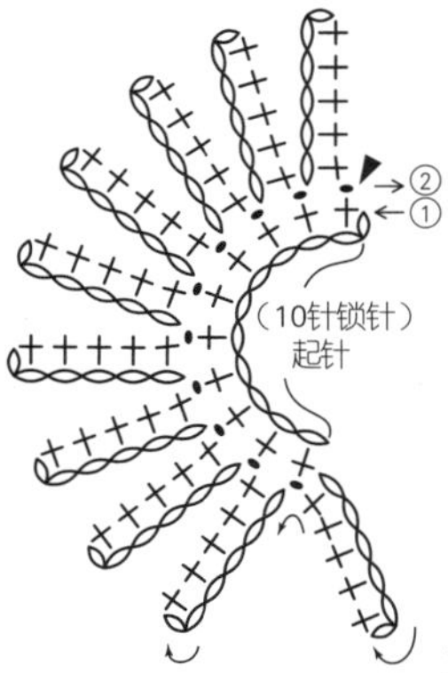

罗纹绳 装饰绳：黄色 A：橄榄色 B：茶色

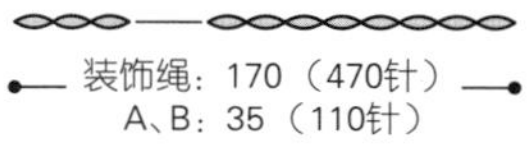

※钩织方法请参照第99页

※两端各打一个结

B的组合方法

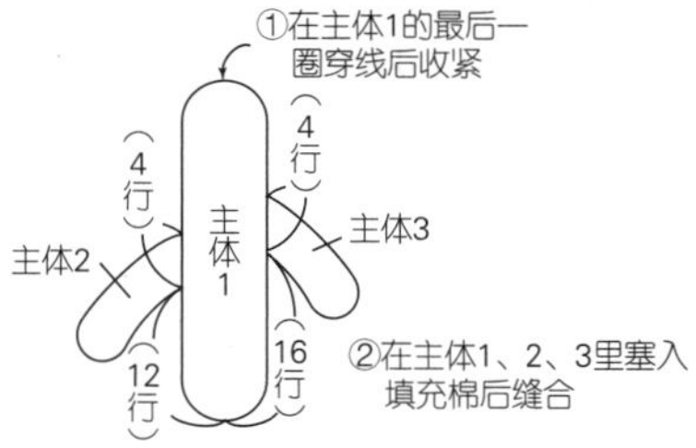

主体1（B） 黄绿色

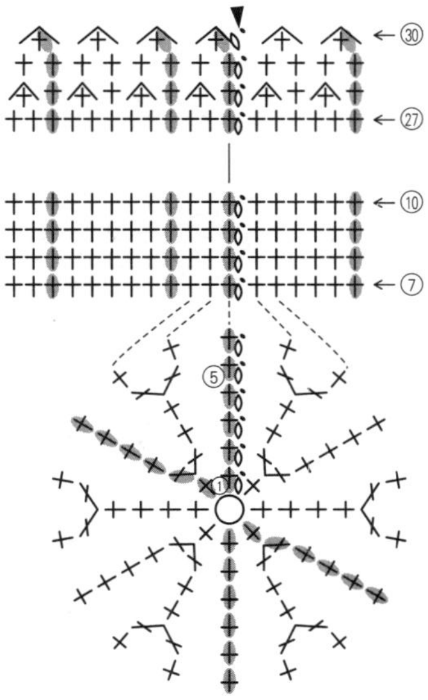

▶ = 剪线

主体2（B） 黄绿色

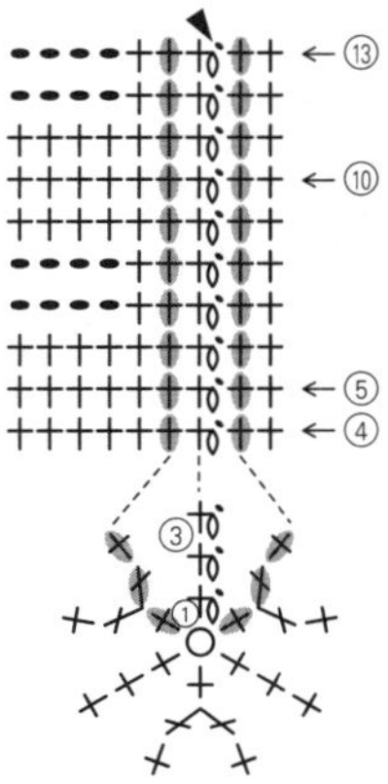

主体3（B） 黄绿色

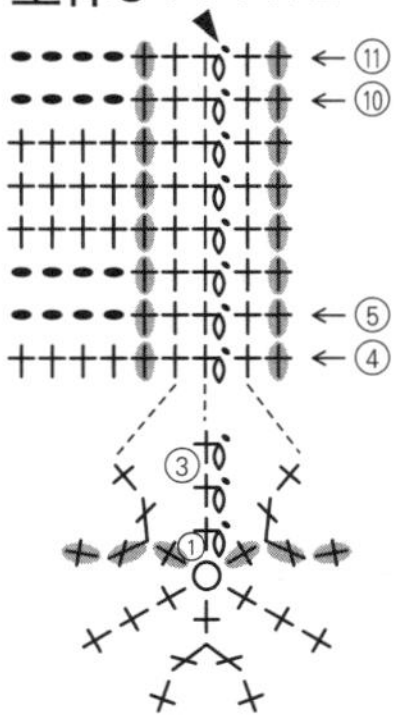

主体3的加针

圈数	针数	
第3～11圈	9针	
第2圈	9针	（＋3针）
第1圈	6针	

主体2的加针

圈数	针数	
第3～13圈	9针	
第2圈	9针	（＋3针）
第1圈	6针	

※ ⬬ =回针绣位置（茶色）参照第159页

主体1的加针

圈数	针数	
第30圈	6针	（－6针）
第29圈	12针	
第28圈	12针	（－6针）
第6～27圈	18针	
第5圈	18针	（＋6针）
第3、4圈	12针	
第2圈	12针	（＋4针）
第1圈	8针	

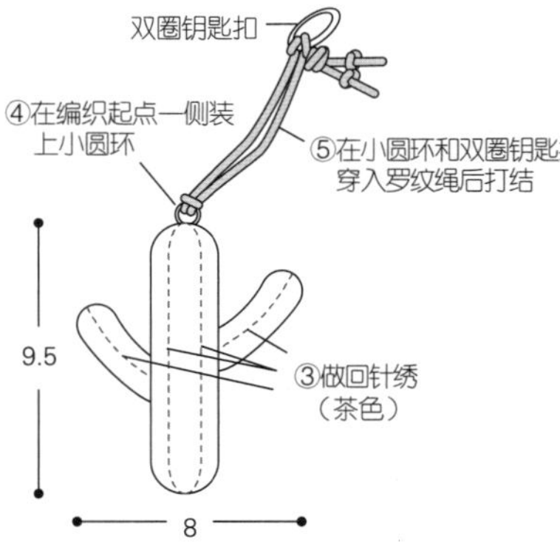

帽子

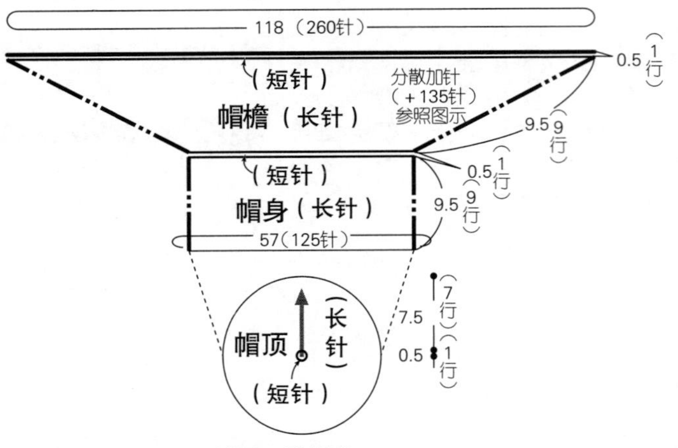

※全部用3/0号针钩织

帽子的使用量一览表

线名	色名（色号）	使用量	辅助材料
Eco Andaria <crochet>	浅茶色（802）	65g/3团	定型条　122cm 热收缩管　5cm

将定型条连接成环的方法

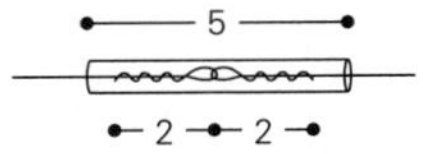

①剪1条122cm长的定型条，将一端弯折2cm后拧上几次
②在定型条的另一端穿入热收缩管
③如图所示连接成环状后拧几下，再将热收缩管移至拧转的部分
④用吹风机对热收缩管进行加热，使其收缩

帽檐

✚ =将定型条包在里面钩织短针

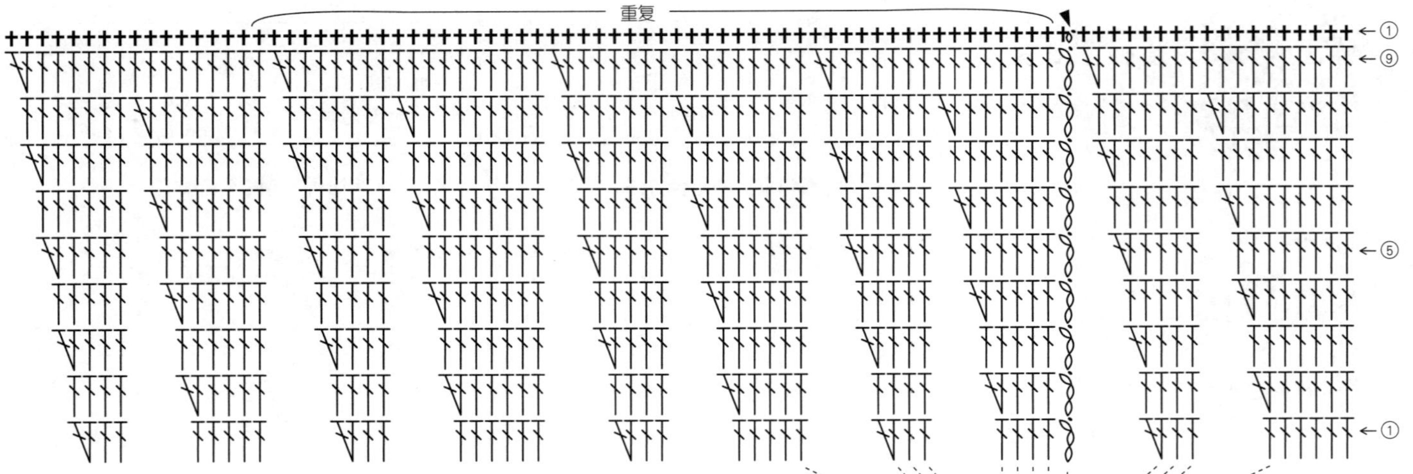

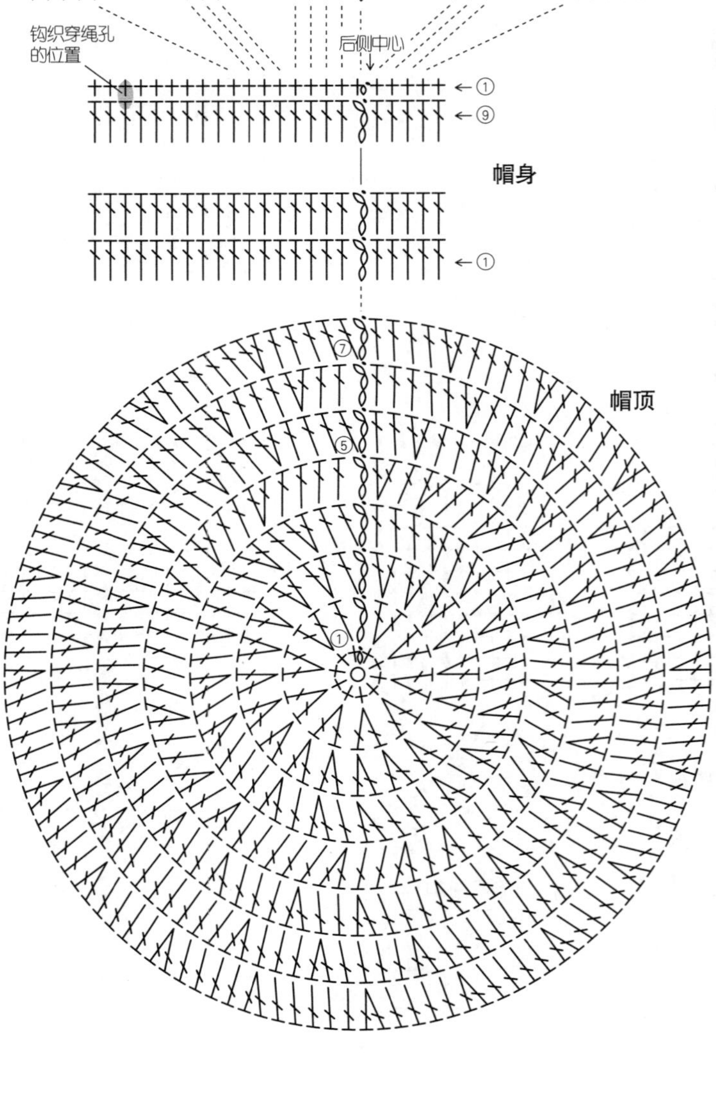

帽檐的加针

圈数	针数	
第9圈	260针	（+15针）
第8圈	245针	（+15针）
第7圈	230针	（+15针）
第6圈	215针	（+15针）
第5圈	200针	（+15针）
第4圈	185针	（+15针）
第3圈	170针	（+15针）
第2圈	155针	（+15针）
第1圈	140针	（+15针）

穿绳位置

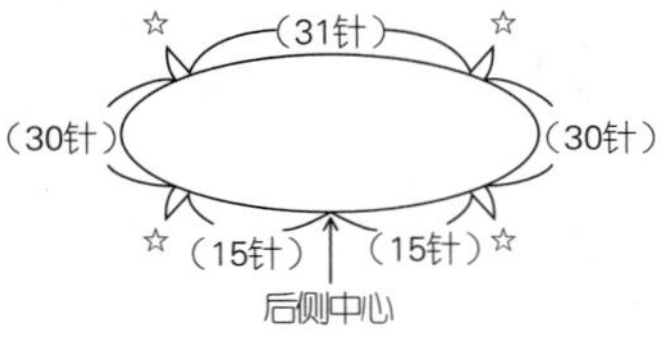

☆ =（1针）钩织穿绳孔的位置

穿绳孔　4条

▷ = 加线
◀ = 剪线

帽顶的加针

	圈数	针数	
长针	第7圈	125针	（+20针）
	第6圈	105针	（+15针）
	第5圈	90针	（+20针）
	第4圈	70针	（+15针）
	第3圈	55针	（+15针）
	第2圈	40针	（+20针）
	第1圈	20针	（+10针）
短针	第1圈	10针	

装饰绳（罗纹绳）

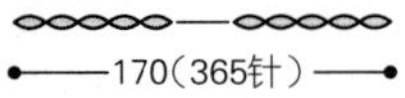

※钩织方法请参照第99页
※在穿绳孔里穿2圈后打上蝴蝶结

仙人掌

※全部用4/0号针钩织

仙人掌的使用量一览表

	C		D		E	
Cotton Nottoc	橄榄色（6）	各5g/各1团	茶色(8)	10g/1团	米色（7）	10g/1团
	米色（7）		橄榄色（6）	各5g/各1团	橄榄色（6）	5g/1团
	橙色（11）		米色（7）		茶色(8)	各少量/各1团
	原白色（1）	各少量/各1团	粉红色（2）	少量/1团	原白色（1）	
	茶色(8)				黄色（12）	
填充棉	适量					

花盆 C、D、E通用 米色

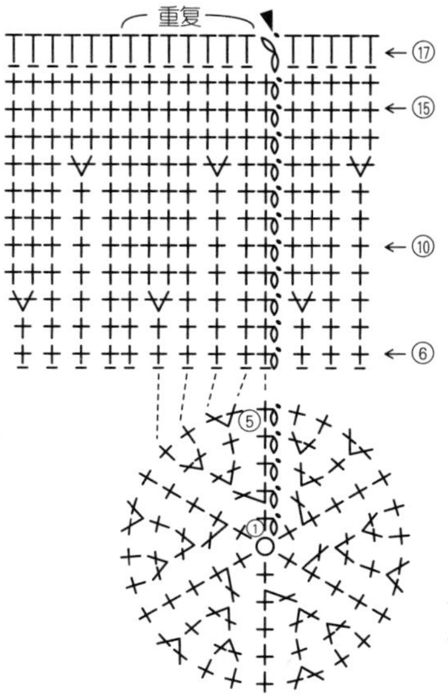

花盆的加针

圈数	针数	
第14～17圈	42针	
第13圈	42针	（＋6针）
第9～12圈	36针	
第8圈	36针	（＋6针）
第6、7圈	30针	
第5圈	30针	（＋6针）
第4圈	24针	（＋6针）
第3圈	18针	（＋6针）
第2圈	12针	（＋6针）
第1圈	6针	

泥土 C、D、E通用 茶色

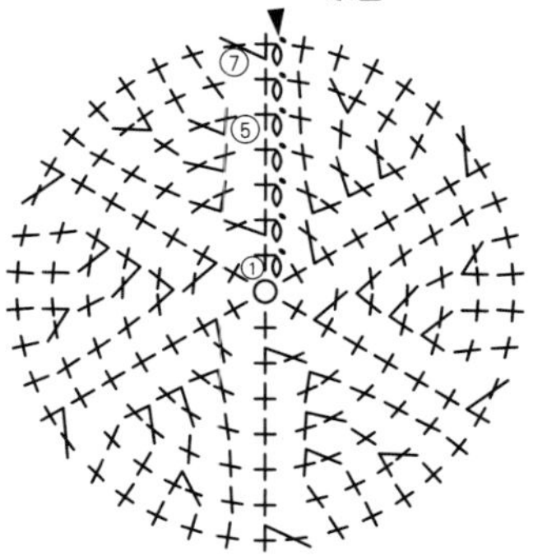

► ＝剪线

泥土的加针

圈数	针数	
第7圈	42针	（＋6针）
第6圈	36针	（＋6针）
第5圈	30针	（＋6针）
第4圈	24针	（＋6针）
第3圈	18针	（＋6针）
第2圈	12针	（＋6针）
第1圈	6针	

花盆的组合方法

± ＝短针的条纹针

T ＝中长针的条纹针

主体2（C）橄榄色

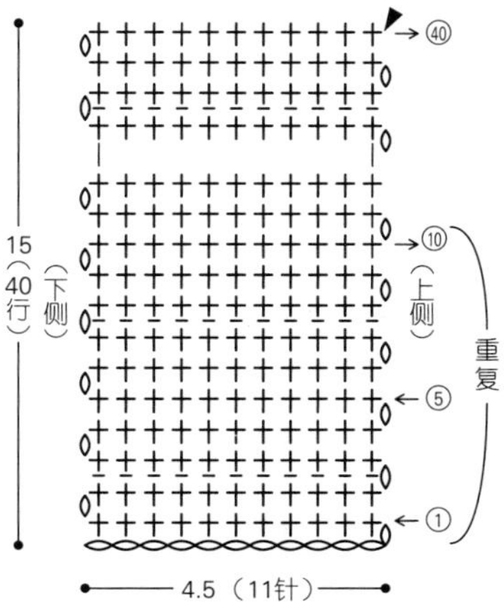

± ＝短针的棱针（每5行1次，在后侧半针里挑针）

※钩织结束时，留出长一点的线头剪断，将最后一行针目的头部和起针行做卷针缝缝合

主体1（C）橄榄色

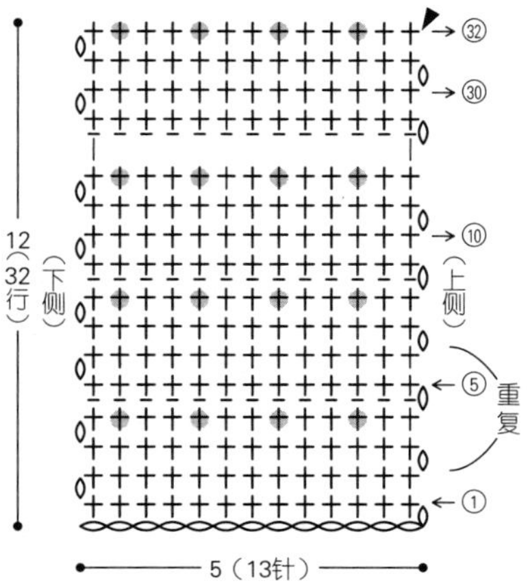

± ＝短针的条纹针（在后侧半针里挑针）

● ＝绕3圈的法式结粒绣的位置

※钩织结束时，留出长一点的线头剪断，将最后一行针目的头部和起针行做卷针缝缝合

C的组合方法

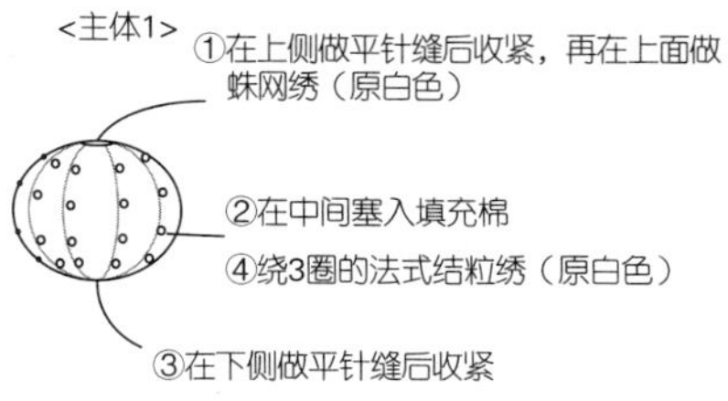

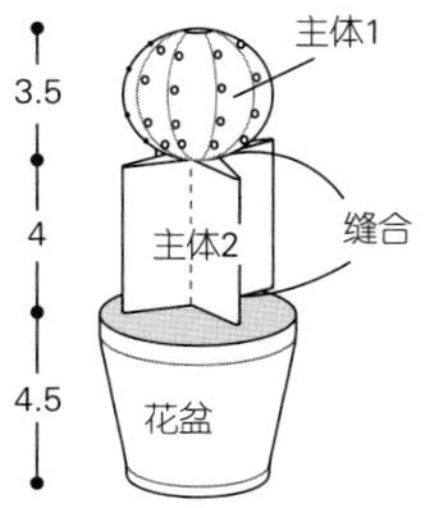

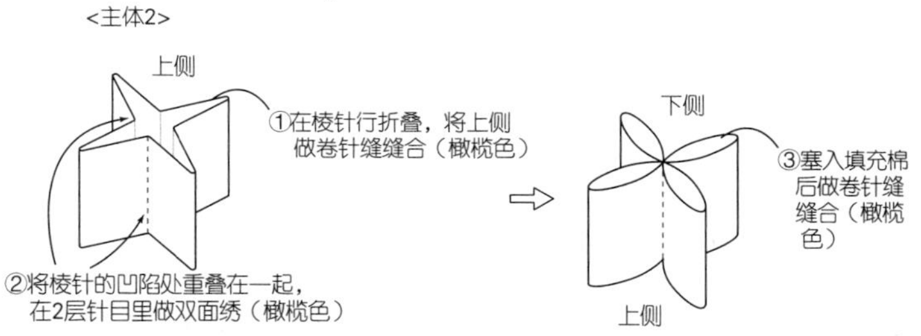

绕2圈的法式结粒绣

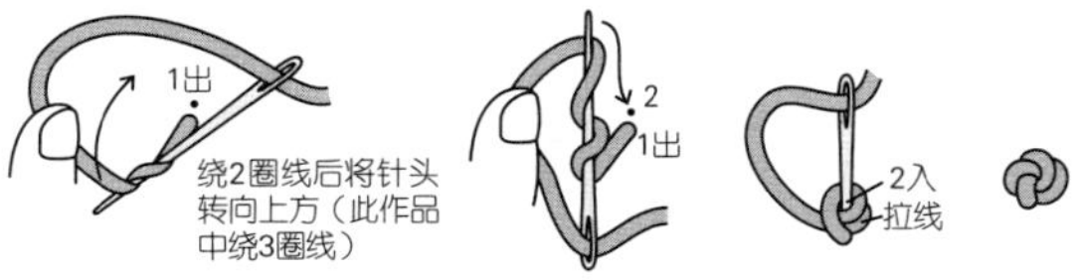

蛛网绣

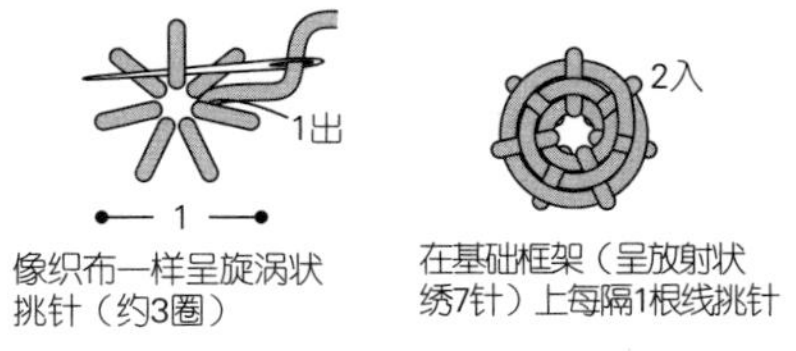

双面绣

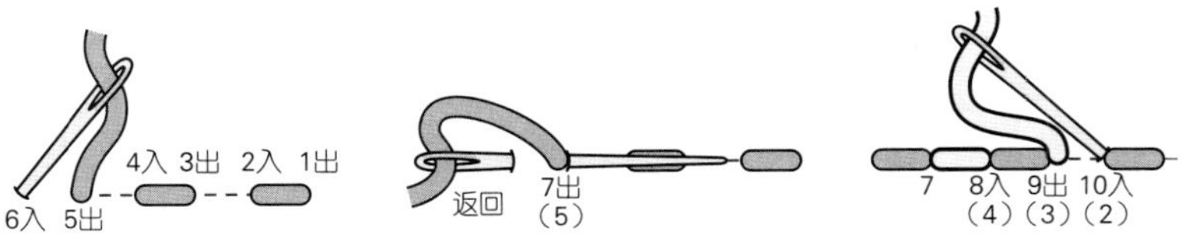

回针绣

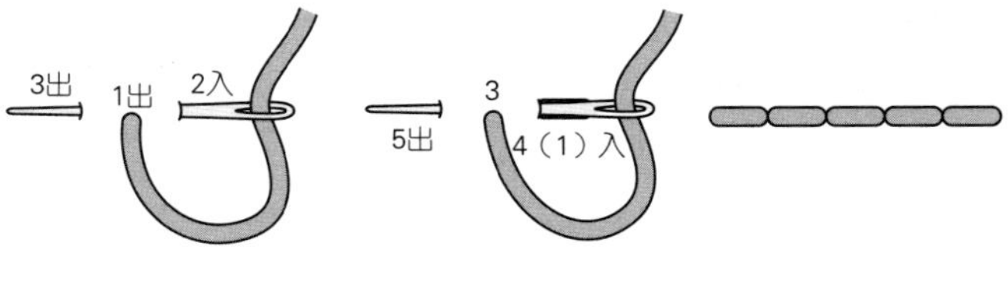

小花(D) 3朵 粉红色

※中心的线环等插入花蕊后再收紧

▷ = 加线
► = 剪线

主体(D)

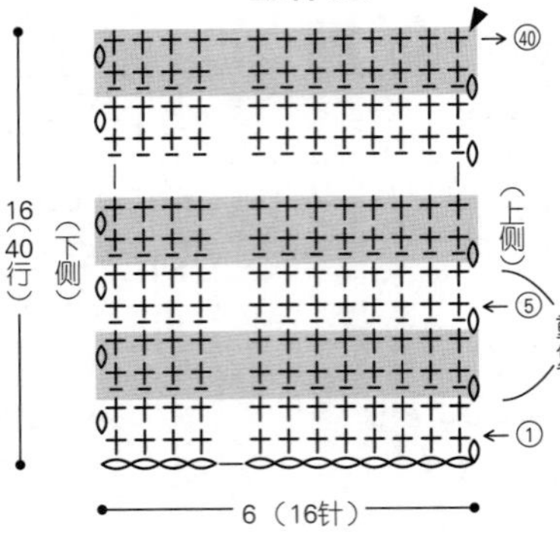

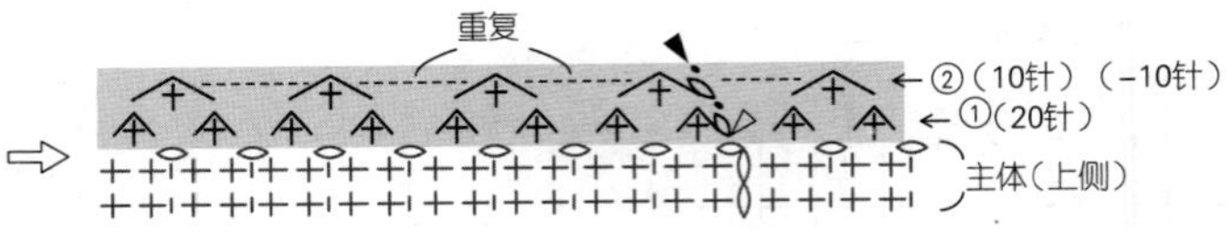

※钩织结束时，线头留长一点后剪断

配色 { —— = 橄榄色 / ▬ = 茶色 }

※ ± = 短针的条纹针

※钩织结束时，线头留长一点后剪断，将最后一行针目的半针和起针行做卷针缝缝合

花蕊

D：米色 3个
E：原白色 1个

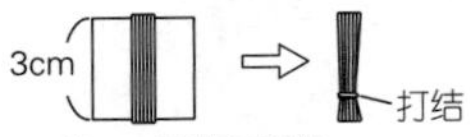

在3cm宽的厚纸板上绕6圈线

D的组合方法

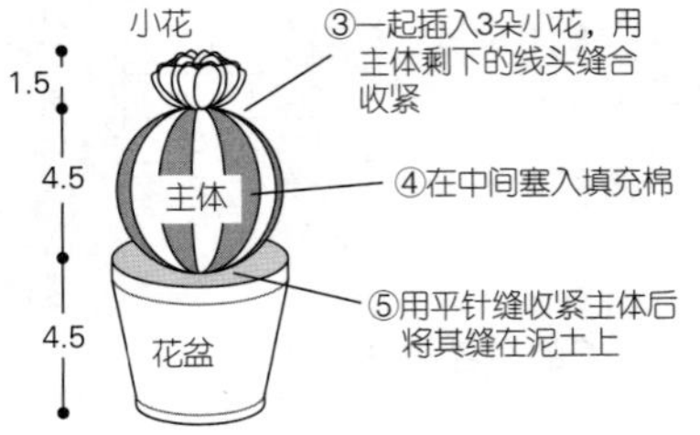

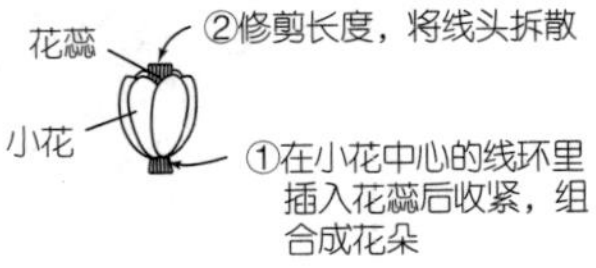

小花(E) 1朵 黄色

※中心的线环等插入花蕊后再收紧

主体2(E) 橄榄色

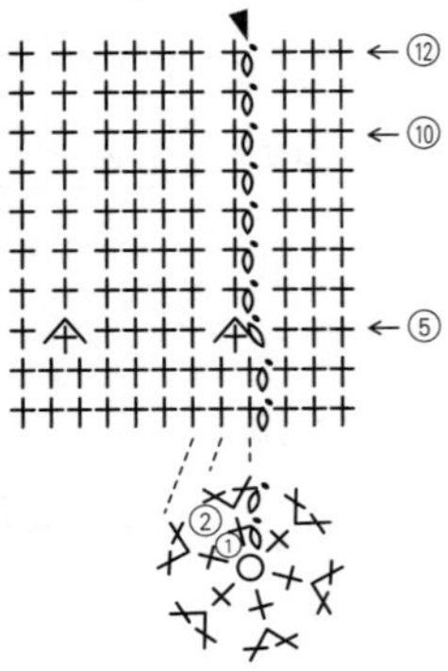

主体2的加减针

圈数	针数	
第6～12圈	10针	
第5圈	10针	（-2针）
第3、4圈	12针	
第2圈	12针	（+6针）
第1圈	6针	

主体1(E) 橄榄色

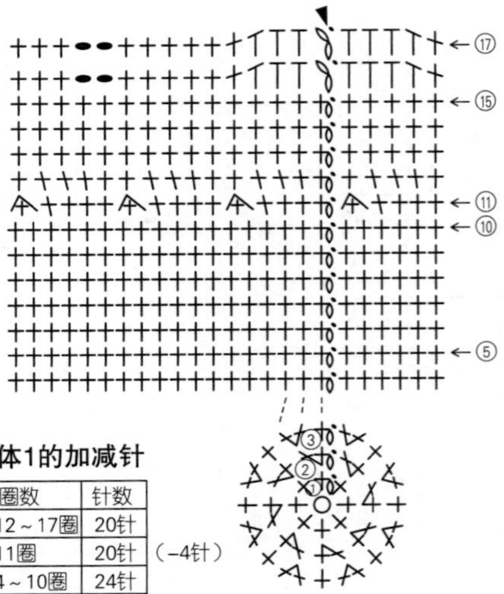

主体1的加减针

圈数	针数	
第12～17圈	20针	
第11圈	20针	（-4针）
第4～10圈	24针	
第3圈	24针	（+8针）
第2圈	16针	（+8针）
第1圈	8针	

※中心的线环等插入小花后再收紧

刺的制作方法

将米色线分股，取3股中的2股，打3次结后剪断

E的组合方法

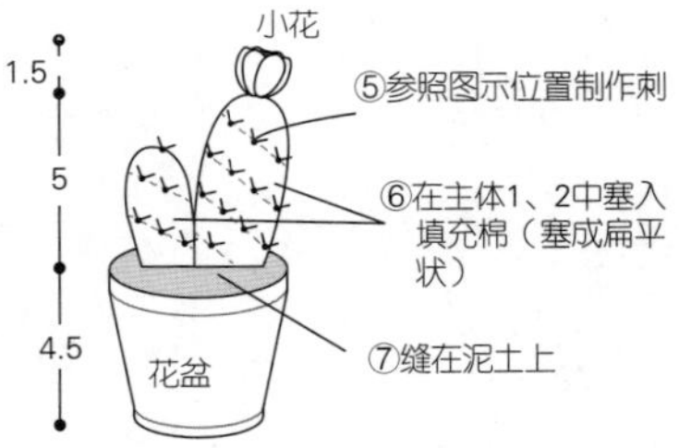

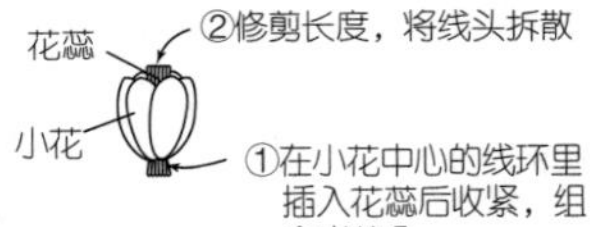

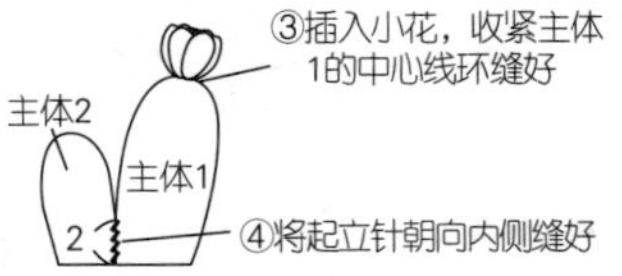

短针的条纹针
（环形编织的情况）

±

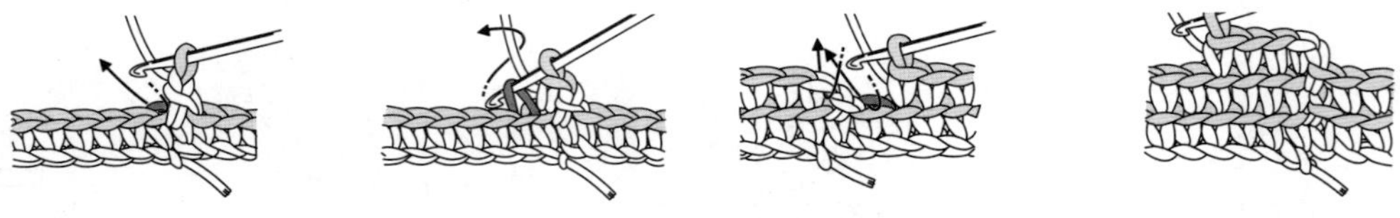

1 立织1针锁针，在前一圈针目的后侧半针里插入钩针，钩织短针。

2 下个针目也在后面半针里插入钩针钩织。

3 钩织一圈后，在最初的短针头部的2根线里引拔。

4 立织1针锁针，按与前一圈相同的要领继续钩织。

材料

芭贝 Leafy 橙色系段染(738) 145g/4团

工具

钩针8/0号

成品尺寸

宽47cm，深26cm

编织密度

10cm×10cm面积内：短针13针，13行；编织花样13.5针，15行

编织要点

●底部钩织锁针起针后往返钩织短针，一共钩织2片。主体从2片重叠的底部上挑针，按编织花样和短针钩织，注意在指定位置留出提手穿入口。提手钩织锁针起针后钩织短针。最后参照组合方法进行缝合。

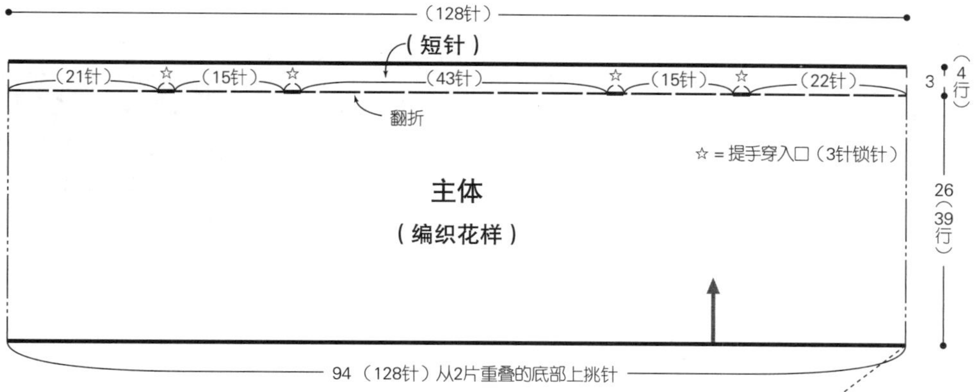

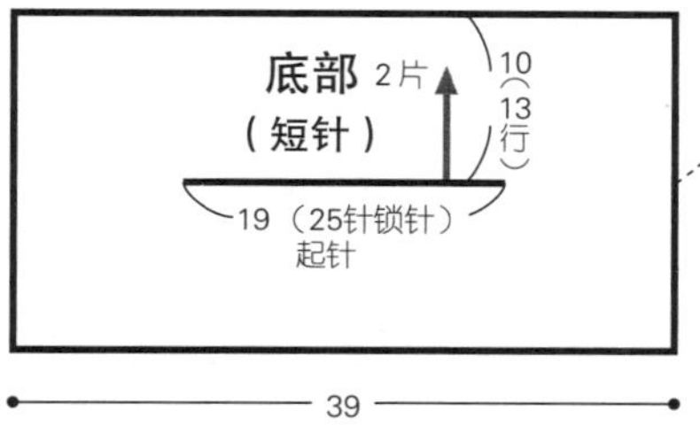

※全部用8/0号针钩织

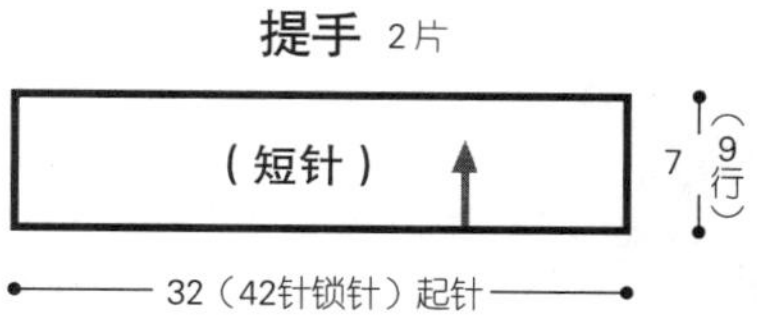

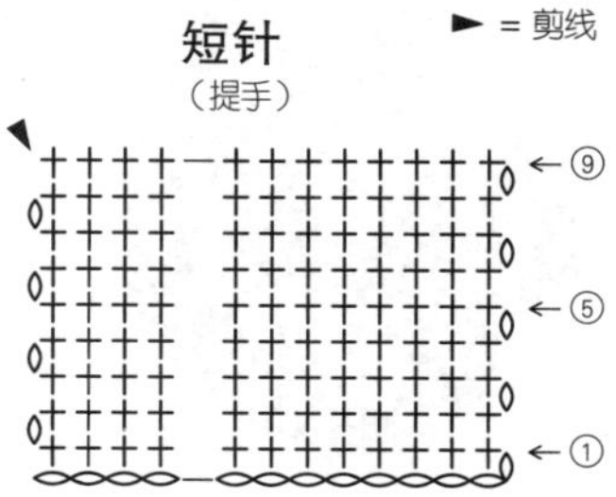

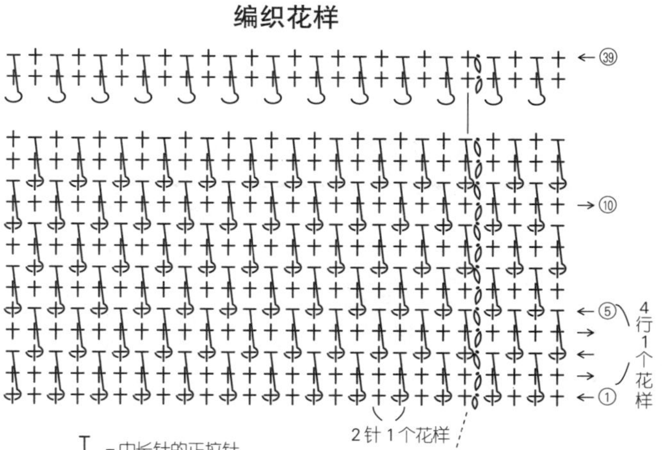

= 中长针的正拉针

※钩织方法请参照第88页

组合方法

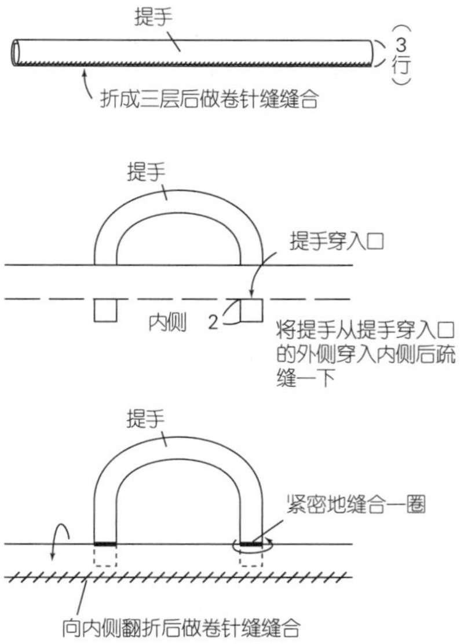

底部

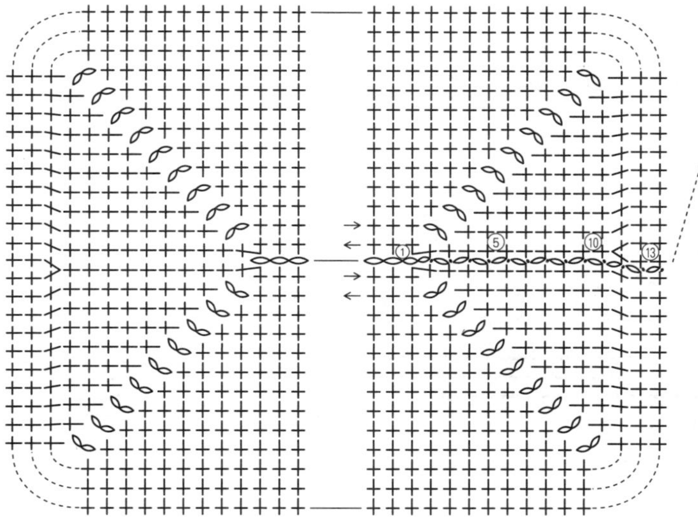

底部的加针

圈数	针数	
第12、13圈	128针	
第11圈	128针	(+2针)
第10圈	126针	(+8针)
第9圈	118针	(+8针)
第8圈	110针	(+8针)
第7圈	102针	(+8针)
第6圈	94针	(+8针)
第5圈	86针	(+8针)
第4圈	78针	(+8针)
第3圈	70针	(+8针)
第2圈	62针	(+8针)
第1圈	54针	

穿入提手部位的钩织方法

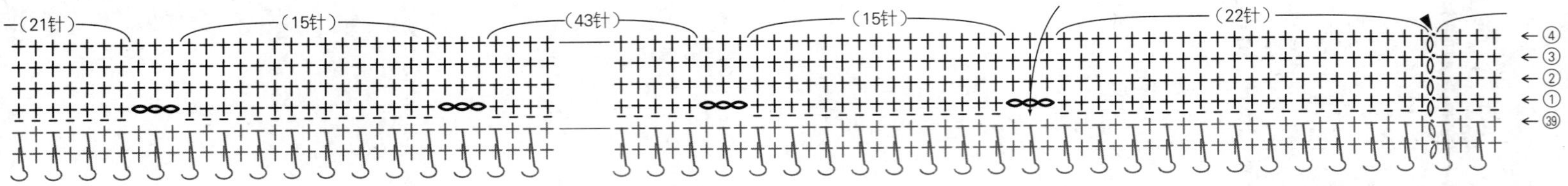

± = 短针的条纹针　　► = 剪线

※钩织方法请参照第160页

材料

芭贝 Leafy 灰色系段染(741)、蓝色系段染(743)、藏青色(763)各100g/各3团

工具

钩针10/0号

成品尺寸

宽46cm，深36cm

编织密度

10cm×10cm面积内：编织花样12针，6.5行

编织要点

●全部取藏青色、灰色系段染和蓝色系段染共3根线并1股钩织。环形起针后按编织花样钩织。参照图示加针，注意最后一行的花样有变化。提手钩织锁针起针后钩织短针。最后参照组合方法用藏针缝缝上提手。

62 页的作品 ★★

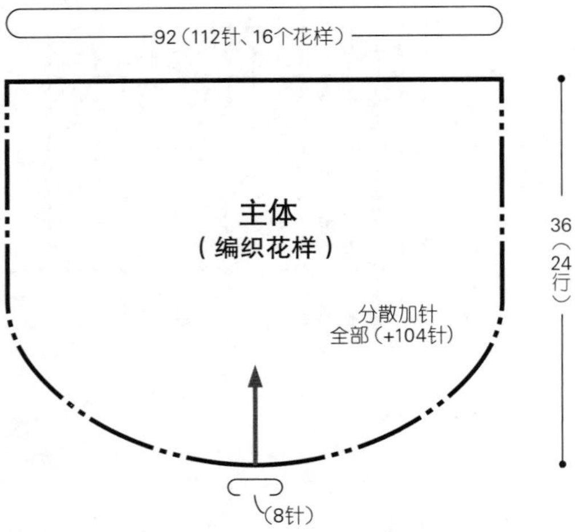

※ 全部取藏青色、灰色系段染和蓝色系段染共3根线并1股钩织

※ 全部用10/0号针钩织

组合方法

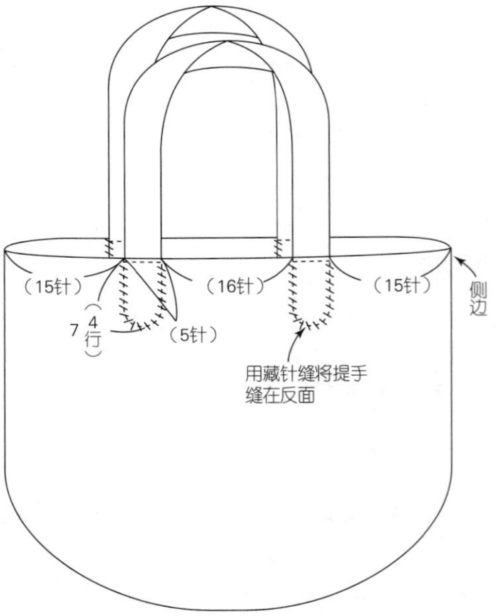

提手 2条（短针）

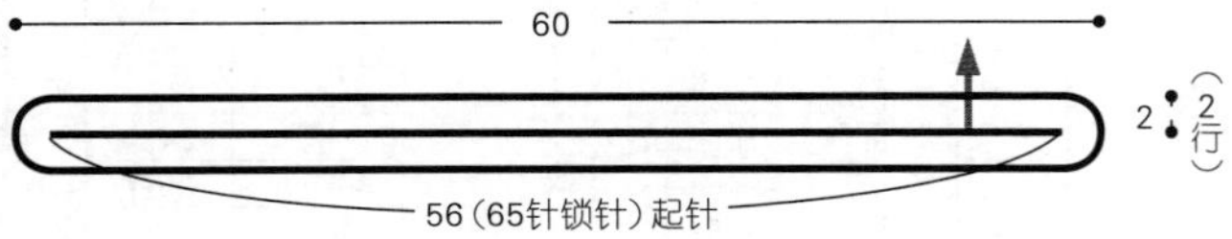

► = 剪线

短针（提手）

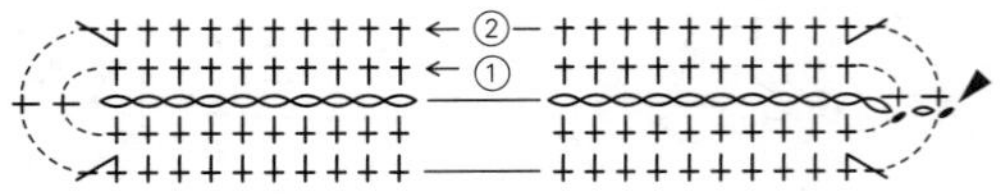

主体的钩织方法

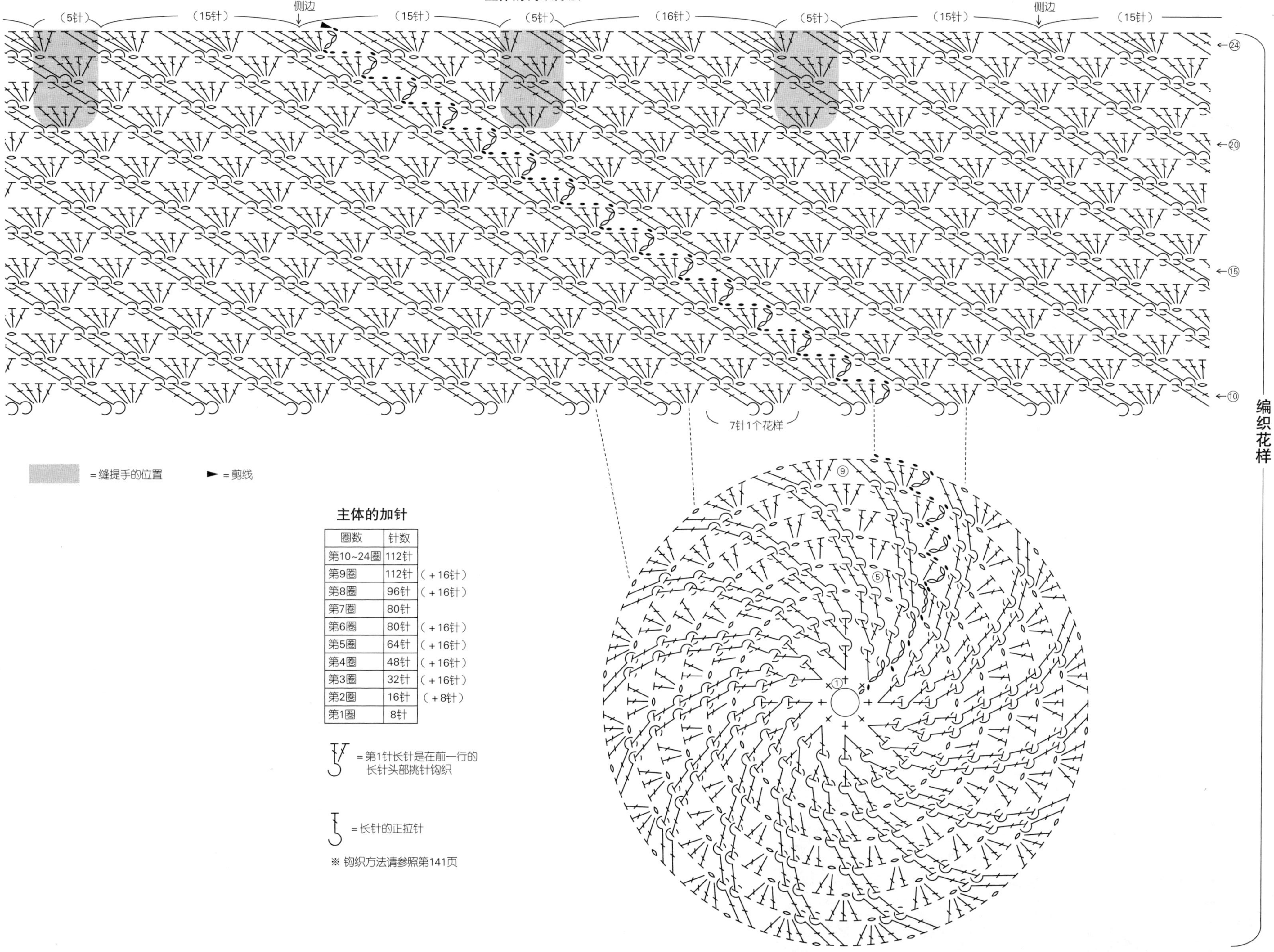

= 缝提手的位置　　► = 剪线

主体的加针

圈数	针数	
第10~24圈	112针	
第9圈	112针	（+16针）
第8圈	96针	（+16针）
第7圈	80针	
第6圈	80针	（+16针）
第5圈	64针	（+16针）
第4圈	48针	（+16针）
第3圈	32针	（+16针）
第2圈	16针	（+8针）
第1圈	8针	

= 第1针长针是在前一行的长针头部挑针钩织

= 长针的正拉针

※ 钩织方法请参照第141页

材料

芭贝 Leafy 毛线的色名、色号、用量、辅材请参照图表所示

工具

钩针6/0号

成品尺寸

[帽子] 头围55cm，深18cm

[挎包] 宽33cm，深23cm

[狗狗帽子] 深11.5cm

编织密度

10cm×10cm面积内：短针及短针条纹A、B、C、D均为19针，16.5行

编织要点

●帽子…环形起针，从帽顶开始钩织，参照图示一边加针，一边钩织短针条纹A、B，做环形的往返编织。最终行钩织1行引拔针调整好形状。

●挎包…环形起针，钩织好部件A、B。一边按照图示加减针，一边钩织。部件C和提手锁针起针，钩织短针。参照组合方法，将部件和提手组合在一起。

●狗狗帽子…帽顶锁针起针，钩织短针条纹C、短针。前饰带从共线锁针和帽顶挑针，钩织短针。帽檐钩织短针条纹D、引拔针。前饰带第4行钩织引拔针。后饰带和前饰带连在一起钩织。参照组合方法组合在一起。

线的使用量一览表

色名（色号）	帽子	挎包
浅灰色（760）	30g/1团	30g/1团
青色、灰色、黄色系段染（743）	15g/1团	30g/1团
卡其色（765）	10g/1团	35g/1团

帽子

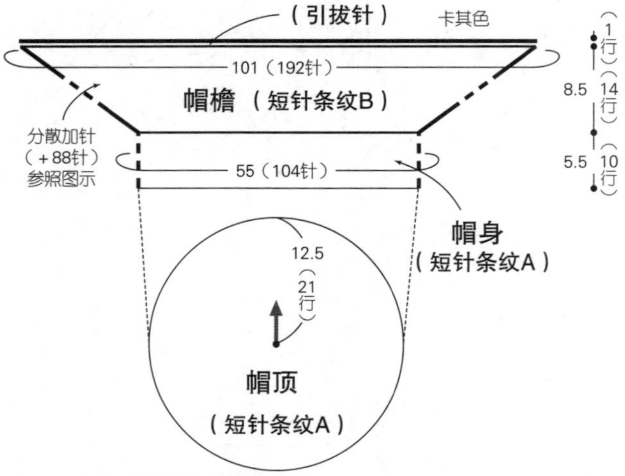

※全部使用6/0号针钩织

挎包

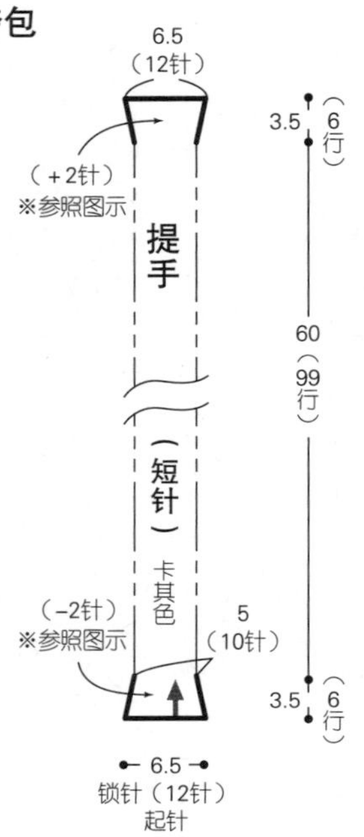

提手

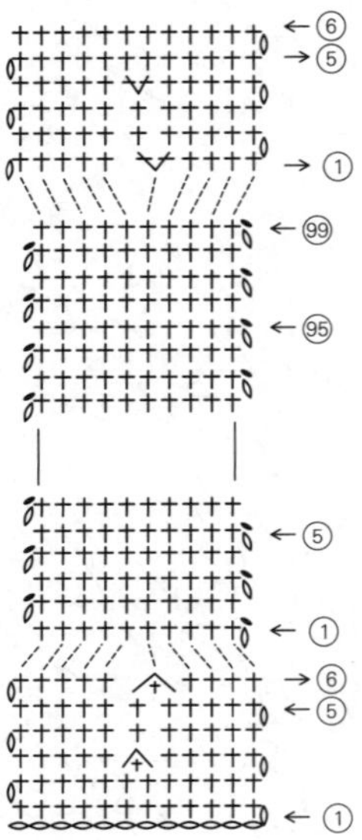

部件A

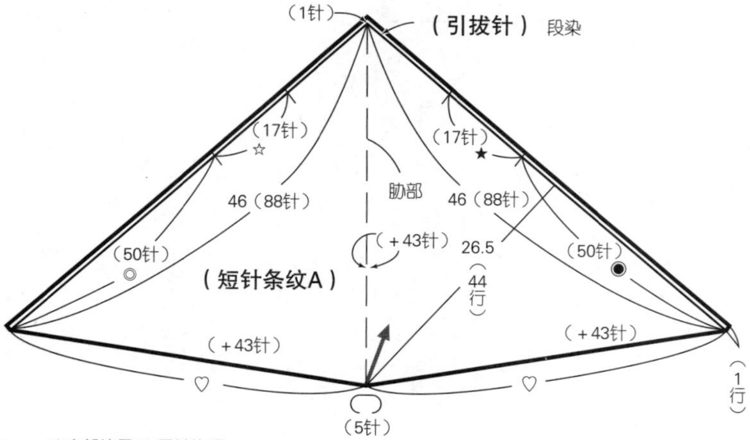

部件B 浅灰色

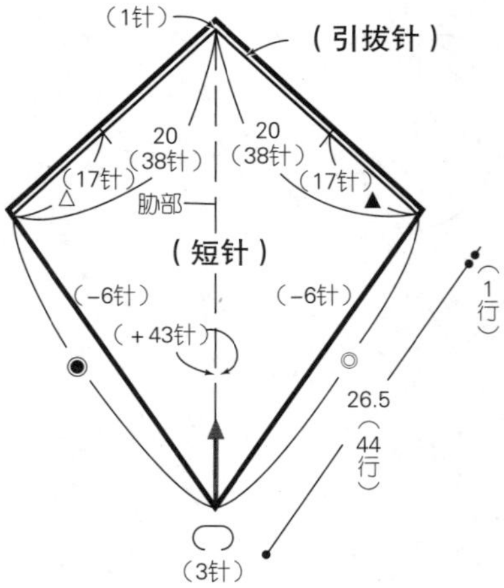

部件C 2片

（短针）卡其色

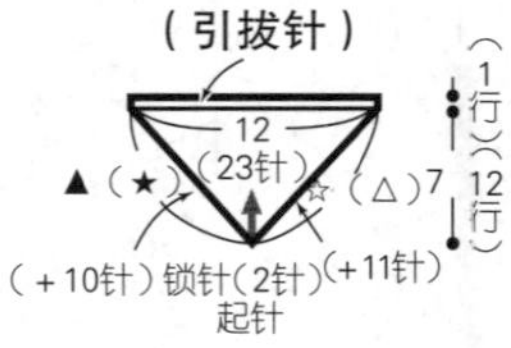

※全部使用6/0号针钩织

※对齐相同标记做卷针缝缝合

帽子的编织方法

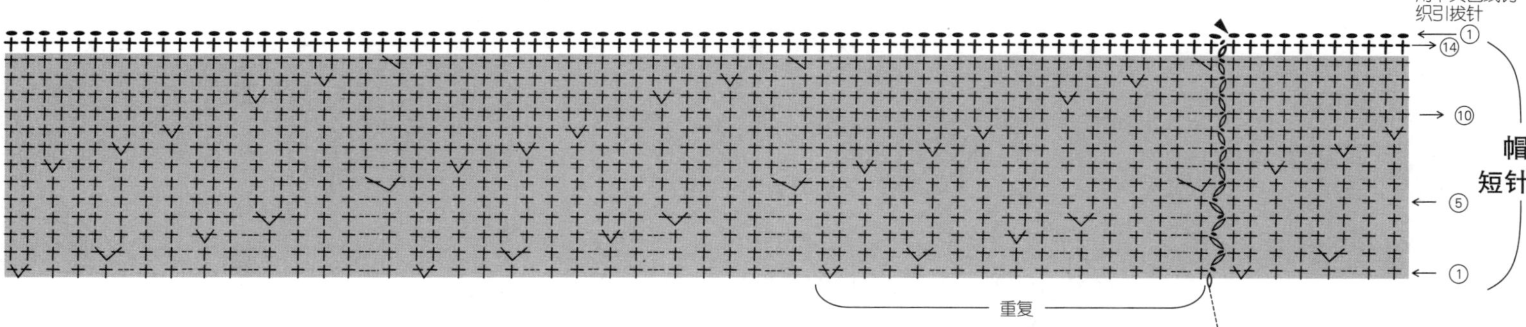

帽檐的加针

圈数	针数	
第14圈	192针	
第13圈	192针	（+8针）
第12圈	184针	（+8针）
第11圈	176针	（+8针）
第10圈	168针	
第9圈	168针	（+8针）
第8圈	160针	（+8针）
第7圈	152针	（+8针）
第6圈	144针	（+8针）
第5圈	136针	
第4圈	136针	（+8针）
第3圈	128针	（+8针）
第2圈	120针	（+8针）
第1圈	112针	（+8针）

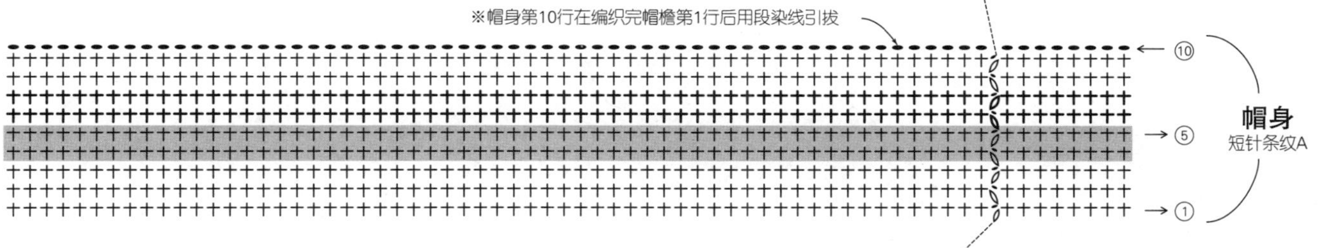

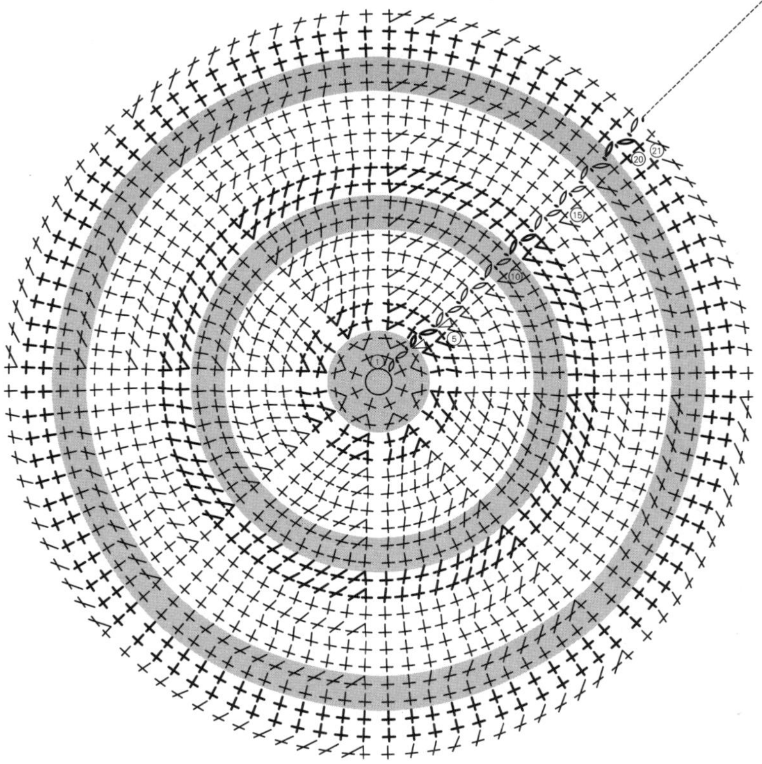

帽顶的加针

圈数	针数	
第21圈	104针	（+8针）
第18～20圈	96针	
第17圈	96针	（+8针）
第15、16圈	88针	
第14圈	88针	（+8针）
第13圈	80针	
第12圈	80针	（+8针）
第11圈	72针	（+8针）
第10圈	64针	
第9圈	64针	（+8针）
第8圈	56针	（+8针）
第7圈	48针	
第6圈	48针	（+8针）
第5圈	40针	（+8针）
第4圈	32针	（+8针）
第3圈	24针	（+8针）
第2圈	16针	（+8针）
第1圈	8针	

▷ = 加线

► = 剪线

配色
- ＋ = 浅灰色
- ＋ = 卡其色
- ＋ = 段染

部件A

▷ = 加线

► = 剪线

部件A的配色
- + = 段染
- + = 浅灰色
- + = 卡其色

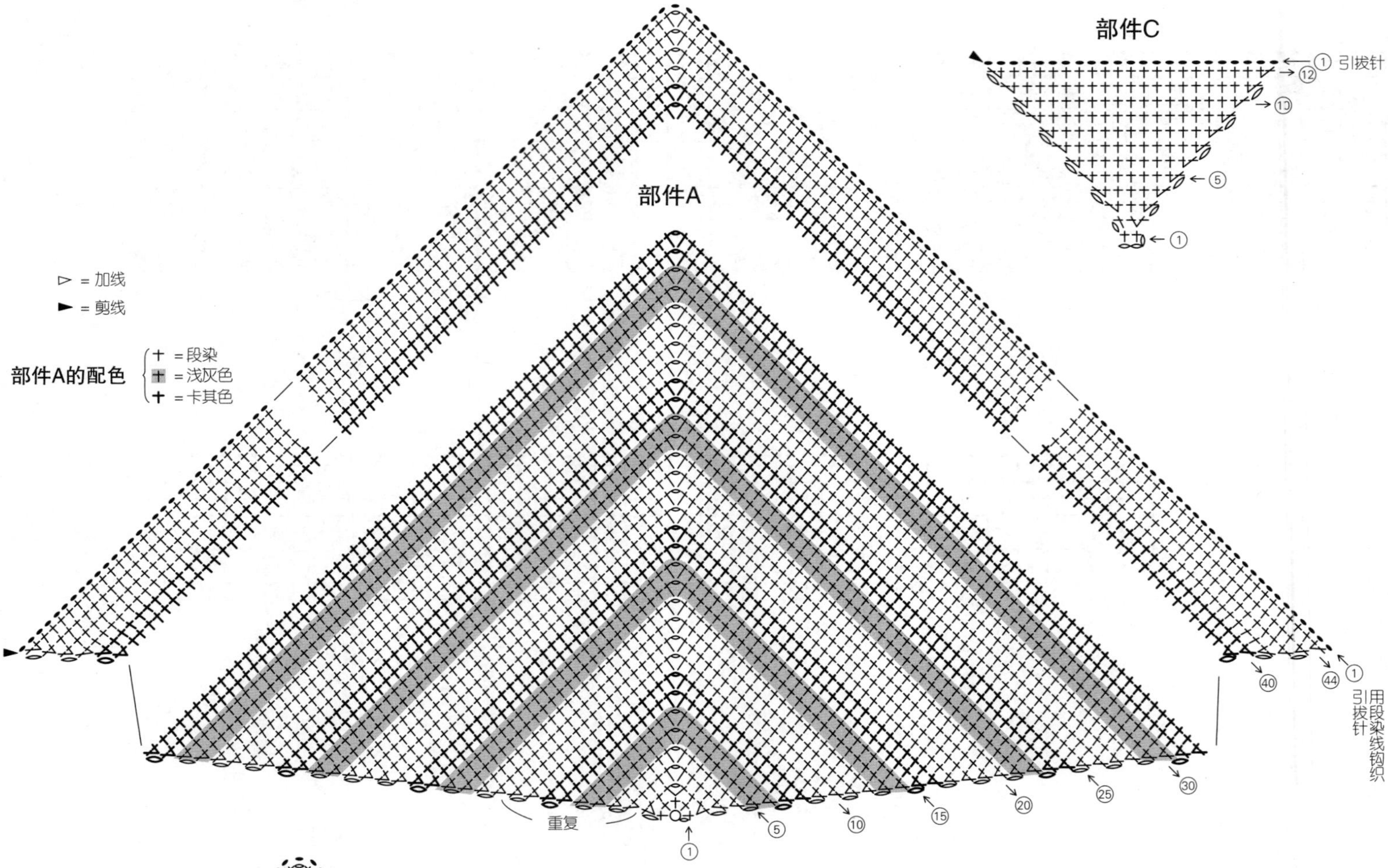

部件C

部件B

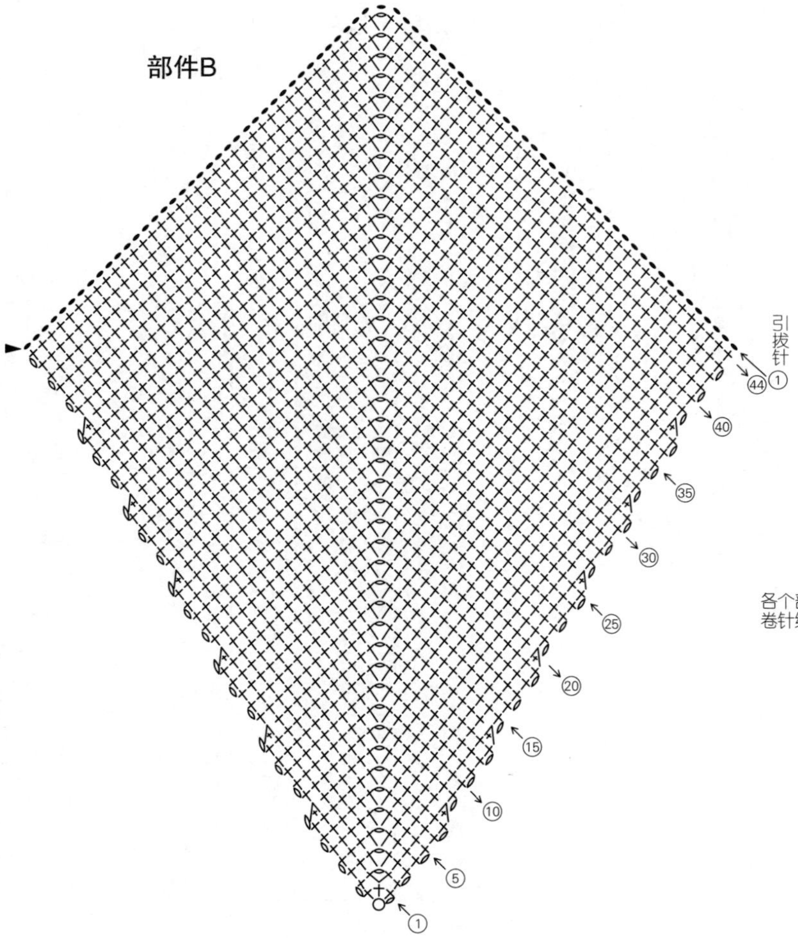

挎包的组合方法

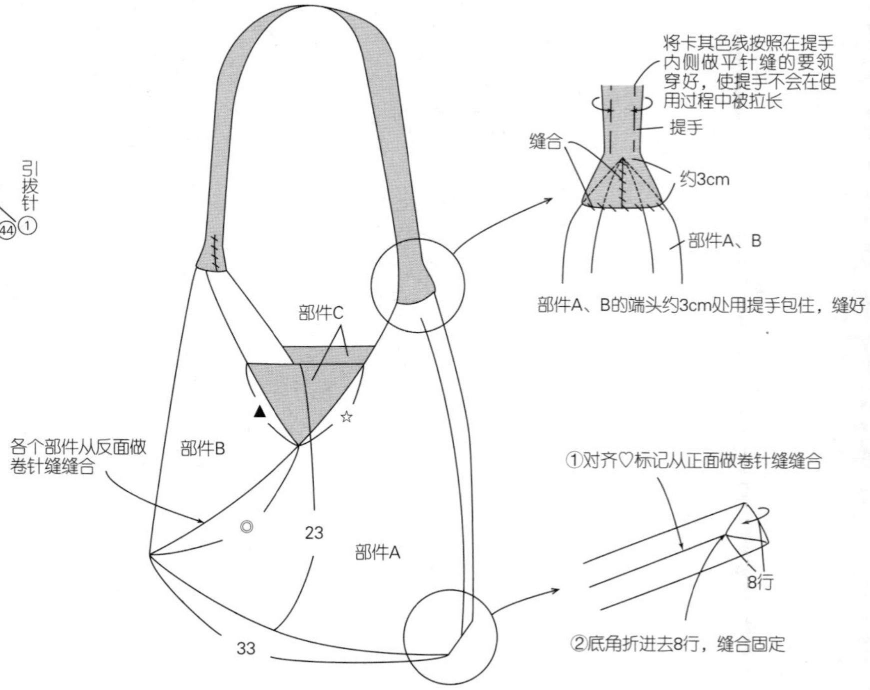

狗狗帽子

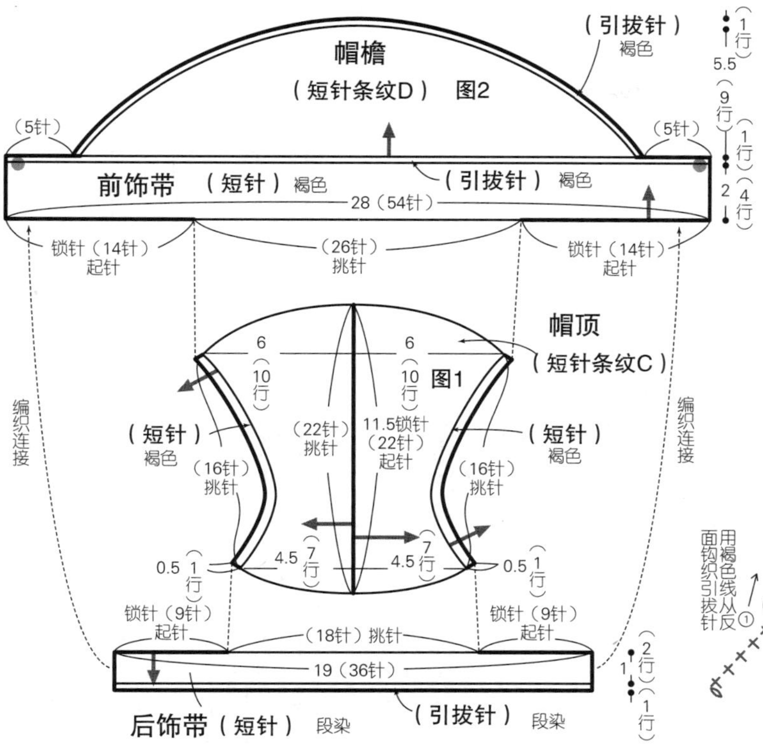

※全部使用6/0号针钩织

※● = 帽带位置

毛线的用量和辅材一览表

色名（色号）	用量	辅材
褐色（753）	10g/1团	用作帽带的5mm细绳（褐色）长30cm、直径15mm的调节扣（黑色）1个、孔径3mm的水滴珠（褐色）1颗
橙色系段染（738）	10g/1团	

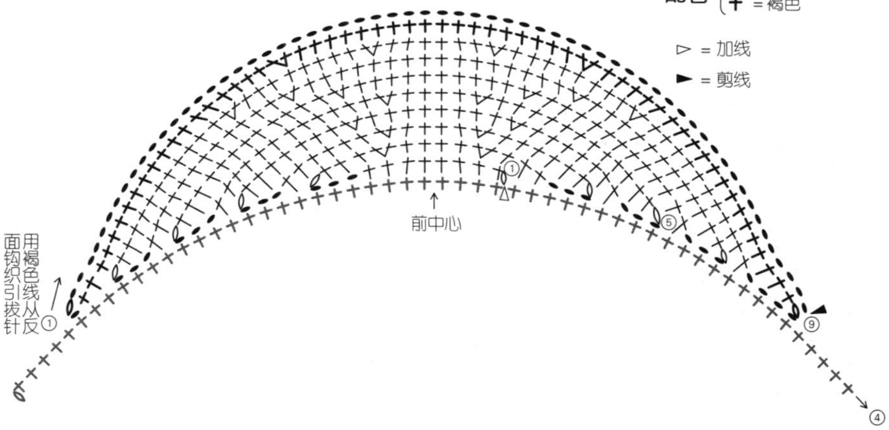

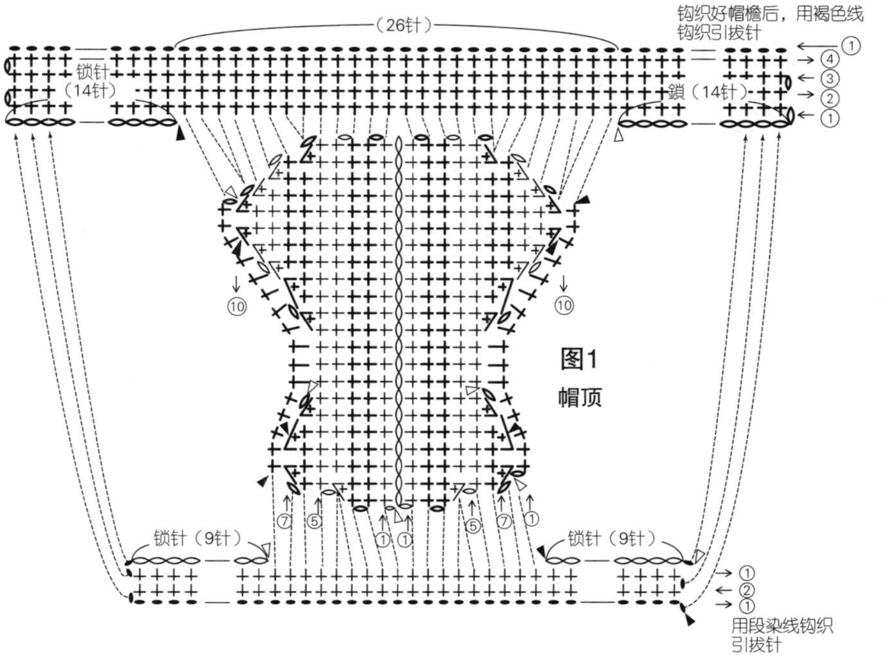

狗狗帽子的组合方法

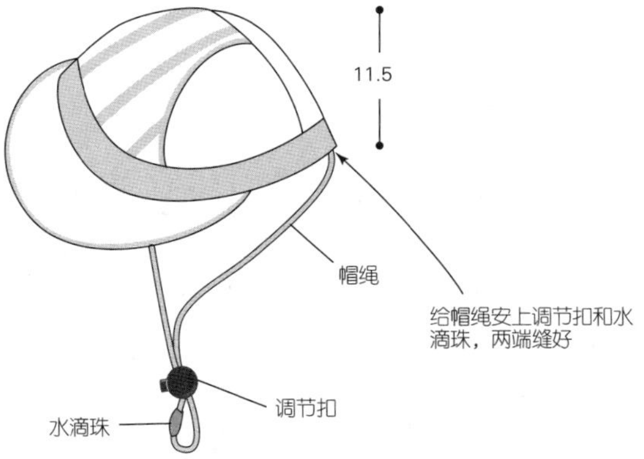

材料

芭贝 Leafy 米色（761）120g/3团，黑色（757）90g/3团

工具

钩针8/0号

成品尺寸

宽38.5cm，深26.5cm

编织密度

10cm×10cm面积内：短针条纹、配色花样均为12.5针，12.5行

编织要点

●全部取2根线钩织。包底环形起针，钩织短针条纹。包身主体环形钩织配色花样。配色花样采用横向渡线的方法钩织。包口钩织1行引拔针调整形状。提手锁针起针，用米色线钩织4行，用黑色线向第2行的头部钩织引拔针。参照组合方法缝上提手。

63 页的作品 ★★

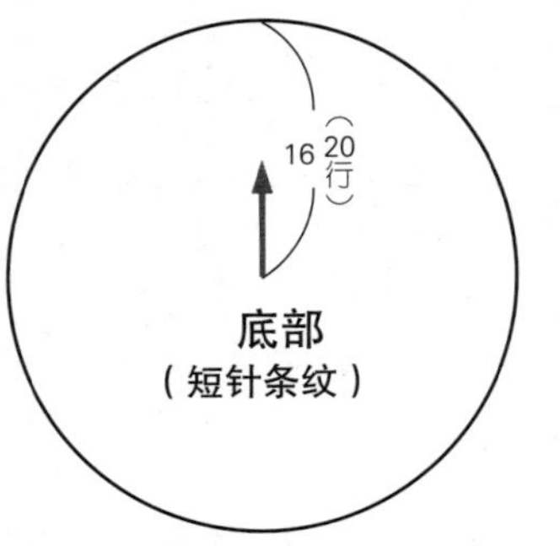

※ 全部用8/0号针、2根线钩织

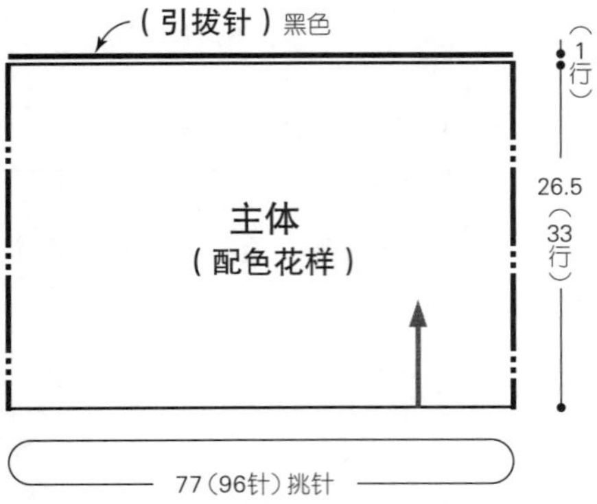

※ 横向渡线钩织短针的配色花样请参照第171页

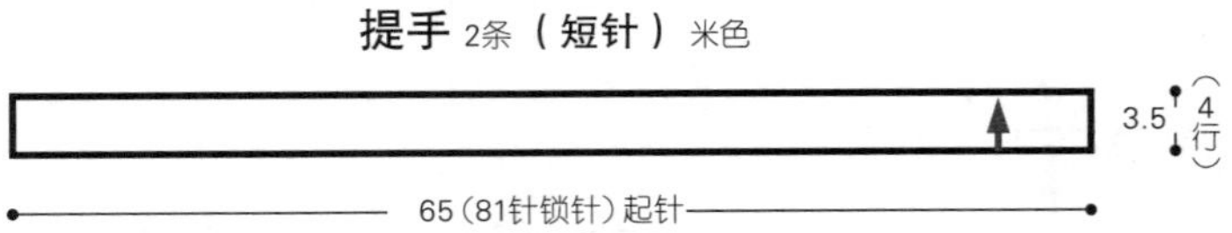

※ 后面再用黑色线在第2行短针的头部钩织引拔针

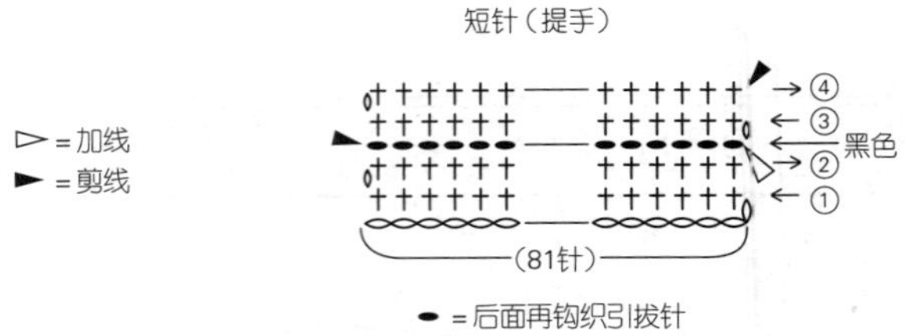

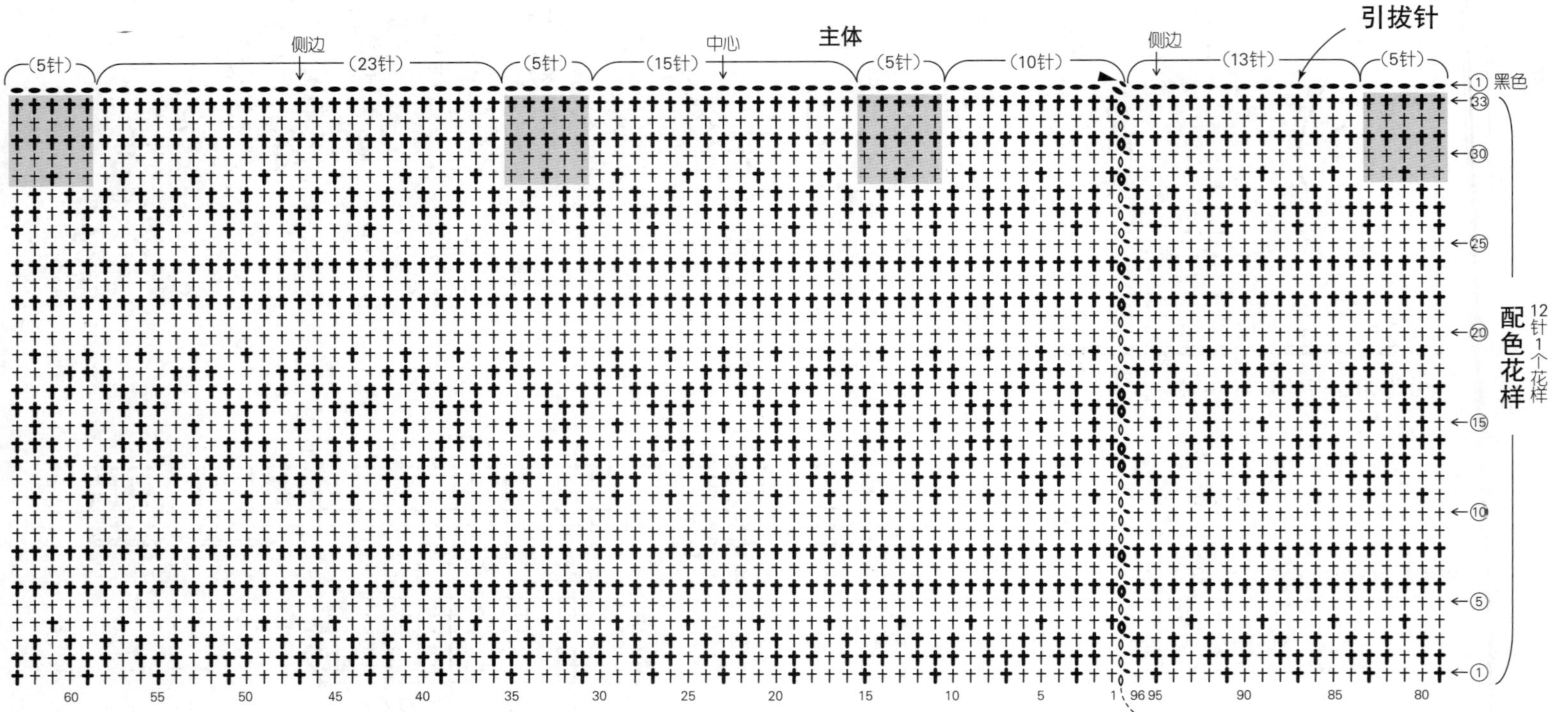

▨ =缝提手的位置

底部的加针

圈数	针数	
第20圈	96针	(+6针)
第15~19圈	90针	
第14圈	90针	(+6针)
第13圈	84针	(+6针)
第12圈	78针	(+6针)
第11圈	72针	(+6针)
第10圈	66针	(+6针)
第9圈	60针	(+6针)
第8圈	54针	(+6针)
第7圈	48针	(+6针)
第6圈	42针	(+7针)
第5圈	35针	(+7针)
第4圈	28针	(+7针)
第3圈	21针	(+7针)
第2圈	14针	(+7针)
第1圈	7针	

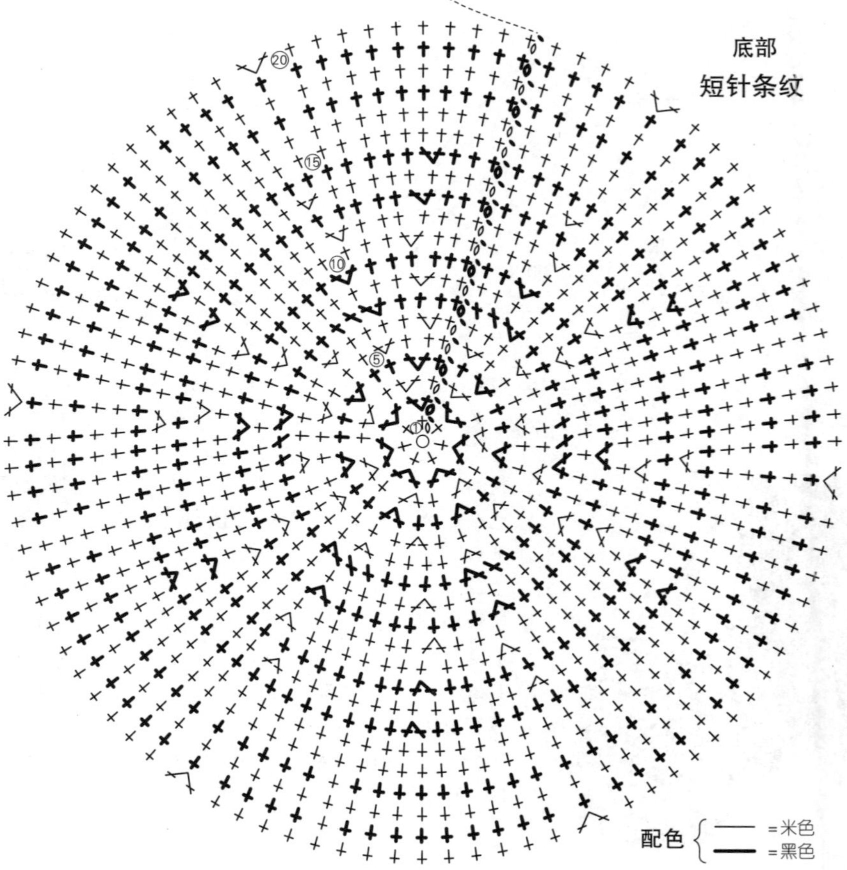

组合方法

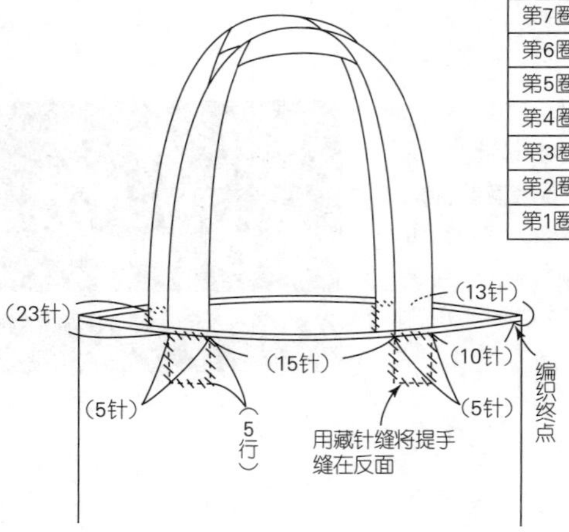

材料
K's K Golden Silk 黄色(1) 275g/7团
工具
钩针4/0号、3/0号
成品尺寸
胸围102cm，衣长46.5cm，连肩袖长41.5cm
编织密度
编织花样的1个花样为17cm，13.5行为10cm

编织要点
●身片、袖子…钩织锁针起针后按编织花样钩织。育克从身片和袖子上挑针后环形钩织。钩织24行后将线剪断，重新加线往返钩织剩下的2行。接着按边缘编织C钩织衣领。
●组合…胁部、袖下做挑针缝合，腋下针目做挑针接合。下摆和袖口分别按边缘编织A、B环形钩织。

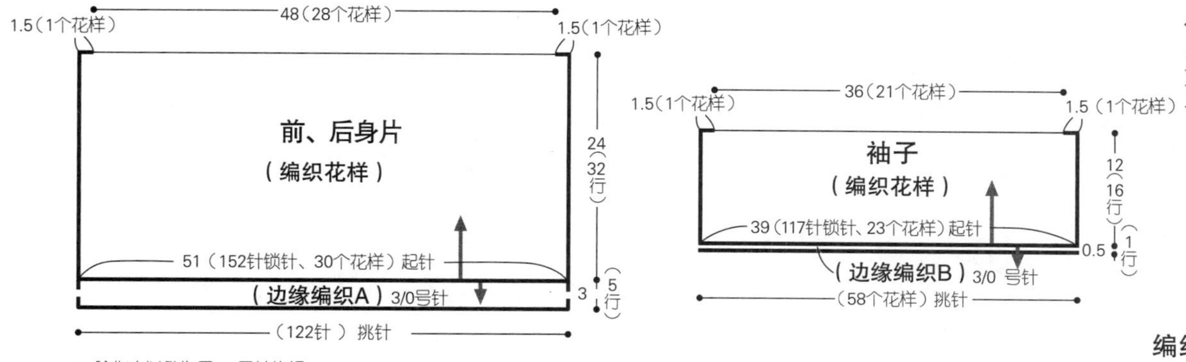

※除指定以外均用4/0号针钩织

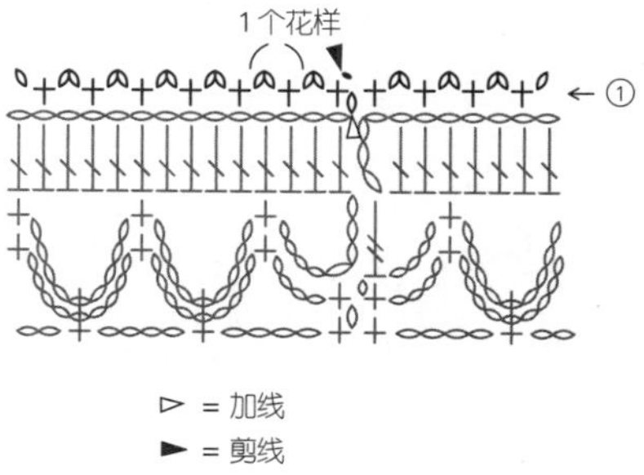

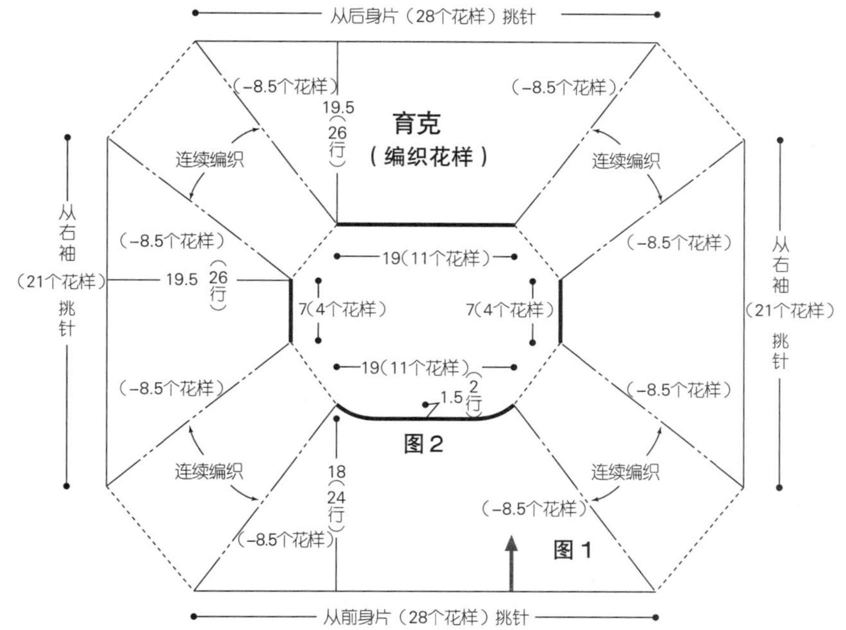

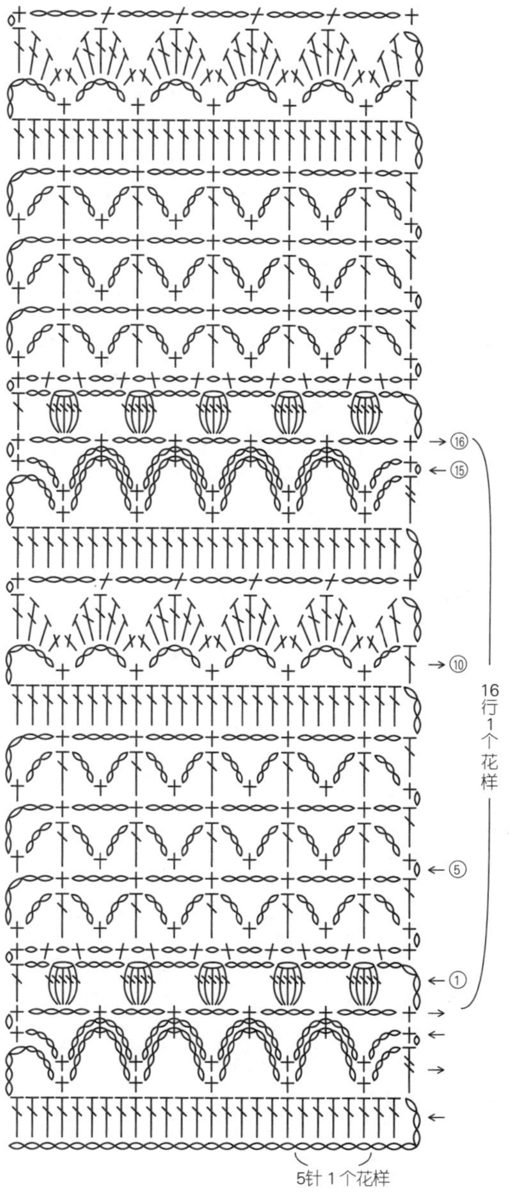

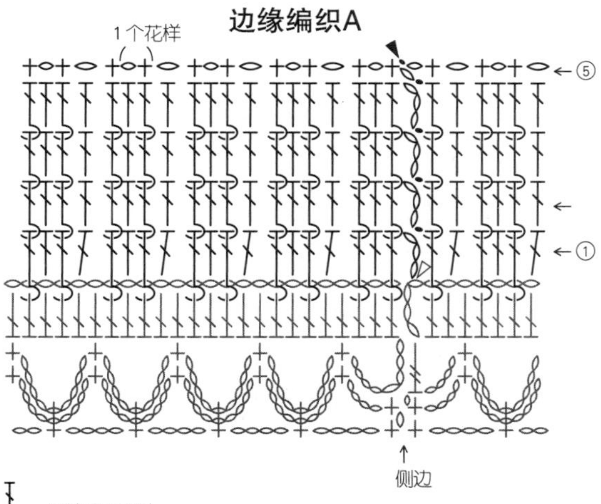

= 长针的正拉针
※钩织方法请参照第141页

= 在前一行以及前2行的锁针里一起整段挑针钩织短针

= 5针长针的爆米花针
※钩织方法请参照第108页

图 1
育克

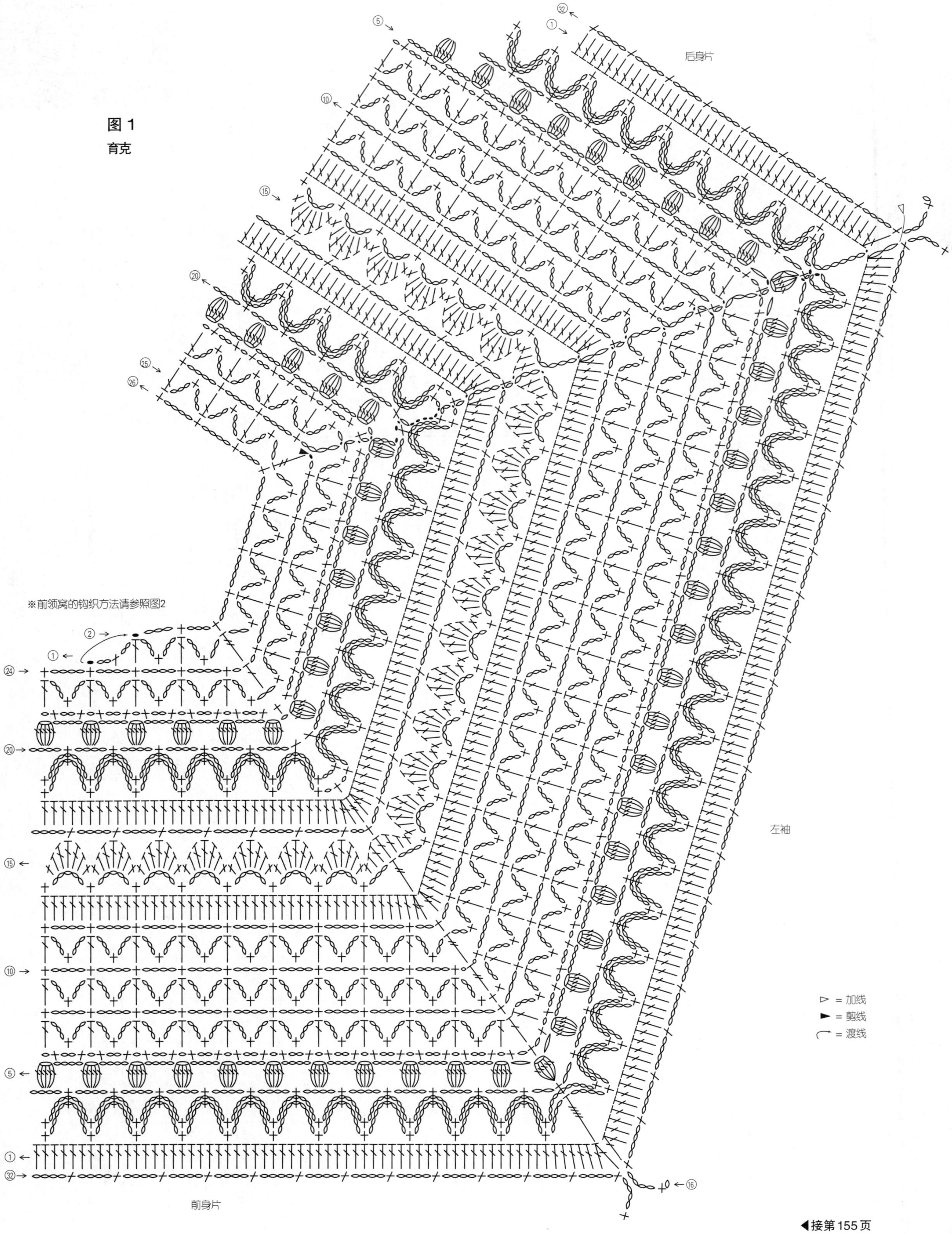

◀接第155页

材料

Hobbyra Hobbyre Raphis Grand 藏青色（07）170g/5团，Raphis Grand Palette 藏青色、深红色和浅蓝绿色系段染（05）70g/2团；宽15mm、长50cm的皮革提手1对

工具

钩针7/0号

成品尺寸

宽40cm，深22cm

编织密度

10cm×10cm面积内：短针14.5针，17.5行

编织要点

●钩织锁针起针，从底部开始环形钩织短针。参照图示加减针，最后钩织1圈引拔针。口袋按与主体相同的要领起针后钩织短针和引拔针。参照组合方法，将提手和口袋缝在主体上。

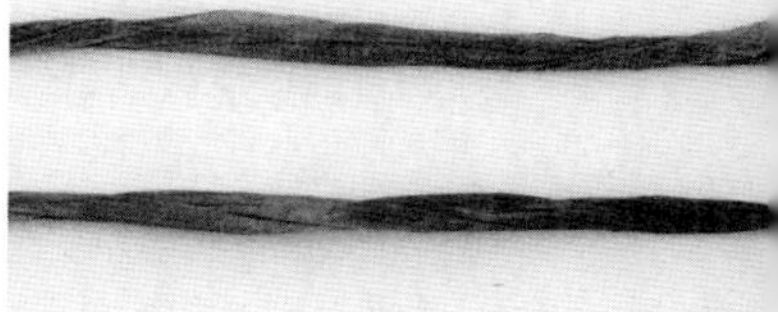

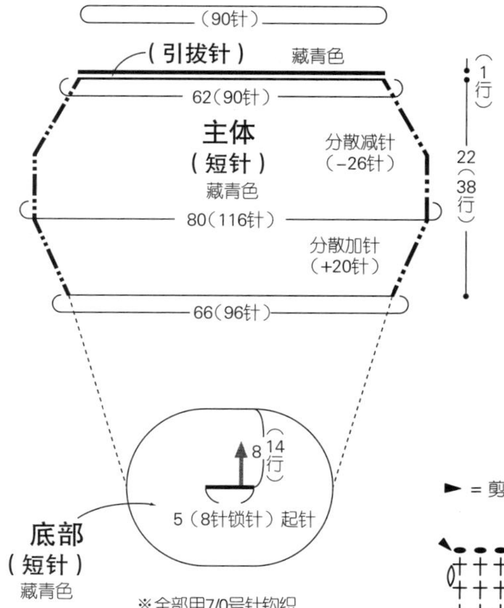

※全部用7/0号针钩织

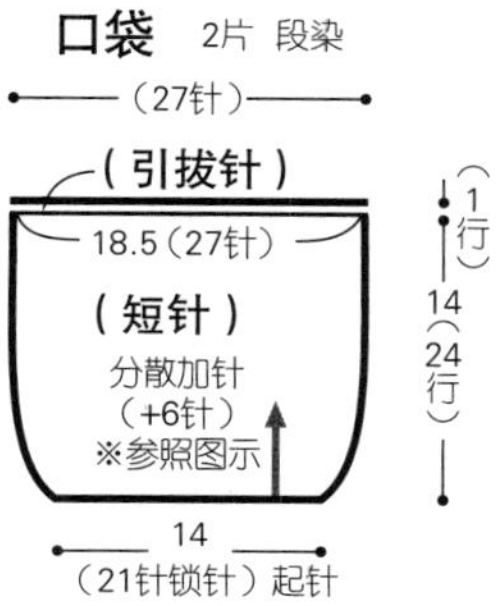

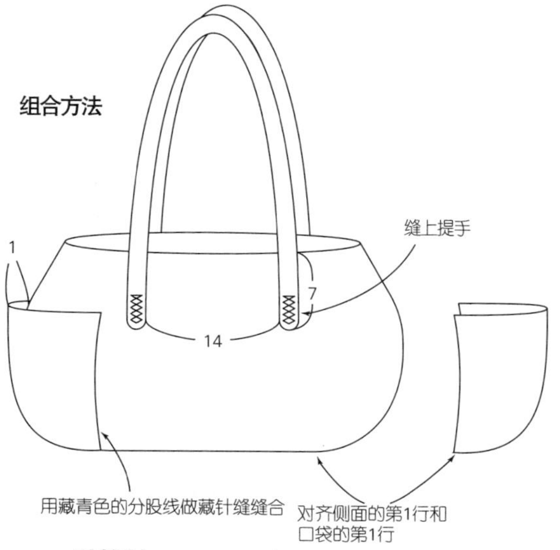

► = 剪线

口袋的钩织方法

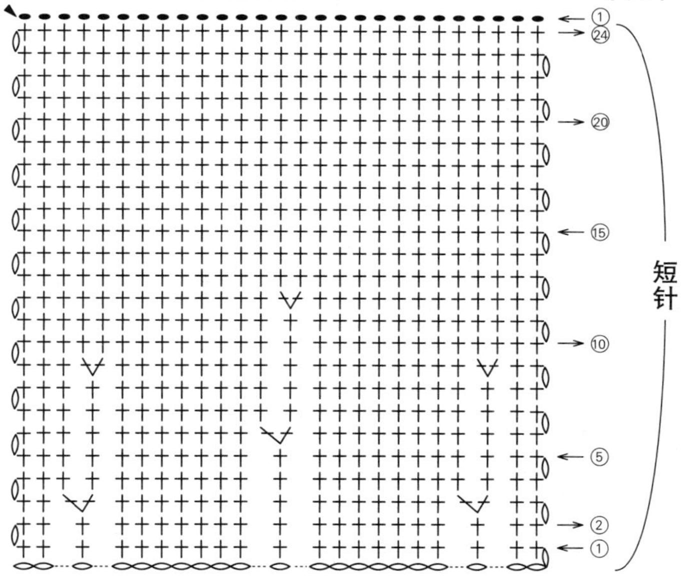

横向渡线钩织短针的配色花样

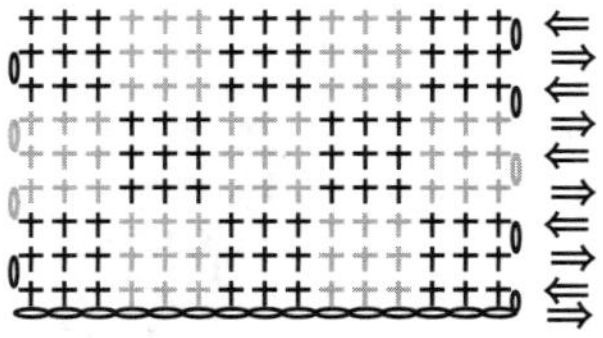

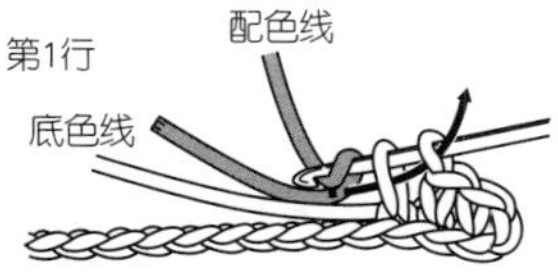

1 底色线的最后一针做引拔针时，换成配色线。

2 钩织配色线的第1针时，连同底色线和配色线的线头一起挑针，拉出配色线。

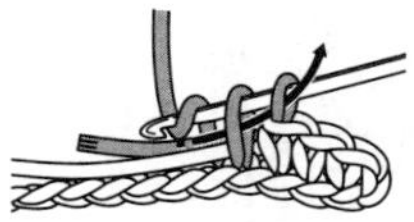

3 一边将底色线和配色线的线头包在针目里，一边用配色线钩织短针。

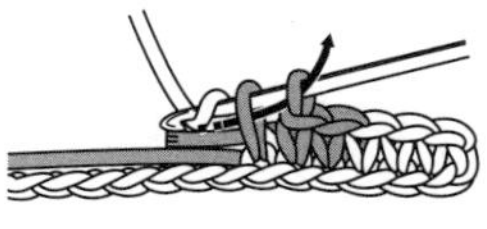

4 配色线的最后一针做引拔针时，换成底色线。

5 下次换成配色线时也按与步骤1相同的要领换线。

6 钩织至末端后，先钩织下一行的起立针，再翻转织片。

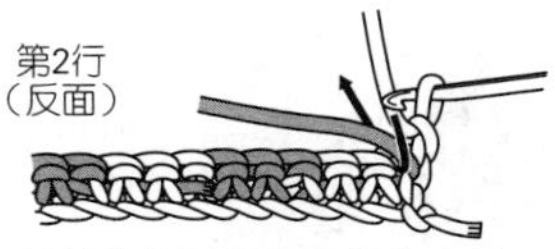

7 开始钩织时将配色线放到前面，一边将配色线包在针目里一边用底色线钩织短针。重复以上操作。

主体

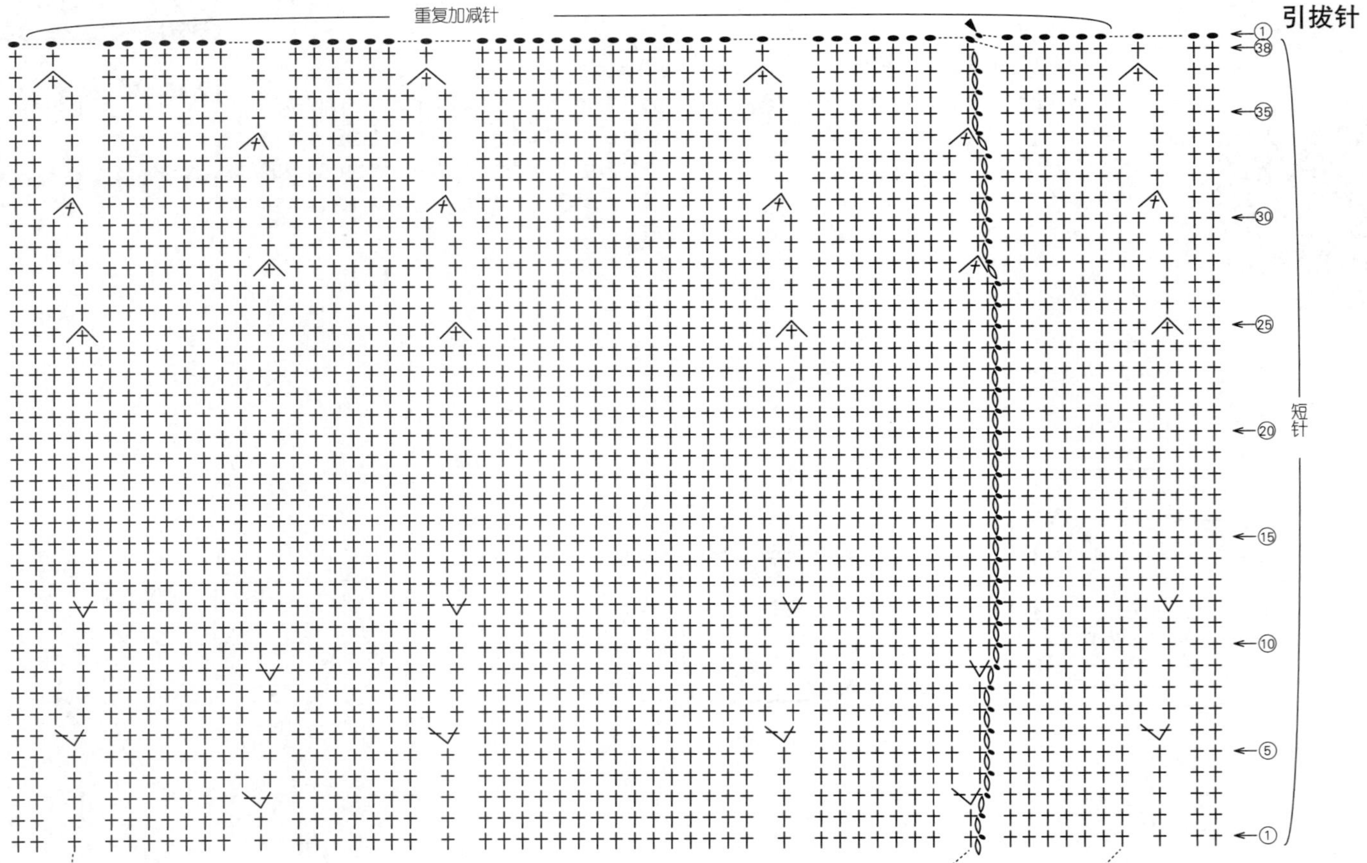

► = 剪线

底部

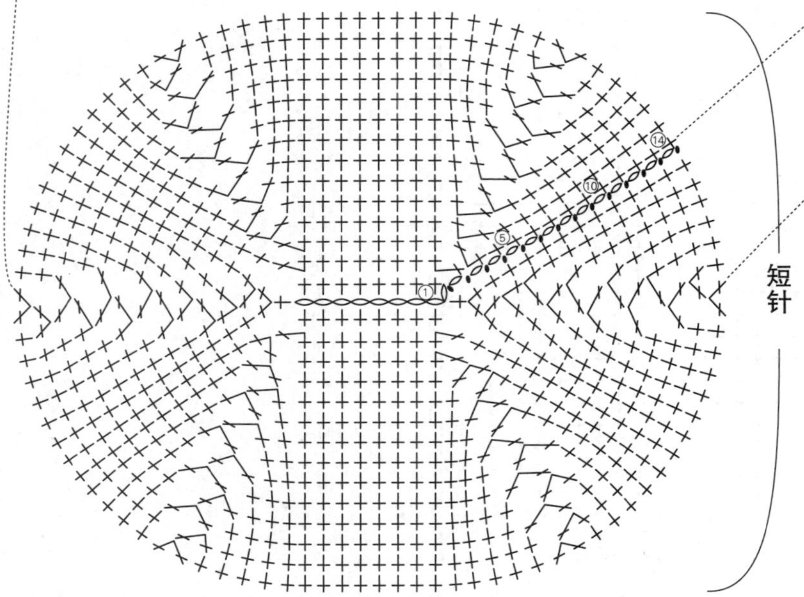

底部加针

圈数	针数	
第14圈	96针	(+6针)
第13圈	90针	(+6针)
第12圈	84针	(+6针)
第11圈	78针	(+6针)
第10圈	72针	(+6针)
第9圈	66针	(+6针)
第8圈	60针	(+6针)
第7圈	54针	(+6针)
第6圈	48针	(+6针)
第5圈	42针	(+6针)
第4圈	36针	(+6针)
第3圈	30针	(+6针)
第2圈	24针	(+6针)
第1圈	18针	

主体的加减针

圈数	针数	
第38圈	90针	
第37圈	90针	(-6针)
第35、36圈	96针	
第34圈	96针	(-4针)
第32、33圈	100针	
第31圈	100针	(-6针)
第29、30圈	106针	
第28圈	106针	(-4针)
第26、27圈	110针	
第25圈	110针	(-6针)
第13、24圈	116针	
第12圈	116针	(+6针)
第10、11圈	110针	
第9圈	110针	(+4针)
第7、8圈	106针	
第6圈	106针	(+6针)
第4、5圈	100针	
第3圈	100针	(+4针)
第1、2圈	96针	

材料

Hobbyra Hobbyre Raphis Grand Palette 粉红色、黄色、紫色和蓝色系段染(06) 270g/7团

工具

钩针7/0号、5/0号

成品尺寸

宽42cm，深29.5cm

编织密度

10cm×10cm面积内：短针15针，17行

编织要点

●底部环形起针后，一边加针，一边环形钩织短针。接着钩织包身主体，参照图示加减针。最后钩织1圈引拔针。提手钩织锁针起针后钩织短针，将最后一行的短针头部与起针行的锁针重叠在一起做引拔接合。参照组合方法缝上提手。

69 页的作品 ★★

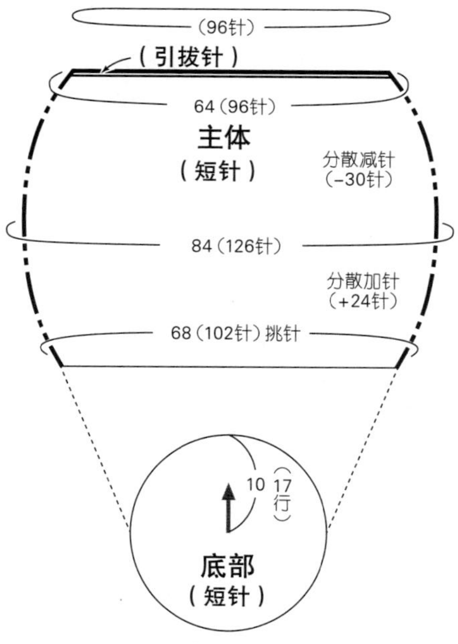

※ 除指定以外均用 7/0 号针钩织

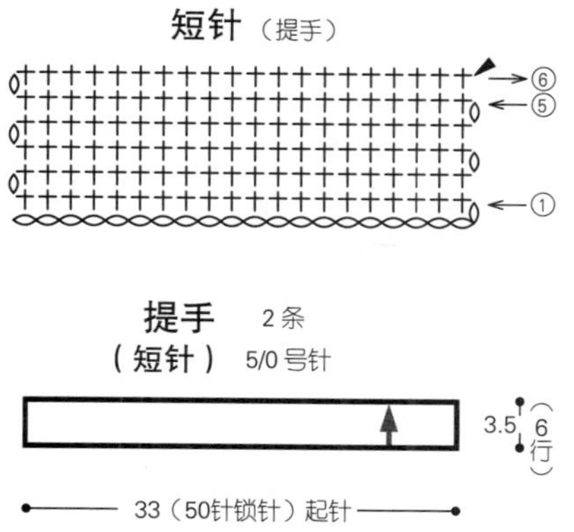

※ 对折重叠后做引拔接合

组合方法

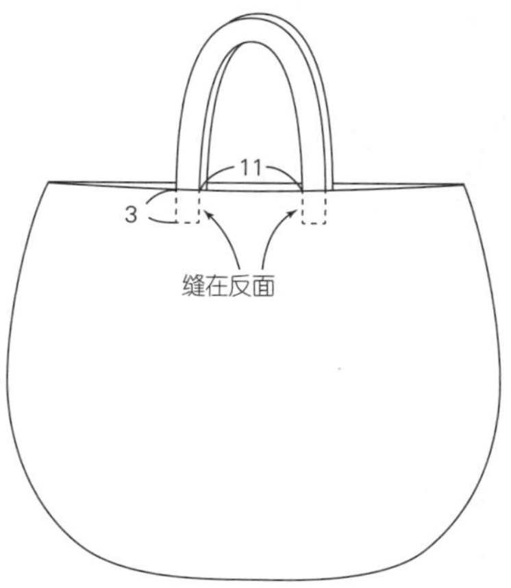

主体的加减针

圈数	针数	
第 50 圈	96 针	
第 49 圈	96 针	(-6 针)
第 47、48 圈	102 针	
第 46 圈	102 针	(-6 针)
第 44、45 圈	108 针	
第 43 圈	108 针	(-6 针)
第 41、42 圈	114 针	
第 40 圈	114 针	(-6 针)
第 38、39 圈	120 针	
第 37 圈	120 针	(-6 针)
第 13 ~ 36 圈	126 针	
第 12 圈	126 针	(+6 针)
第 10、11 圈	120 针	
第 9 圈	120 针	(+6 针)
第 7、8 圈	114 针	
第 6 圈	114 针	(+6 针)
第 4、5 圈	108 针	
3 圈	108 针	(+6 针)
第 1、2 圈	102 针	

底部的加针

圈数	针数	
第 17 圈	102 针	(+6 针)
第 16 圈	96 针	(+6 针)
第 15 圈	90 针	(+6 针)
第 14 圈	84 针	(+6 针)
第 13 圈	78 针	(+6 针)
第 12 圈	72 针	(+6 针)
第 11 圈	66 针	(+6 针)
第 10 圈	60 针	(+6 针)
第 9 圈	54 针	(+6 针)
第 8 圈	48 针	(+6 针)
第 7 圈	42 针	(+6 针)
第 6 圈	36 针	(+6 针)
第 5 圈	30 针	(+6 针)
第 4 圈	24 针	(+6 针)
第 3 圈	18 针	(+6 针)
第 2 圈	12 针	(+6 针)
第 1 圈	6 针	

▶ = 剪线

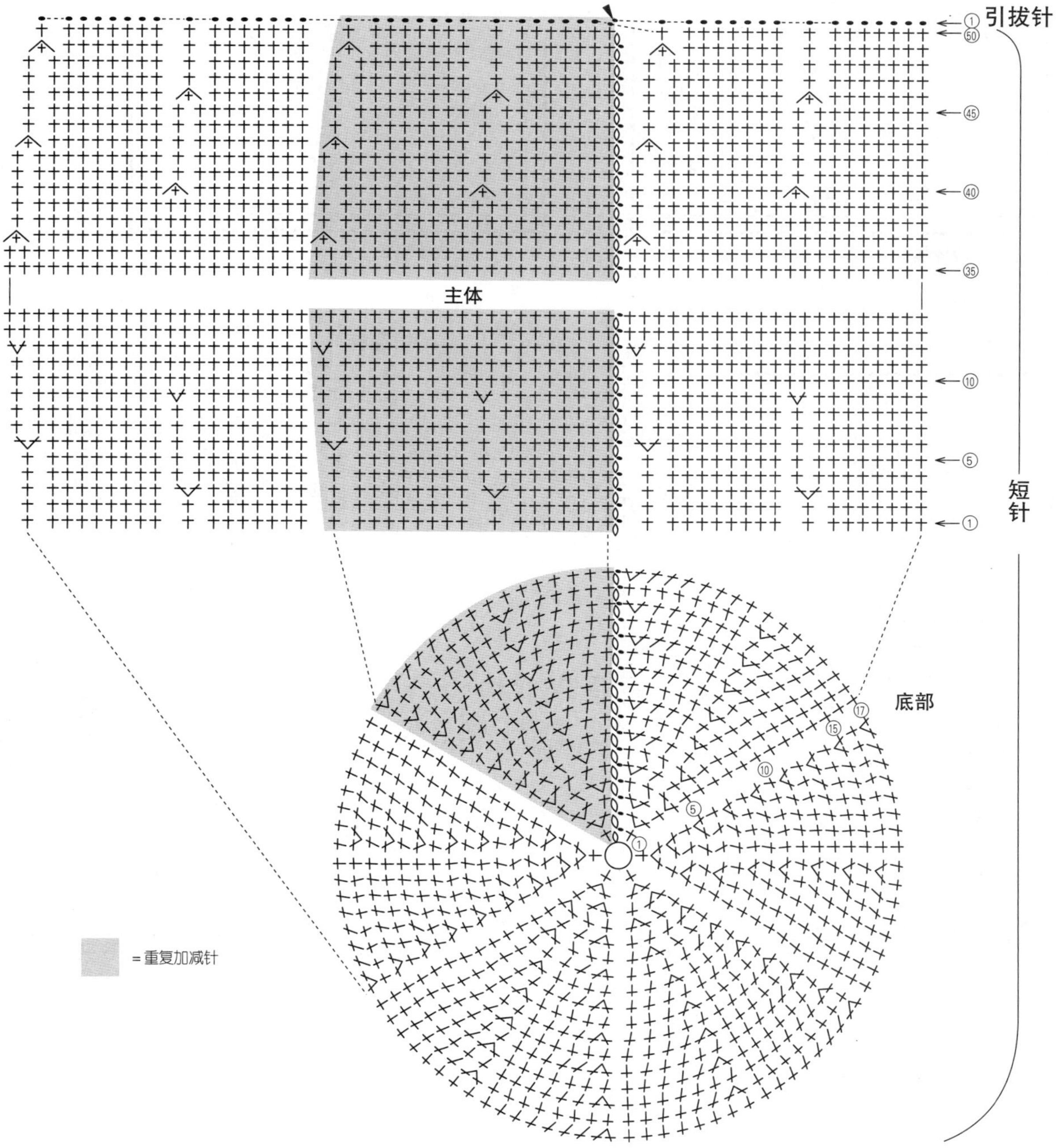

= 重复加减针

材料

Ski毛线 Ski Cotton Linen~夏衣~ 金黄色（1052）260g/9团

工具

花卡编织机SK280（4.5mm）

成品尺寸

胸围100cm，衣长46cm，连肩袖长54cm

编织密度

10cm×10cm面积内：编织花样28针，58行

编织要点

●身片、袖子…身片做退针的另色线起针后开始编织。边缘编织结束后折成双层，接着按编织花样继续编织。前领窝做引返编织，最后一行做退针的下针编织。结束时，将肩部和领窝分开编织几行另色线，从编织机上取下织片。袖子按与身片相同的要领起针后开始编织，参照图示加针，注意有的行要将机针推出至D位置编织。结束时与身片做相同处理。

●组合…衣领按与身片相同的要领起针后做边缘编织。左肩钩织引拔针和锁针接合。衣领参照缝合方法与身片做缝合。右肩钩织引拔针和锁针接合。袖子与身片之间做机器缝合。衣领侧边、肋部、袖下做挑针缝合。

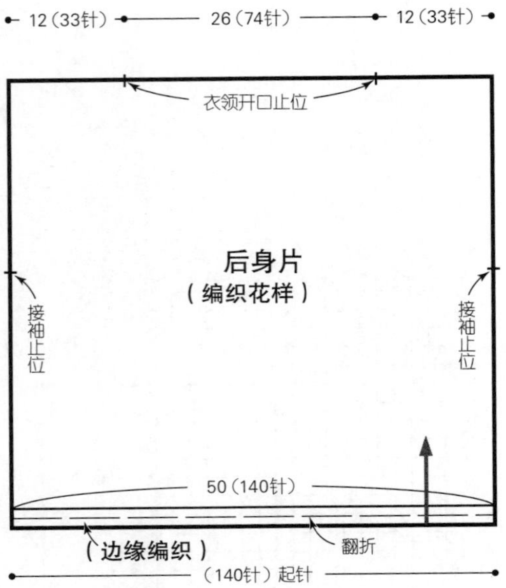

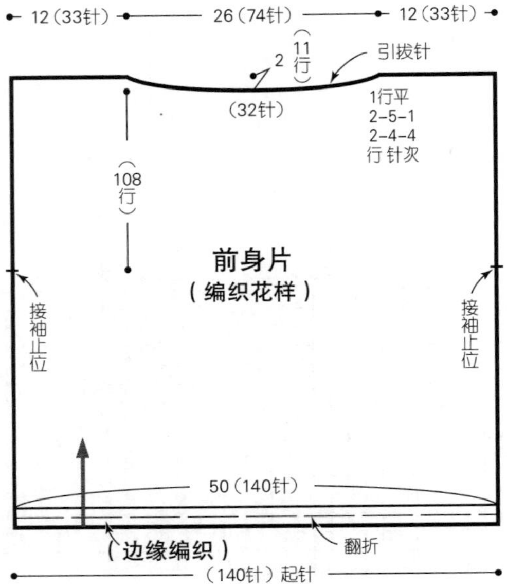

※ 全部用D=7编织

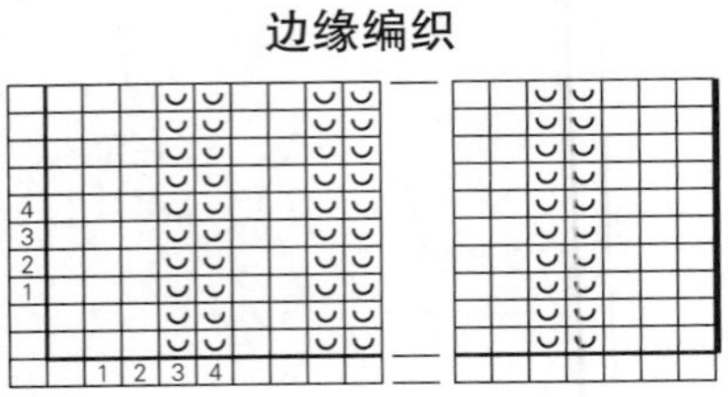

□ = ⊟

⊍ = 退针

※符号图表示的是挂在编织机上的状态

※将凸轮杆调到平针位置编织

下摆、袖口的编织方法

①退针的另色线起针后，做12行边缘编织

②挑取编织起点的针目重叠着挂到机针上编织1行

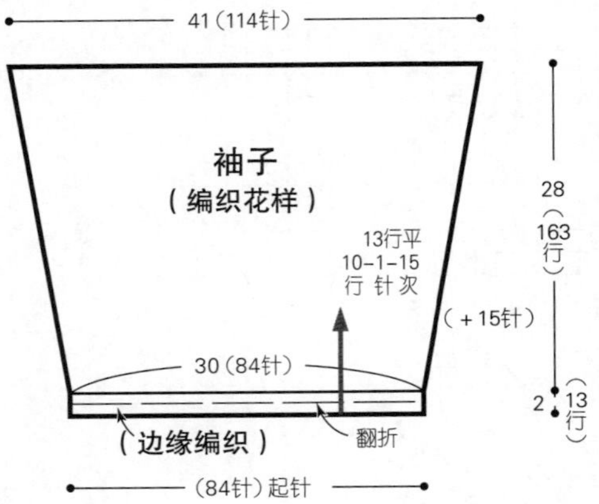

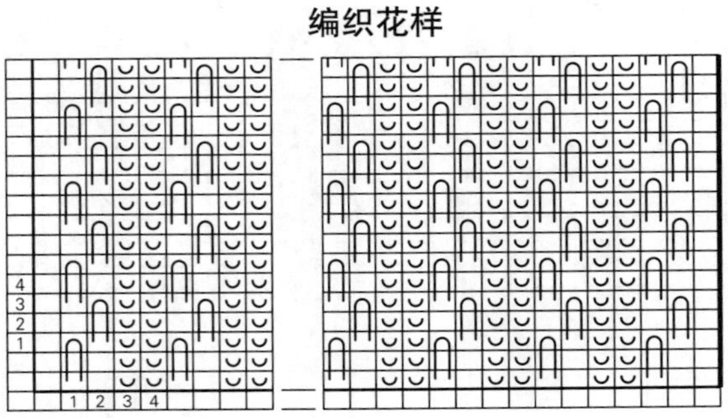

□ = ⊟

⊍ = 退针

= 拉针（2行）

※符号图表示的是挂在编织机上的状态

※使用下针的一面

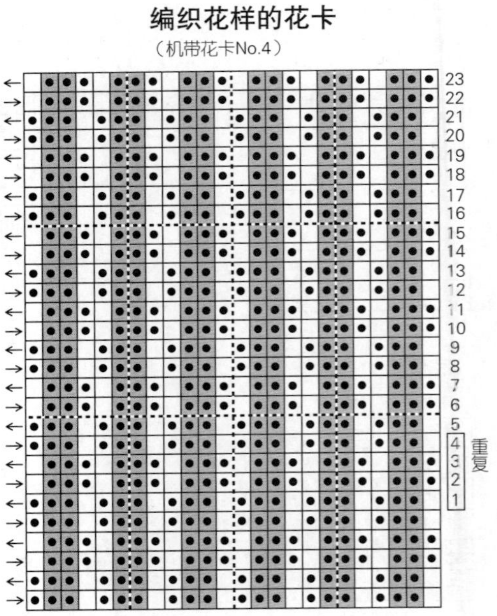

■ = 退针

※将凸轮杆调到集圈位置编织

袖下的加针方法（右侧）

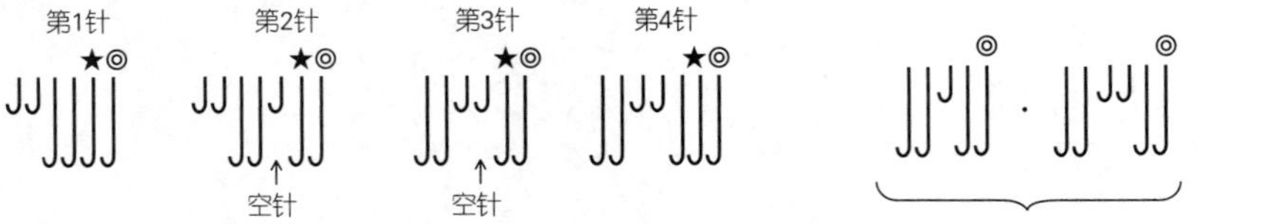

将★针目的下一行针目挂到◎机针上

用移圈针将边上的2针移至外侧，空出第3针

按与第2针相同的要领操作

按与第1针相同的要领，将下一行的针目挂到◎机针上

※当边上的机针状态如上图所示时，每行都将◎机针推出至D位置编织

※ 重复第1至4针的加针方法

※ 左侧对称编织

★ ＝右端

◎ ＝加针

衣领（边缘编织）

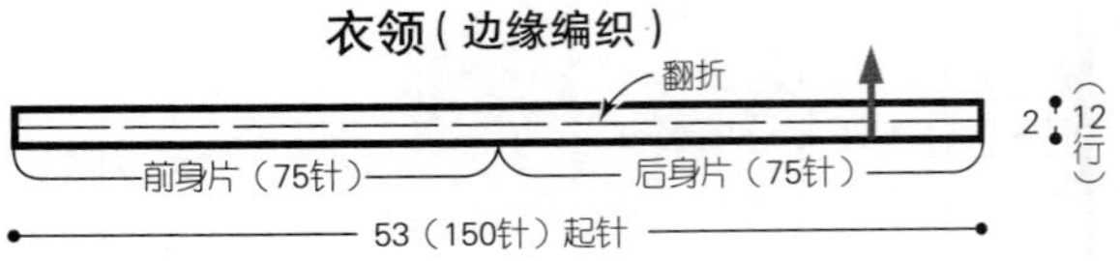

衣领的缝合方法

①按退针的状态推出与衣领相同针数的机针，看着身片的正面将针目挂到机针上

②看着衣领的反面，将编织终点处的针目挂到机针上

③翻折衣领，将编织起点处的针目挂到机针上，再将针目移至针舌后面

④编织1行后做卷针收针

组合方法

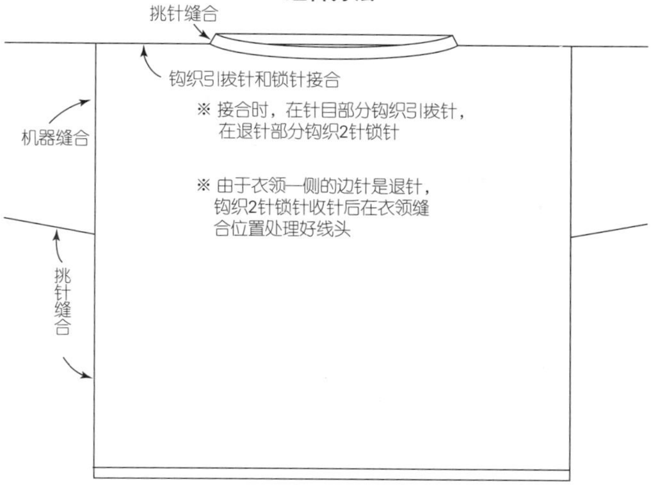

材料

Hobbyra Hobbyre Merr-Couleur 蓝色、浅蓝色和黄色混染(04) 90g/3团

工具

钩针7/0号

成品尺寸

头围58cm，深17.5cm

编织密度

10cm×10cm面积内：编织花样16.5针，11.5行

编织要点

●环形起针后，从帽顶开始钩织。参照图示加针。钩织细绳，穿在指定位置并打结。

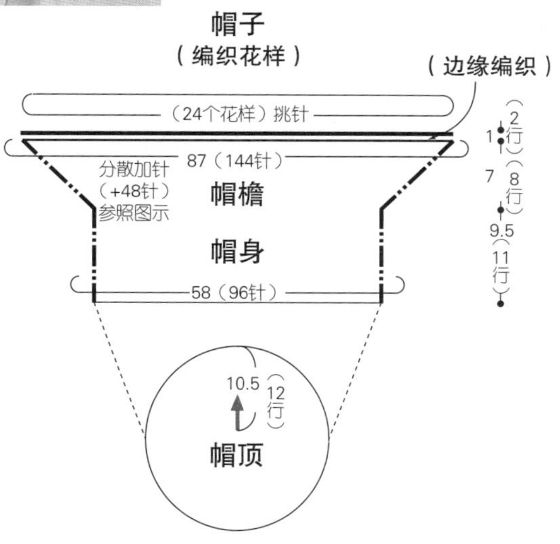

※全部用7/0号针钩织

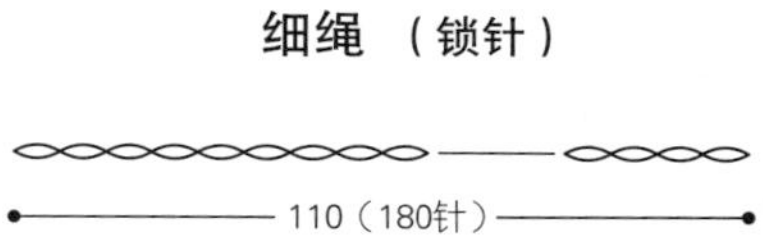

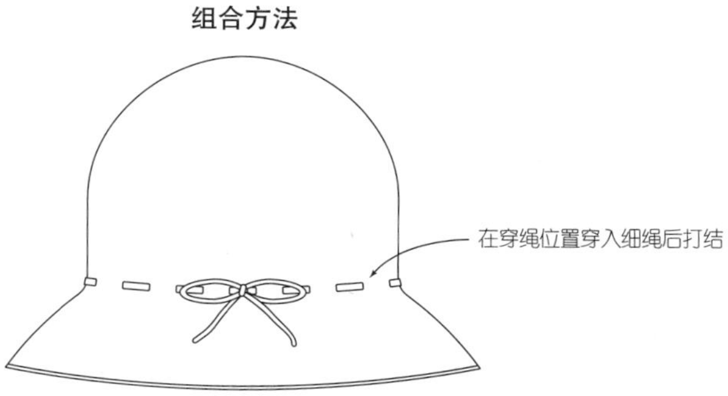

扭针的右上2针并1针

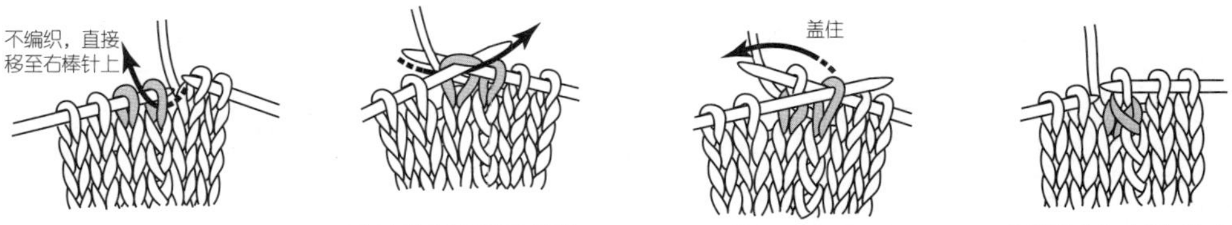

1 从右边针目的后侧插入右棒针，不编织，直接移至右棒针上。

2 在左边针目里插入棒针，挂线后拉出，编织下针。

3 用左棒针挑起移至右棒针上的针目，将其覆盖在刚刚编织的针目上。

4 扭针的右上2针并1针完成。

扭针的左上2针并1针

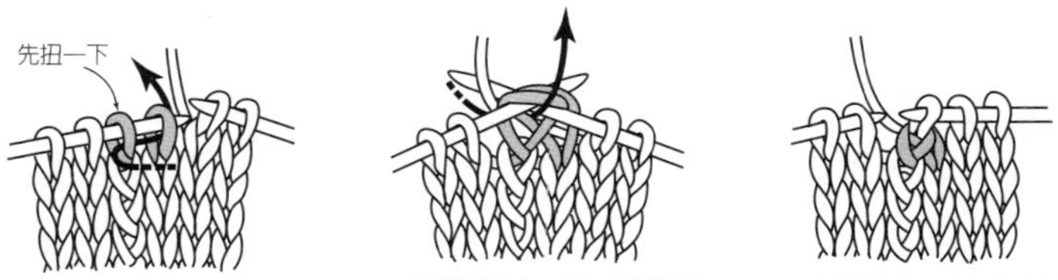

1 先将左边的针目扭一下。如箭头所示插入右棒针。

2 挂线后拉出，在2个针目里一起编织下针。

3 扭针的左上2针并1针完成。

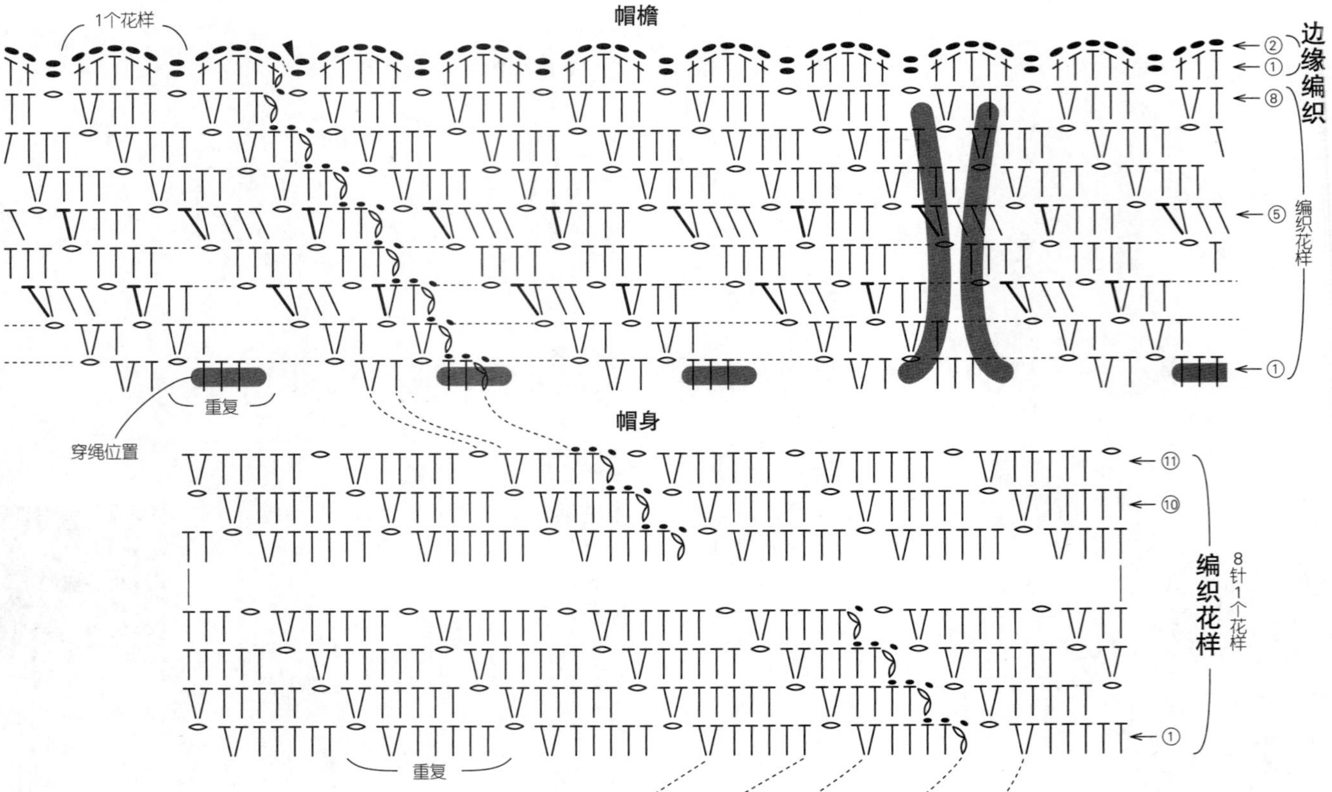

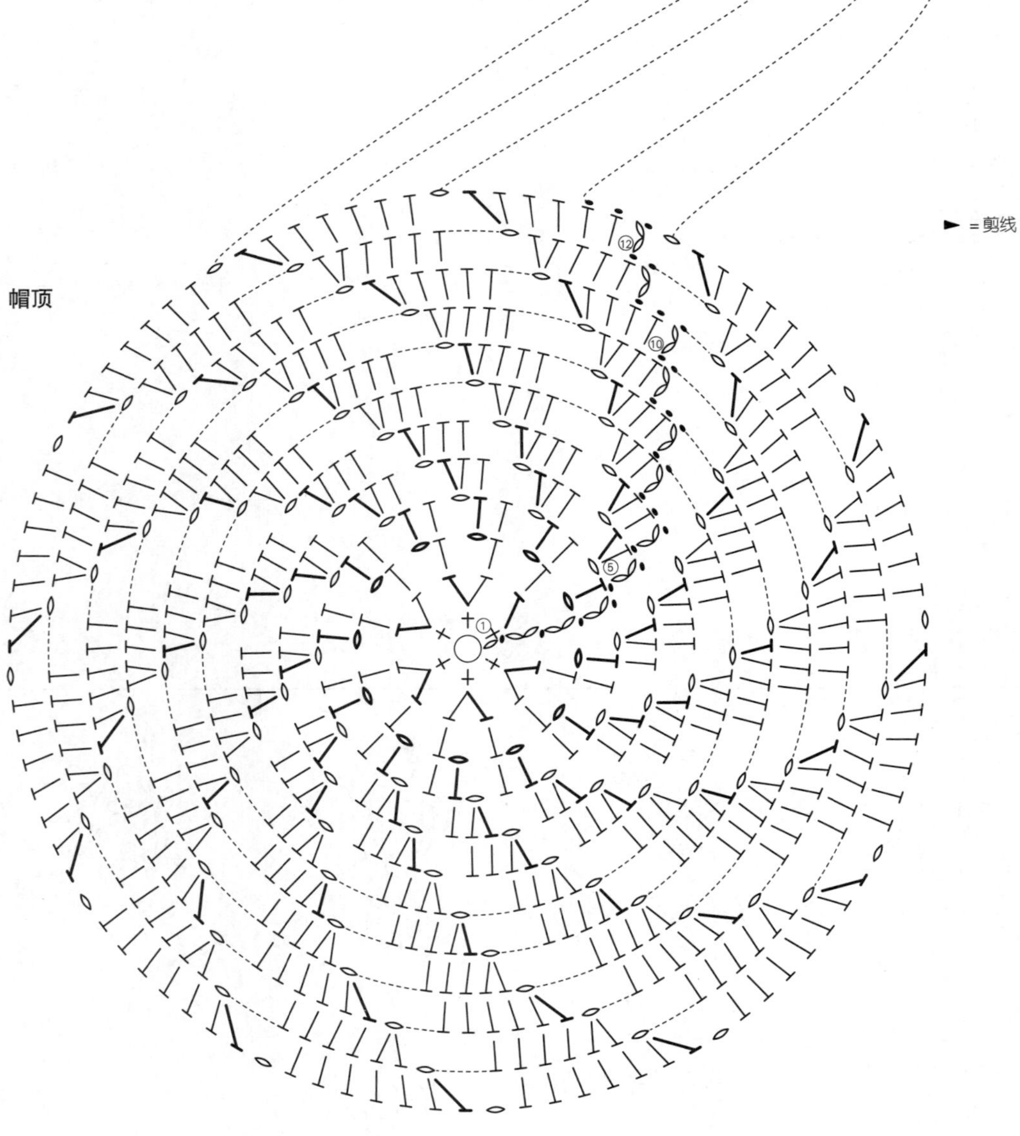

帽檐的加针

圈数	针数	
第6~8圈	144针	
第5圈	144针	（+24针）
第4圈	120针	
第3圈	120针	（+24针）
第1、2圈	96针	

帽顶的加针

圈数	针数	
第12圈	96针	（+12针）
第11圈	84针	
第10圈	84针	（+12针）
第9圈	72针	
第8圈	72针	（+12针）
第7圈	60针	
第6圈	60针	（+12针）
第5圈	48针	（+12针）
第4圈	36针	（+12针）
第3圈	24针	（+12针）
第2圈	12针	（+6针）
第1圈	6针	

材料

Hobbyra Hobbyre Raphis 灰色(02) 150g/4团；宽20mm的皮革提手100cm

工具

钩针6/0号

成品尺寸

宽36.5cm，深23cm

编织密度

10cm×10cm面积内：短针16.5针，21行；编织花样16.5针，16行

编织要点

●钩织锁针起针后，从底部开始环形钩织短针。参照图示加针。接着按短针和编织花样钩织包身。褶边看着主体的内侧挑针，环形钩织3卷长针。再在包口钩织短针。参照组合方法，将皮革提手缝在主体上。

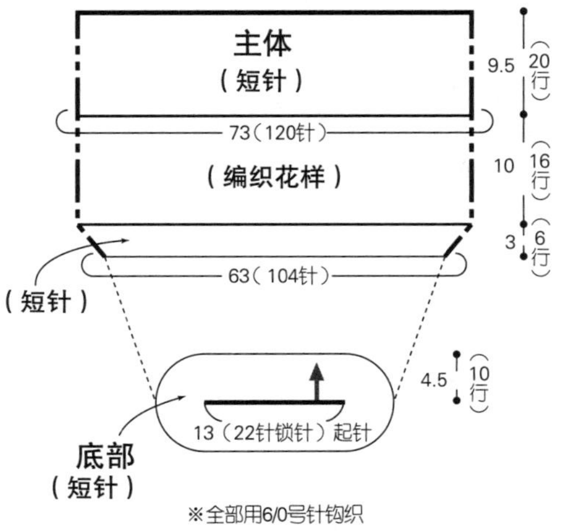

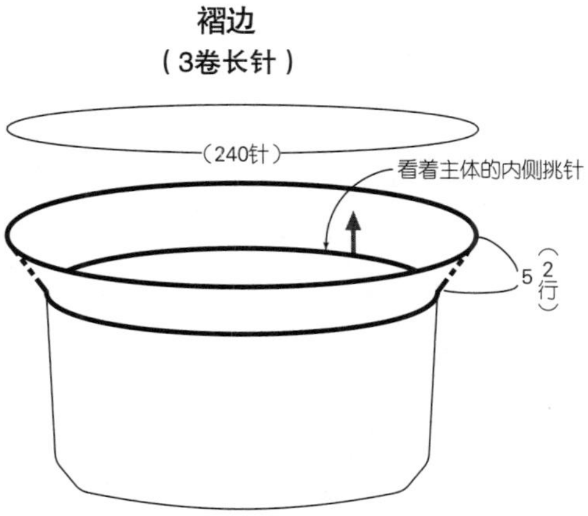

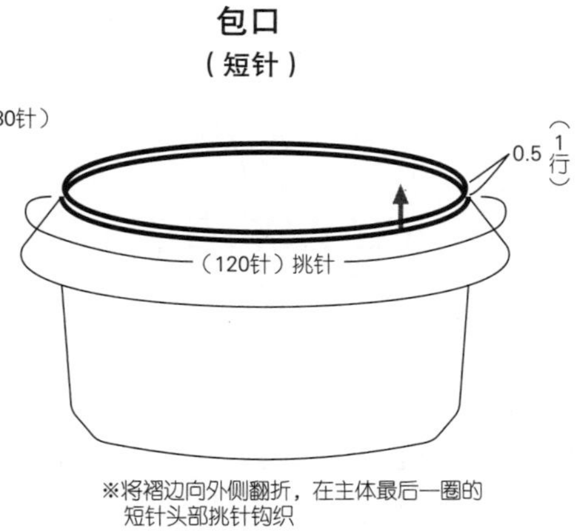

※将褶边向外侧翻折，在主体最后一圈的短针头部挑针钩织

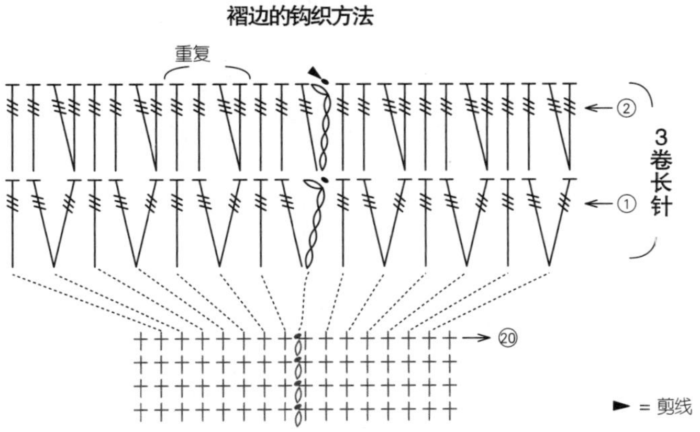

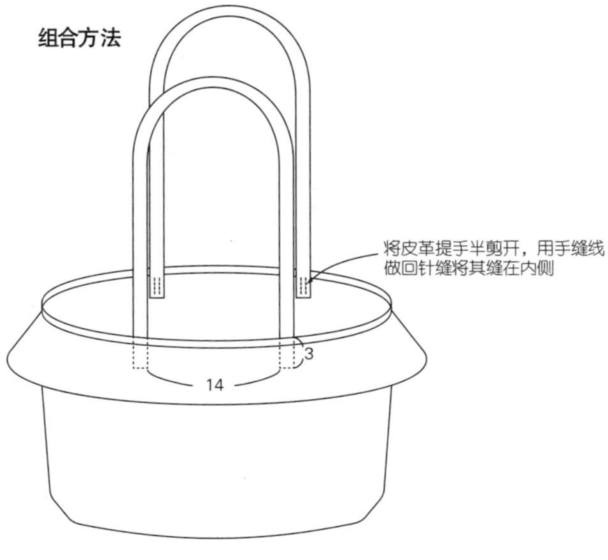

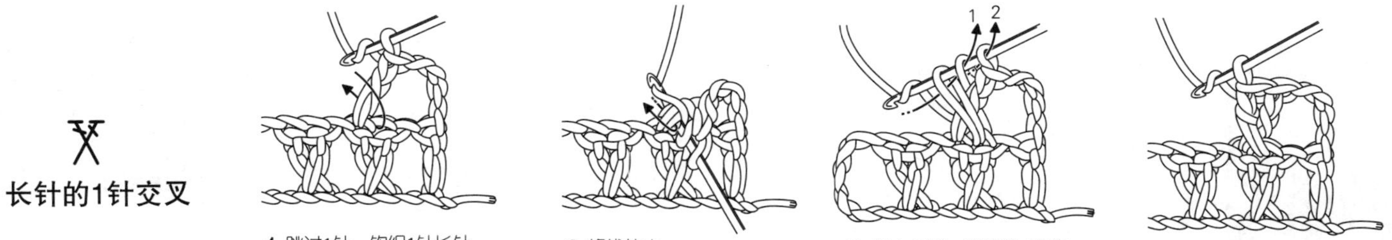

1 跳过1针，钩织1针长针。在刚才跳过的右侧长针里插入钩针。

2 将线拉出。

3 针上挂线，将步骤1中的长针包在里面钩织长针。

4 长针的1针交叉完成。

主体

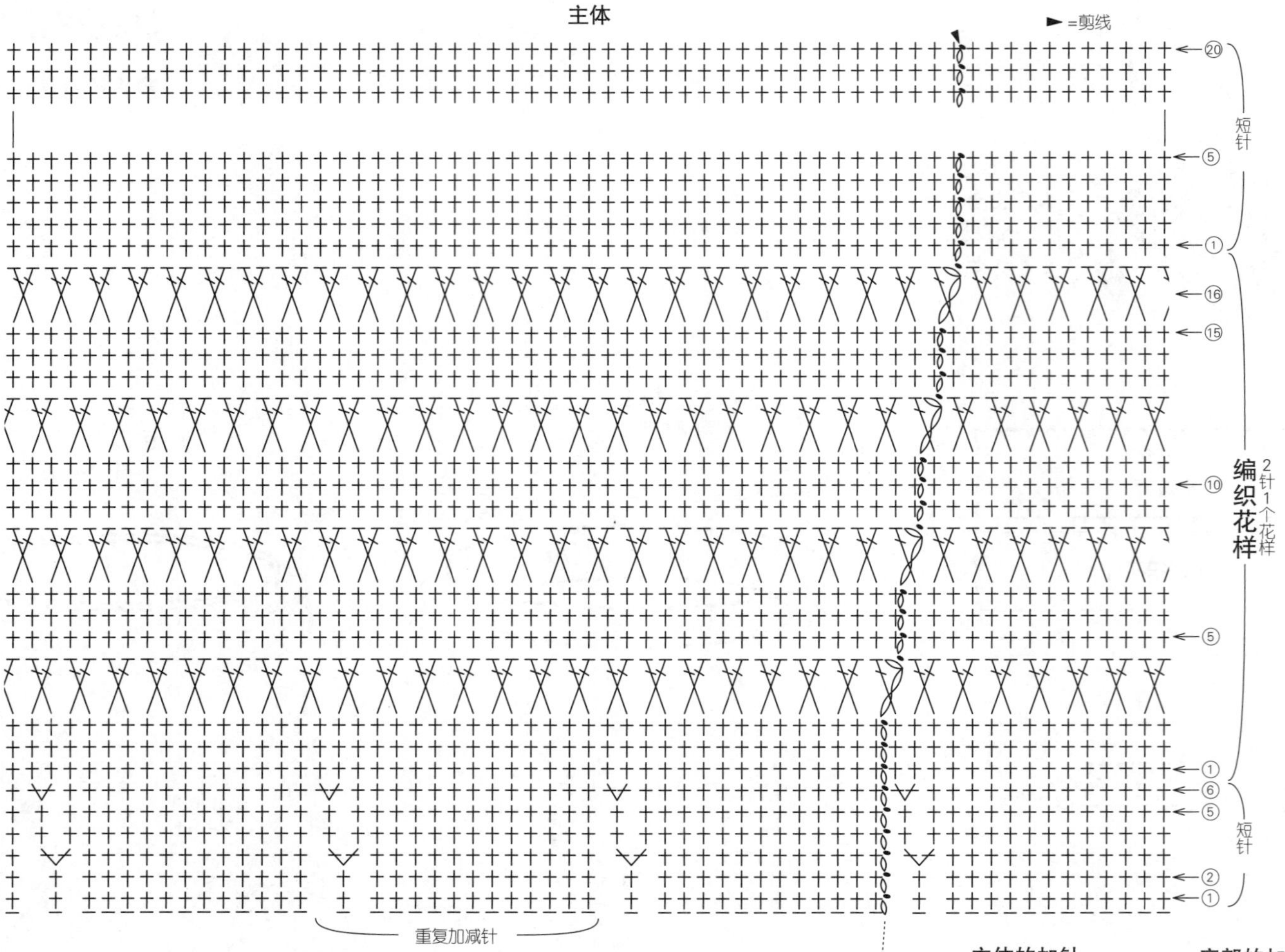

底部

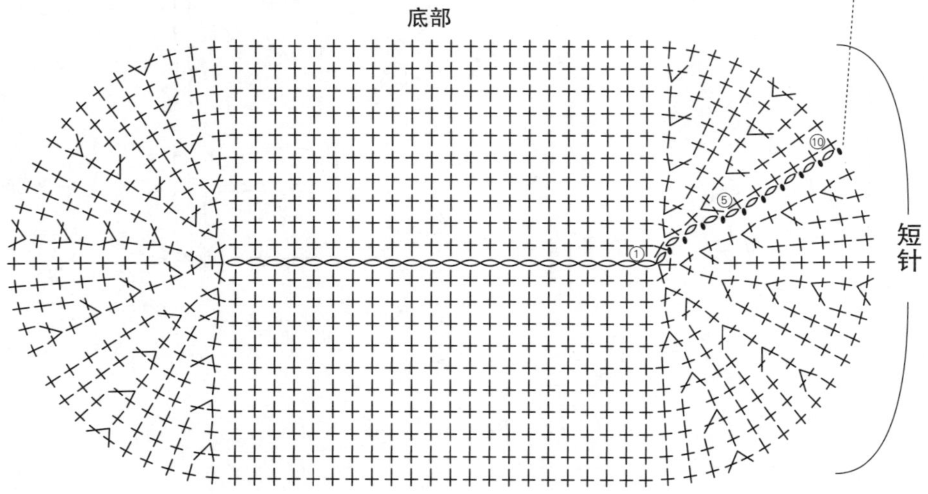

主体的加针

圈数	针数	
第6圈	120针	(+8针)
第4、5圈	112针	
第3圈	112针	(+8针)
第1、2圈	104针	

底部的加针

圈数	针数	
第10圈	104针	(+6针)
第9圈	98针	(+6针)
第8圈	92针	(+6针)
第7圈	86针	(+6针)
第6圈	80针	(+6针)
第5圈	74针	(+6针)
第4圈	68针	(+6针)
第3圈	62针	(+6针)
第2圈	56针	(+6针)
第1圈	50针	

┼ = 短针的条纹针
※编织方法见第160页

╳ = 长针1针交叉

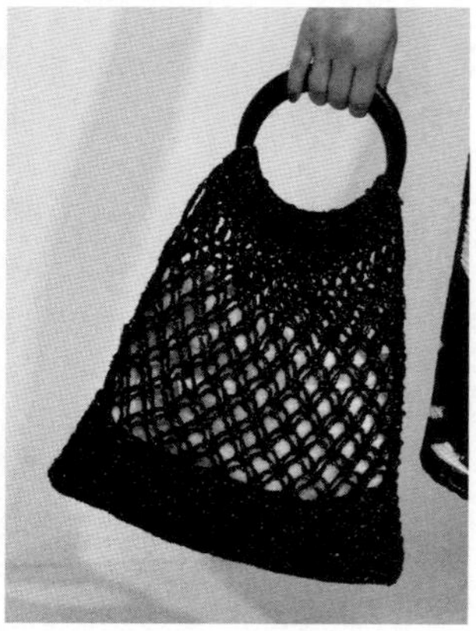

材料

Hobbyra Hobbyre Shiny Raphis 黑色(03) 110g/3团；内径12cm的木手柄1对

工具

钩针6/0号

成品尺寸

宽33cm，深28cm

编织密度

10cm×10cm面积内：短针18.5针，17行；编织花样A的1个花样为3.3cm，13.5行为10cm

编织要点

●钩织锁针起针后，按短针、编织花样A和B钩织。底部做引拔接合。主体的短针部分做引拔缝合，编织花样A部分钩织引拔针和锁针缝合。再在包口钩织1行短针调整形状。最后参照组合方法缝上提手。

66 页的作品★★

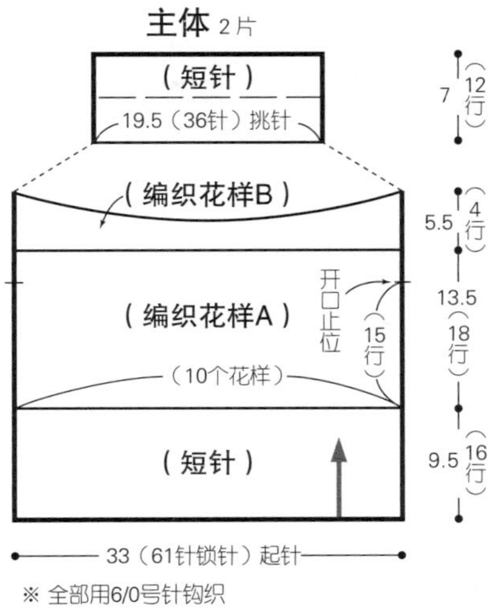
主体 2片
（短针）
19.5（36针）挑针
7 12行
（编织花样B）
5.5 4行
（编织花样A）
开口止位
15行
13.5（18行）
（10个花样）
（短针）
9.5 16行
33（61针锁针）起针
※ 全部用6/0号针钩织

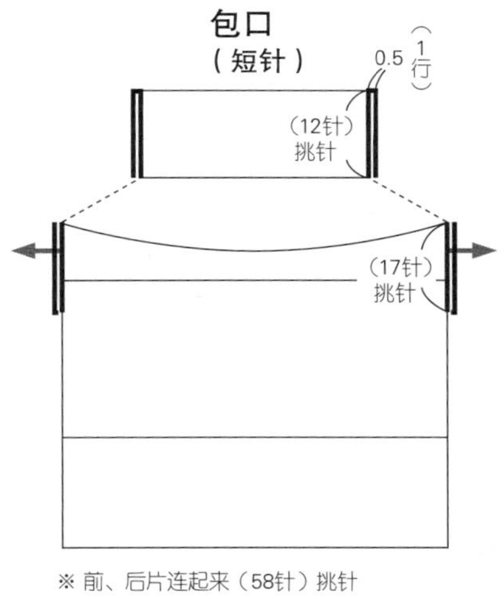
包口
（短针）
0.5 1行
（12针）挑针
（17针）挑针
※ 前、后片连起来（58针）挑针

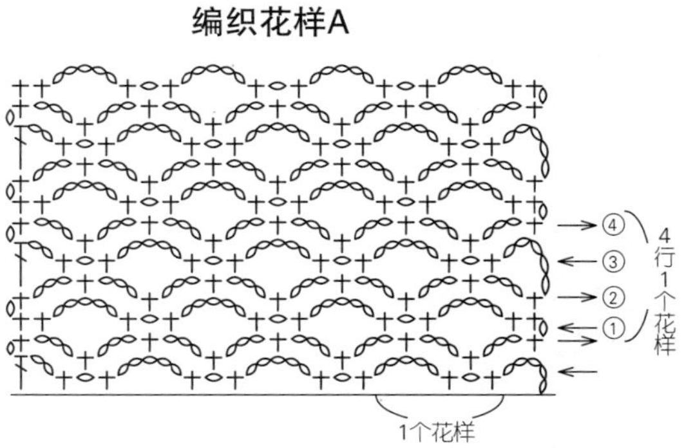
编织花样A
4行1个花样
1个花样

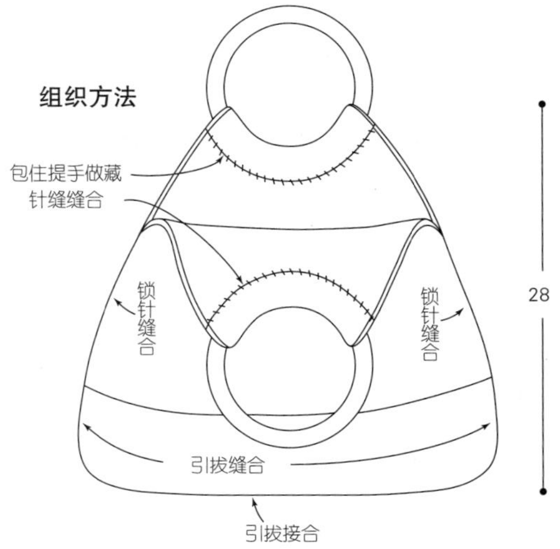
组织方法
包住提手做藏针缝缝合
锁针缝合
锁针缝合
28
引拔缝合
引拔接合

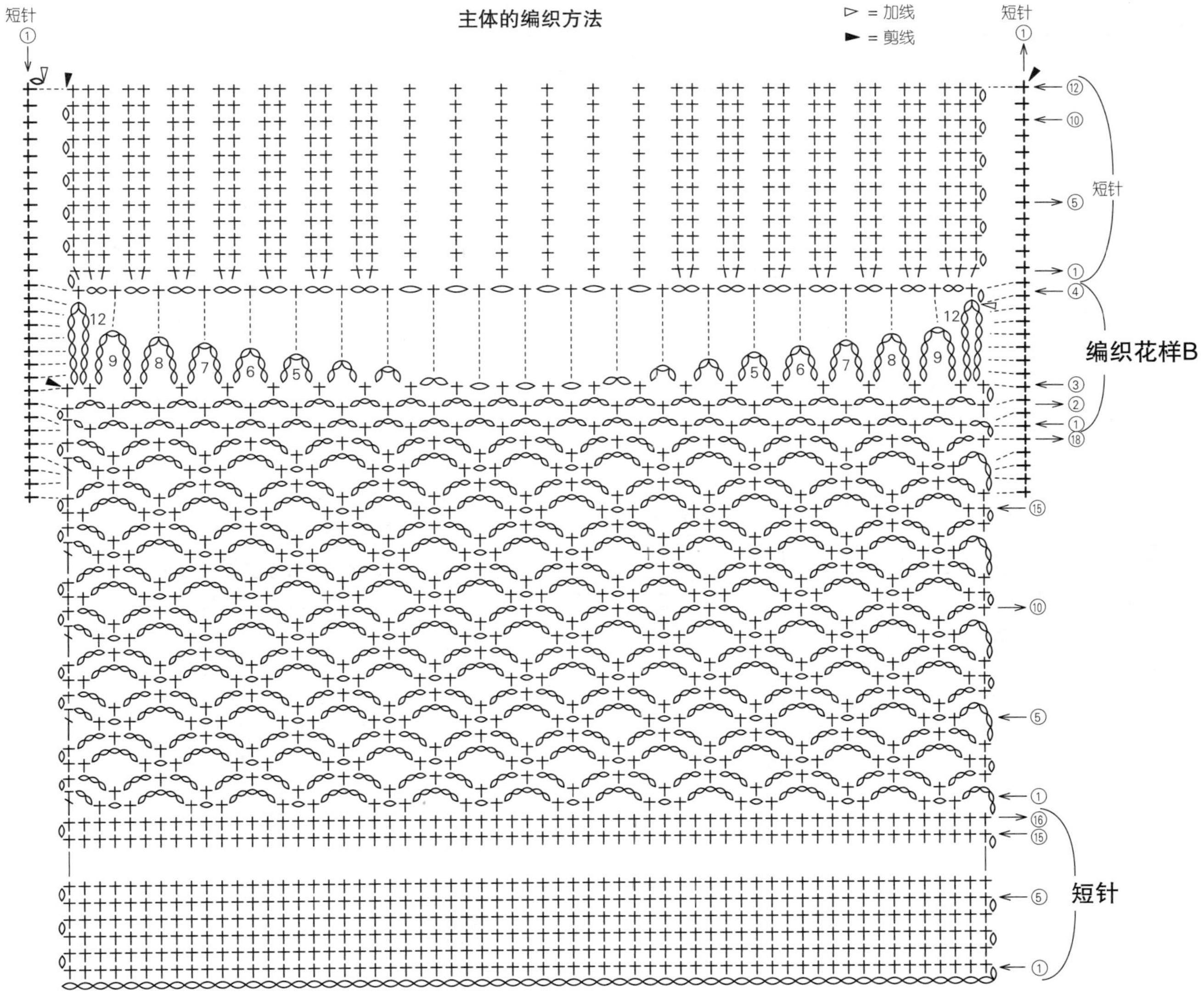
主体的编织方法
▷ = 加线
▶ = 剪线
短针
短针
编织花样B
短针

材料

K’s K Golden Silk 黄色(1) 200g/5团

工具

棒针5号，钩针4/0号、2/0号、5/0号

成品尺寸

胸围94cm，衣长49cm，连肩袖长49.5cm

编织密度

10cm×10cm面积内：编织花样22.5针，30行

编织要点

●身片、袖子…共线锁针起针，从锁针的里山挑针后按编织花样编织。参照图示加针。减2针及以上时做伏针减针，减1针时立起侧边1针减针。肩部做盖针接合。袖子挑取指定针数后按编织花样编织，结束时做伏针收针。

●组合…领窝按边缘编织A环形编织。衣领饰边参照图示一边钩织一边与领窝的第2行做引拔接合。胁部、袖下做挑针缝合。下摆和袖口分别按边缘编织B、C环形钩织。

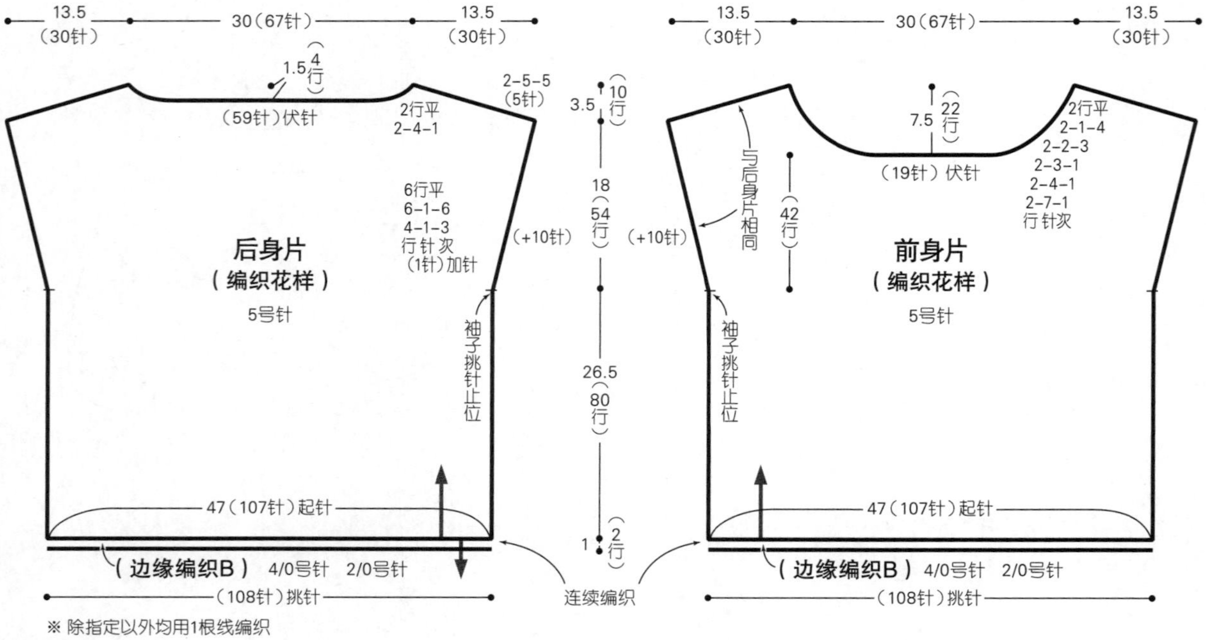

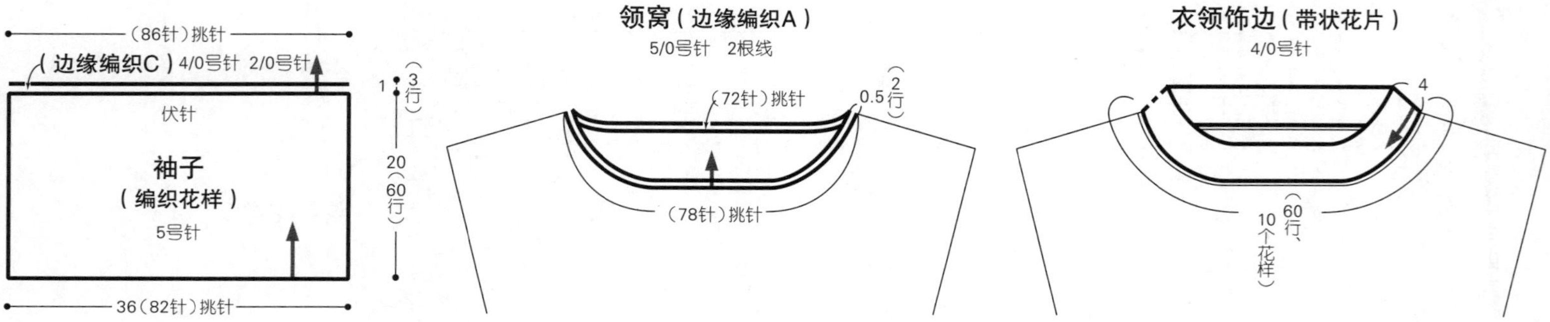

编织花样

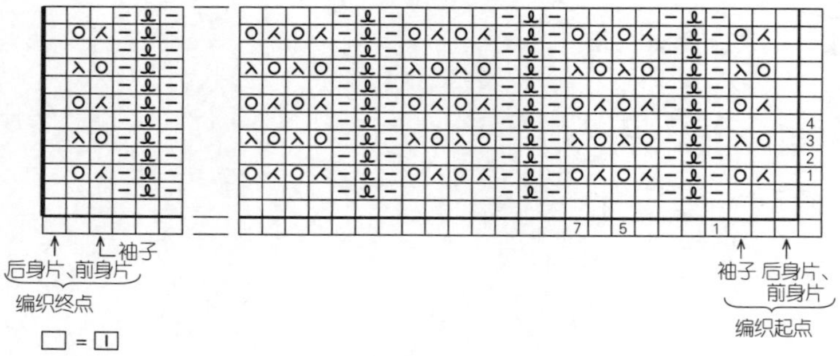

边缘编织 A

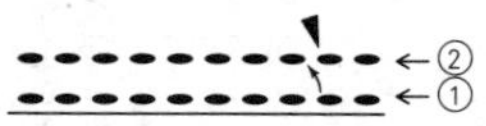

※ 第2行在第1行引拔针的中间插入钩针挑针

边缘编织 C

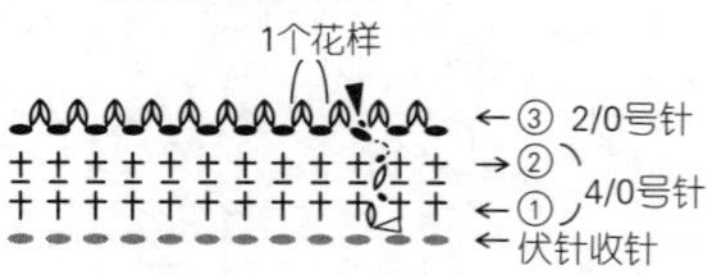

※ 第1行在伏针收针的针目中间插入钩针挑针，第2行在第1行短针的前侧1根线里挑针，第3行在第2行短针的后侧1根线里挑针

± =短针的条纹针

※ 钩织方法请参照第160页

▷ =加线

► =剪线

边缘编织 B

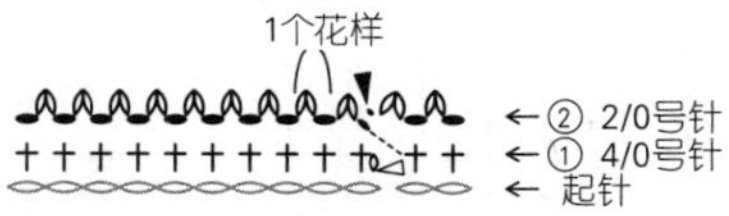

※ 第1行在起针的锁针中间插入钩针挑针，第2行在第1行短针的后侧1根线里挑针

带状花片

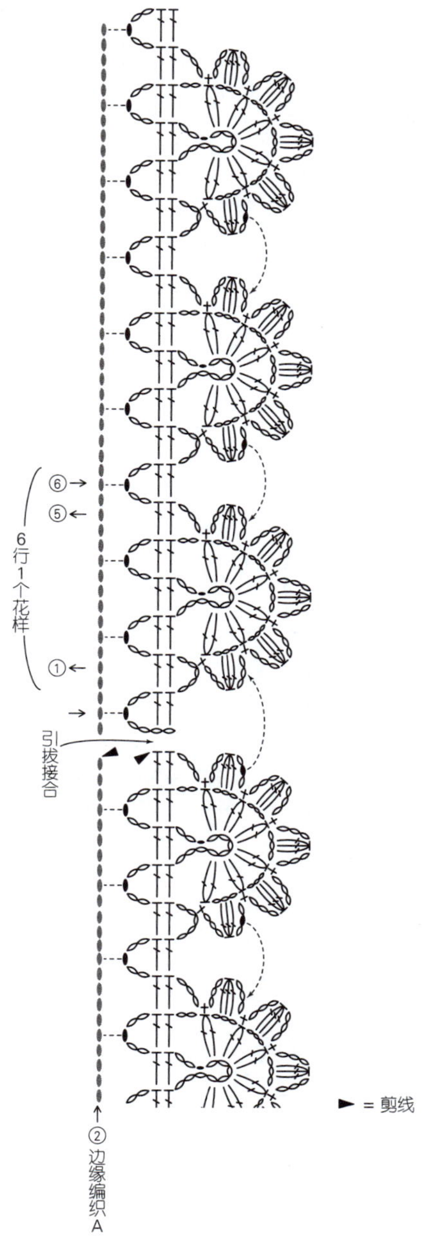

► = 剪线

身片的加针

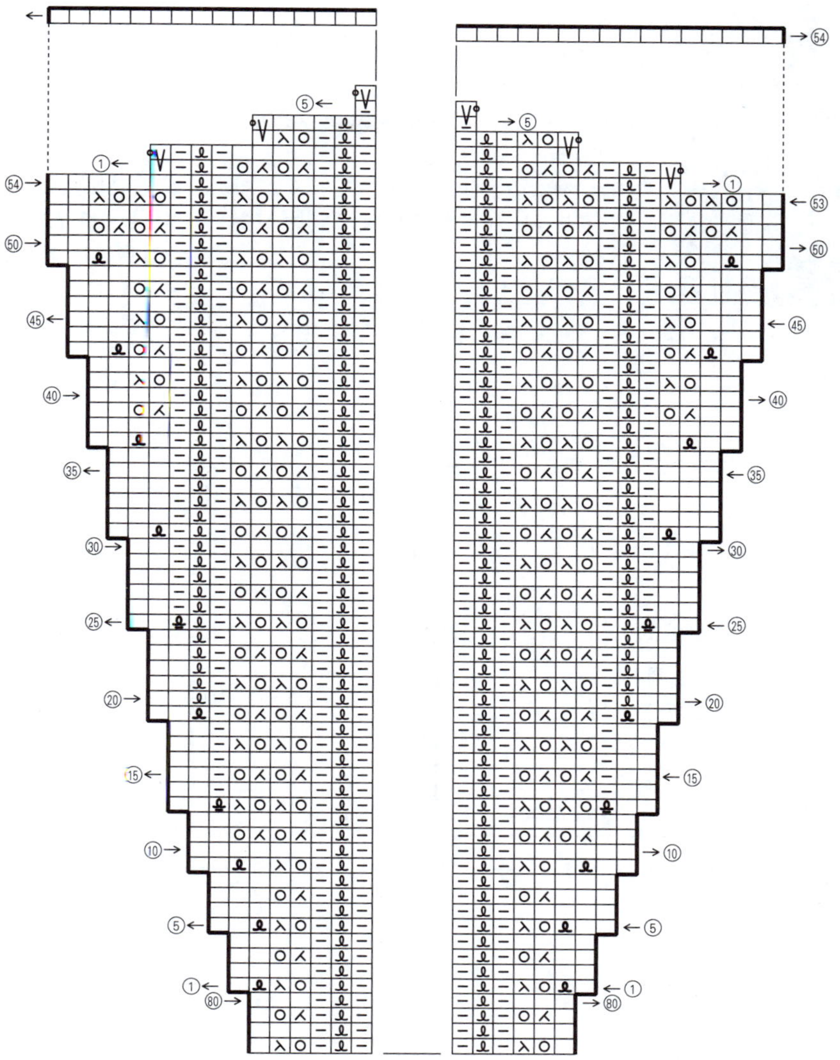

□ = Ⅰ　🄻 = 扭针加针

🄻 = 上针的扭针加针

接第 183 页▶

前领窝的编织方法

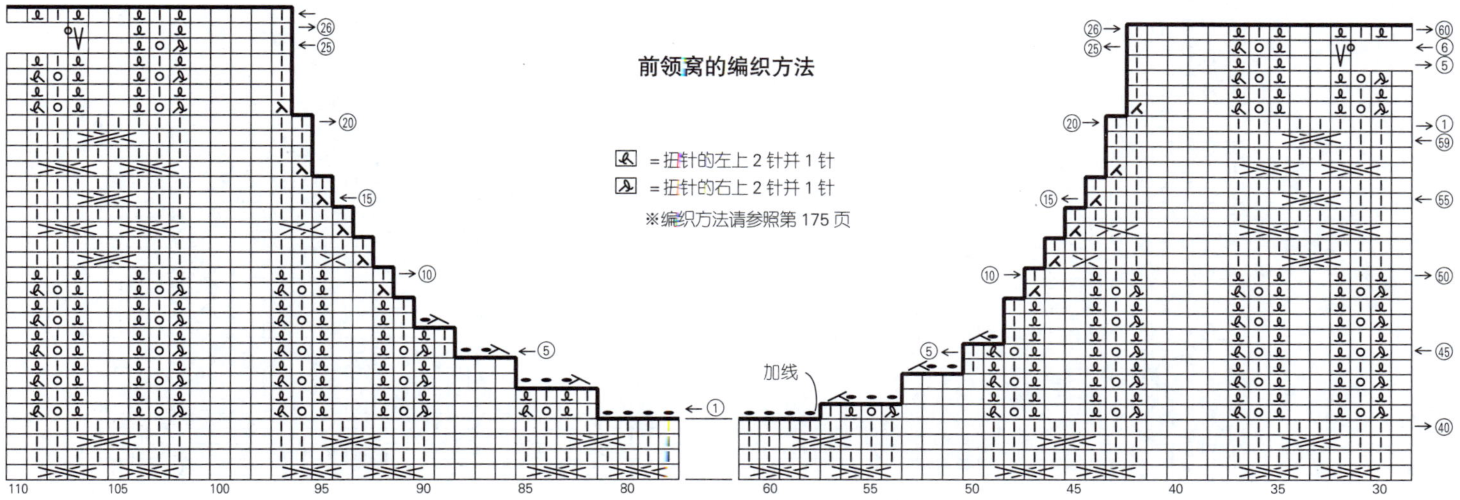

🄰 = 扭针的左上 2 针并 1 针

🄰 = 扭针的右上 2 针并 1 针

※编织方法请参照第 175 页

□ = ⊟

材料

钻石线 Masterseed Cotton <Silk> 原白色（8101）245g/10团

工具

棒针4号、5号、2号

成品尺寸

胸围92cm，衣长57cm，连肩袖长28.5cm

编织密度

10cm×10cm面积内：编织花样A 22针，28行（5号针）；编织花样B、C均为27针，33行

编织要点

●身片…另线锁针起针后，一边调整密度一边按编织花样A编织，在第31行做平均减针。编织花样B在两端加针后开始编织。编织70行后，从预先准备的另线锁针上挑取针目，按编织花样C继续编织。领窝减2针及以上时做伏针减针，减1针时立起侧边1针减针。下摆解开起针时的锁针挑取针目后编织起伏针，结束时从反面做伏针收针。

●组合…肩部做盖针接合。袖下解开起针的锁针做盖针接合，胁部做挑针缝合。衣领、袖口按编织花样D环形编织，结束时做扭针的单罗纹针收针。

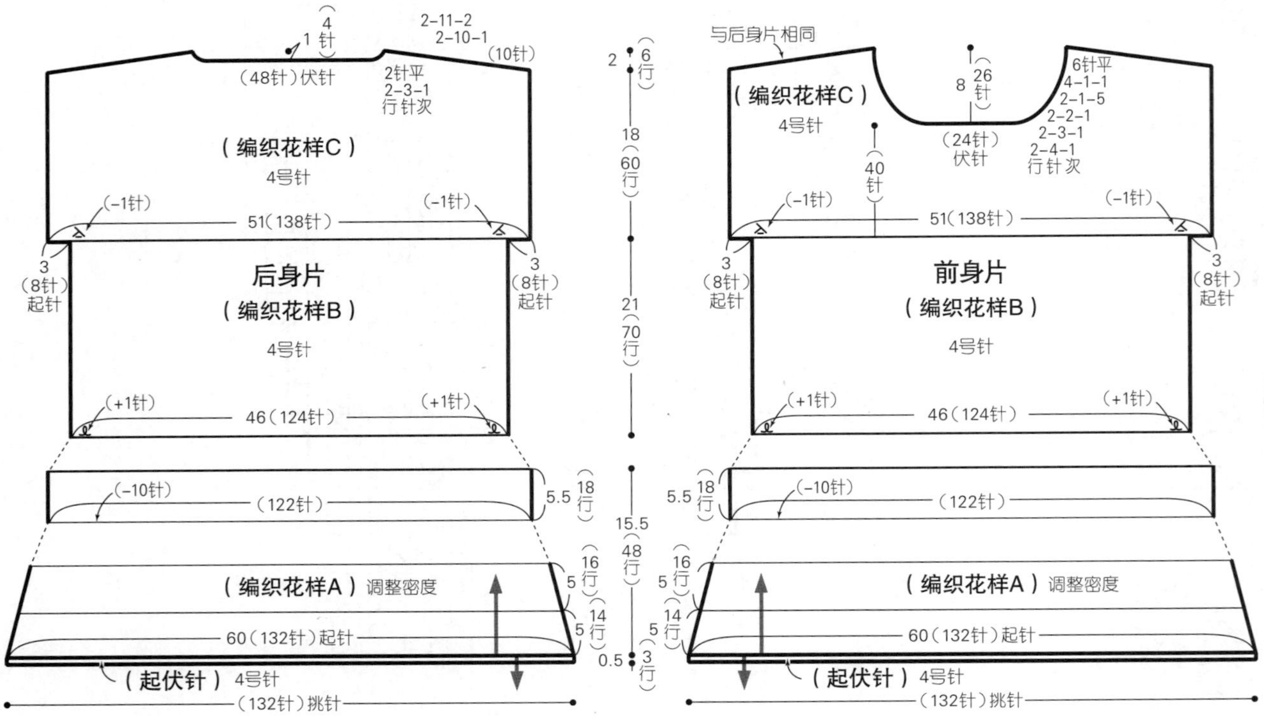

起伏针

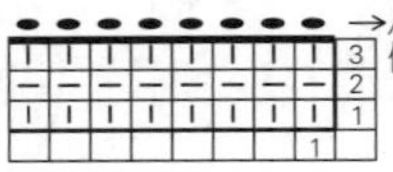

编织花样A

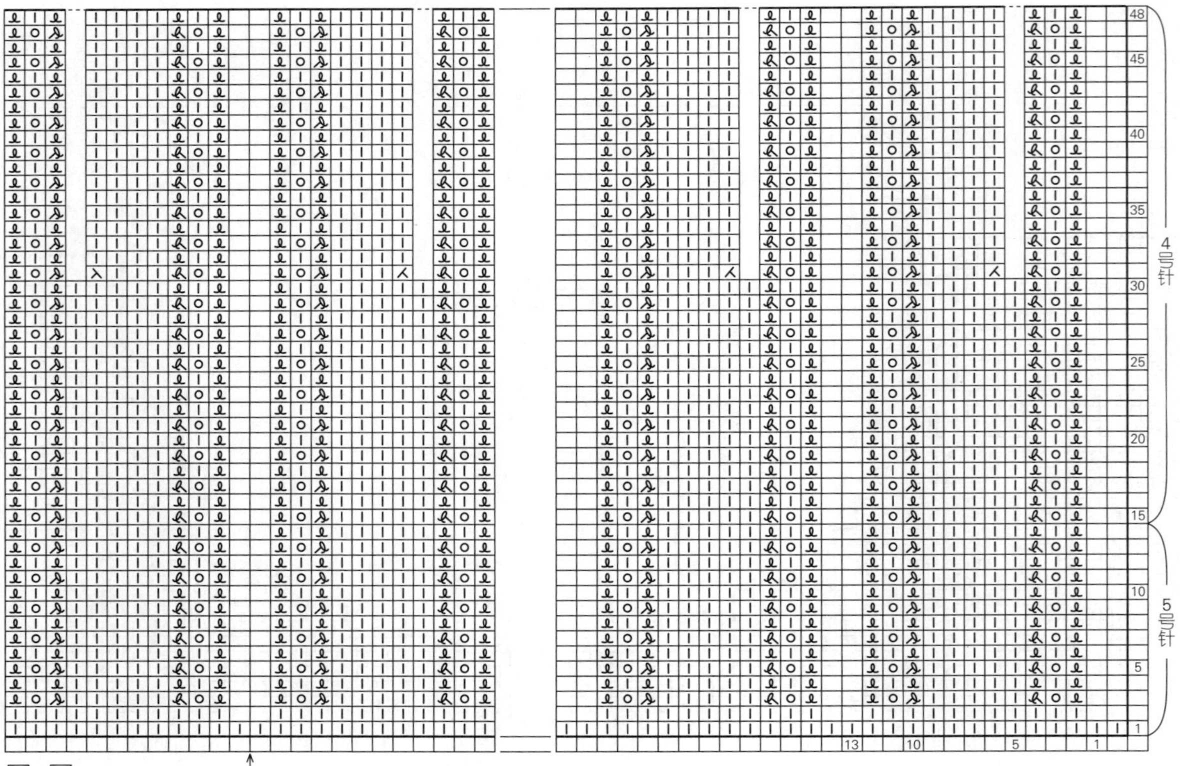

= 扭针的左上2针并1针

= 扭针的右上2针并1针

※编织方法请参照第175页

※第31行的减针由中心向左右对称编织

□=⊟

编织花样 B

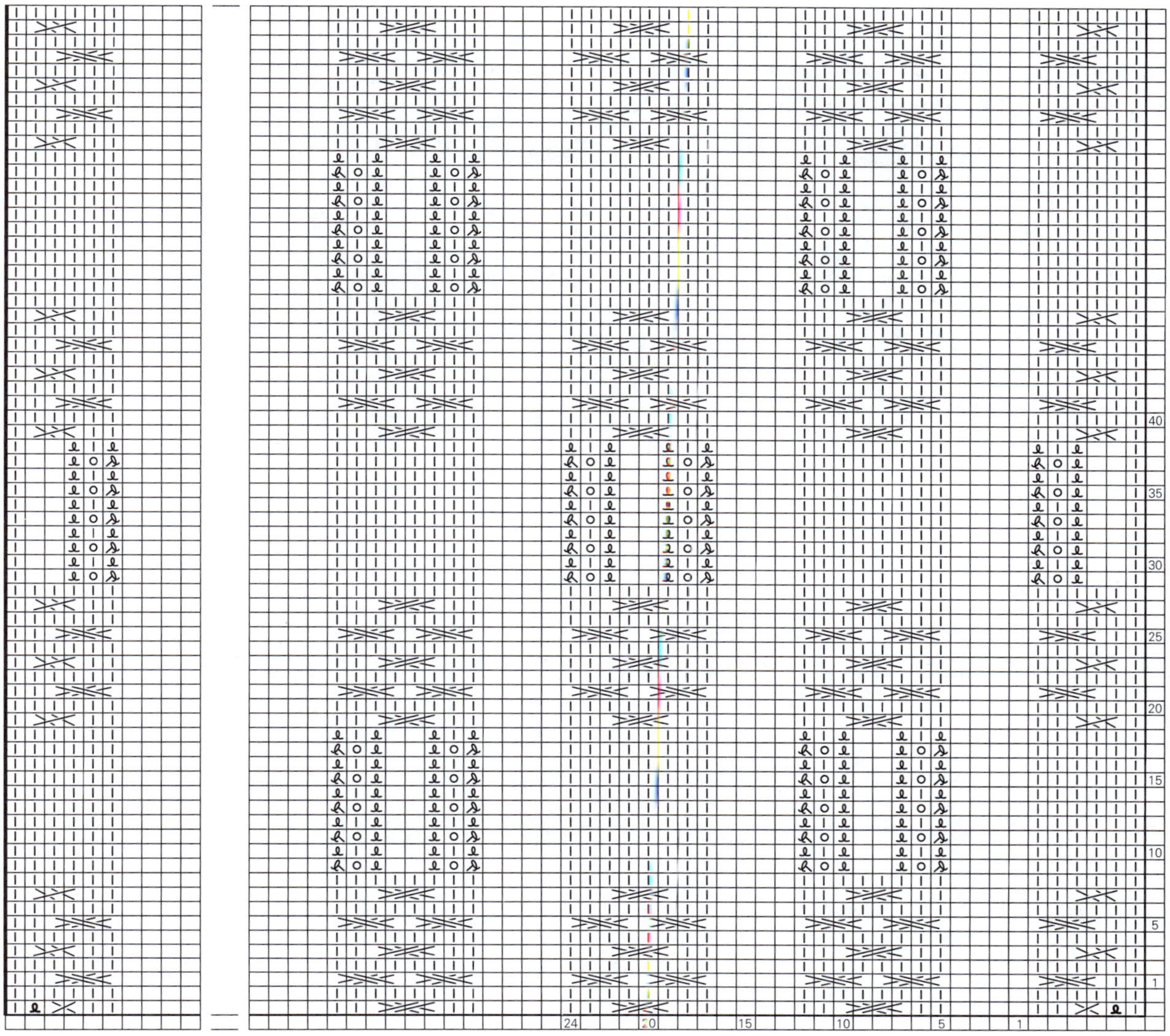

- [扭针加针符号] = 扭针加针
- [左上并针符号] = 扭针的左上 2 针并 1 针
- [右上并针符号] = 扭针的右上 2 针并 1 针

※编织方法请参照第 175 页

□ = ⊟

编织花样 C

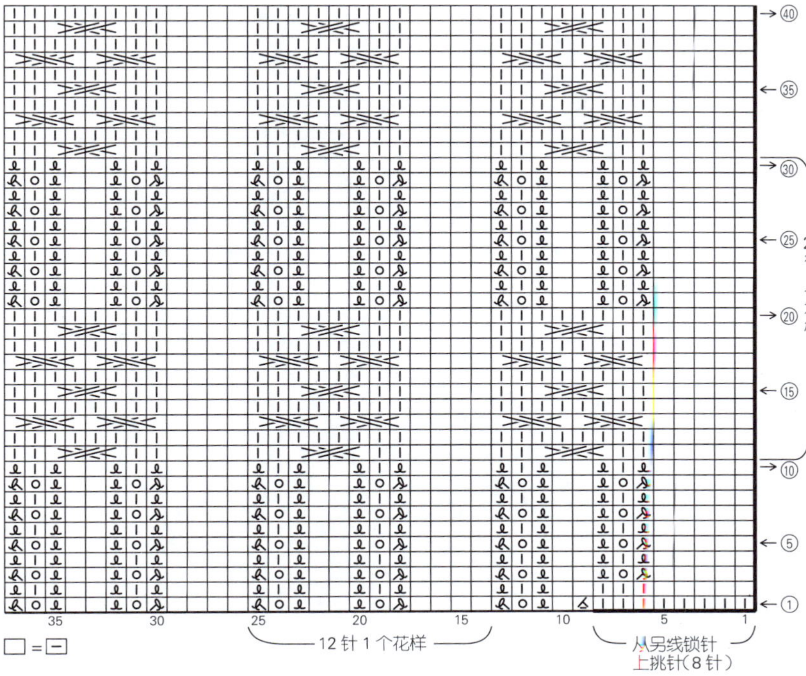

□ = ⊟

衣领、袖口（编织花样D）2号针

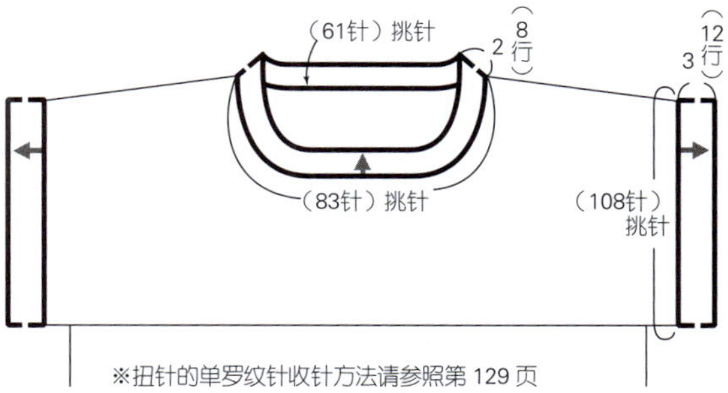

※扭针的单罗纹针收针方法请参照第 129 页

编织花样D

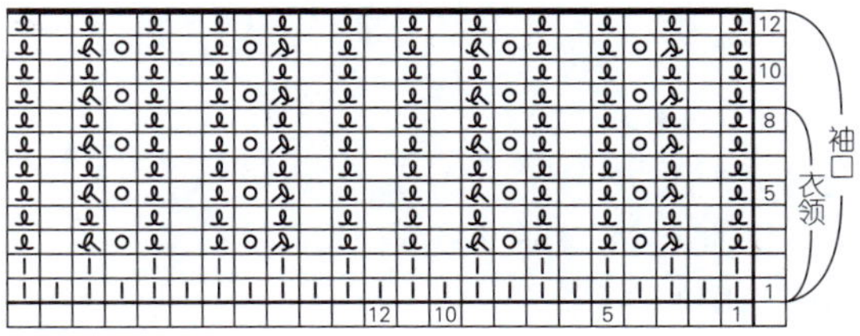

□ = ⊟

◀ 接第 181 页

Photographers: Shigeki Nakashima, Hironori Handa,Toshikatsu Watanabe, Bunsaku Nakagawa, Noriaki Moriya
Original Japanese edition published in Japan by NIHON VOGUE Corp.
Simplified Chinese translation rights arranged with BEIJING BAOKU INTERNATIONAL CULTURAL DEVELOPMENT Co., Ltd.

备案号：豫著许可备字-2020-A-0043

图书在版编目（CIP）数据

毛线球. 34，美丽的蕾丝世界/日本宝库社编著；蒋幼幼，如鱼得水译. —郑州：河南科学技术出版社，2020.9（2022.4重印）
ISBN 978-7-5725-0093-0

Ⅰ. ①毛… Ⅱ. ①日… ②蒋… ③如… Ⅲ. ①绒线—手工编织—图解 Ⅳ. ①TS935.52-64

中国版本图书馆CIP数据核字（2020）第136695号

出版发行：河南科学技术出版社
地址：郑州市郑东新区祥盛街27号　邮编：450016
电话：（0371）65737028　65788613
网址：www.hnstp.cn
策划编辑：刘　欣
责任编辑：张　培
责任校对：王晓红
封面设计：张　伟
责任印制：张艳芳
印　刷：北京盛通印刷股份有限公司
经　销：全国新华书店
开　本：635 mm×965 mm　1/8　印张：23　字数：350千字
版　次：2020年9月第1版　2022年4月第2次印刷
定　价：69.00元

如发现印、装质量问题，影响阅读，请与出版社联系并调换。